増補改訂版

環境教育論

——現代社会と生活環境——

今井清一／今井良一

鳥影社

はじめに

　近年、地球規模の環境問題だけではなく、都市・生活型公害といわれる地域環境問題も深刻となり、私たちひとりひとりのライフスタイルのあり方が問い直されようとしている。そのため、私たちひとりひとりが環境との関わりを理解し、環境に配慮したライフスタイルと環境問題を解決するのに必要な行動力を身につけることが求められている。

　本書は、 ◻︎◻︎◻︎ で囲んだ部分でおおよその要点を把握し、すぐ下の文でより詳しく内容を補うという方法をとっている。現在、特に話題となっている事項を中心にとりあげた。地球温暖化を中心に地球環境問題に分類されるものに触れるだけではなく、車社会をめぐる諸問題、水環境、異常気象、放射能、食環境などの身近な問題を扱い、これらが私たちの生活，健康にどのような影響をおよぼしているか考えている。

　例えば、自動車の排気ガスが大気を汚染し、肺ガンや気管支炎などの原因となり、また炭酸ガスの排出の増加は、地球温暖化を促進し、集中豪雨、食料不足、私たちの病気を拡大しているように考えられる。ゲリラ豪雨、豪雪、竜巻、爆弾低気圧などの異常気象の発生原因とその対策についても考えなければならない。家庭排水、農薬、化学肥料の使用などによる河川水の汚染は、水道水にトリハロメタンを発生させ、健康に大きな影響をおよぼしている。

　放射能への不安と脅威、福島原発事故による原子力発電所の「安全神話」の崩壊、広義の「フクシマ」を、どのように復旧・復興させるのか。私たちは「フクシマ」から何を学びとるべきなのか。食品に関しては、食品表示の実態を知れば知るほど、国の放任主義と企業倫理のなさを嘆かざるをえない。指摘されている食品添加物、ポストハーベストの問題、食品汚染問題、遺伝

子組み換え作物などの安全性の問題に正面から向き合わなければならない。安全で安心な食を提供するのは国の責任ではないのか。消費者が適否を判断しなければならない国家とは、一体、何であろうか。

これらのことを詳しく考察することによって,「環境問題の本質」を理解し,行動に結びつくように、配慮して記述したつもりである。

2012年12月に施行された「消費者教育推進法」、また2013年6月施行の「消費者教育に関する基本的な方針」の中で「他の消費生活に関連する教育と消費者教育との連携推進」がうたわれており、そのトップに『環境教育』があげられている。これは**環境教育が消費者教育**と近いことを示すものであり、そこで、本書は消費者教育推進法及び同基本的な方針の主旨を加味して執筆しており、「消費者教育」に関する視点からも、読んでいただければ幸いである。

先行研究のうち、高村泰雄・丸山博による大著『環境科学教授法の研究』(北海道大学図書刊行会、1996年) が刊行されている。これは問題を提起し、解答を求めることによって、学生・生徒の問題意識を高め、生活行動の変革につながるよう展開されている。また、方法論ではないが、現在「生活習慣病」が注目されているが、生活環境の悪化によって起こると考えられる「生活環境病」も検討すべき事項であろう。

私たちは、人口問題・食糧問題だけではなく、環境問題という、新しいさらに厄介な問題をかかえこんでいる。本書が環境問題、環境教育の重要性を理解する上で、読者諸氏の一助となれば幸いである。諸氏のご教示をお願いしたい。

最後に、出版に際して、鳥影社代表取締役百瀬精一氏に大変お世話になった。感謝の意を表したい。

増補改訂版によせて

増補改訂版を発行するに際し、要点のみ記したい。

　可能な限り、新しい図・表にとりかえた。しかし、入手できなかったもの、あるいは初版とあまり年代の違わないものは、そのままにした。ご了承いただきたい。

　地球温暖化に伴う気候の変動に関する部分を加筆した。また現状に合わせ、いくつかの章のタイトルを変更した。

　食品に関しては、「食品衛生法」、「JAS 法」の食品表示の改訂が 2022 年 4 月 1 日より完全実施になるので、本版では一部の修正にとどめている。「海に浮かぶゴミ」＝「海洋プラスチック問題」については、目下研究中のため、残念ながら本版に加えることができなかった。ご容赦いただきたい。

　地球温暖化に伴う災害の頻発、コロナウィルスの感染拡大も環境の悪化と関係があるのではないだろうか。今ほど環境問題、環境教育が必要な時はないと思われる。ご一読いただければ幸いである。

　2020 年 2 月

今 井 清 一

今 井 良 一

増補改訂版

環境教育論
―現代社会と生活環境―

目　次

増補改訂版

環境教育論

——現代社会と生活環境——

第1章　地球温暖化と気候の変動

1−1．地球温暖化の弊害

地球温暖化とは何でしょうか。どうして起こるのでしょうか。

人間の生活にどのような影響があるのでしょうか。

どのように対応すればよいのでしょうか。

1．気候変動による災害が頻発しています。人類は気候変動＝地球温暖化
　　のリスクに直面しています。主たる原因は人類が排出し続けている「温
　　室効果ガス」だといわれています。

2．大気中には地球から放出される赤外線を途中で吸収する性質をもった
　　「温室効果ガス」があり、現在問題とされているのは、炭酸ガス（CO_2）
　　を始め、計6種類です。太陽から届く日射が大気を素通りして地表面
　　で吸収され、加熱された地表面から赤外線の形で熱が放射されます。温
　　室効果ガスがこの熱を吸収し、その一部を再び下向きに放射し、地表面
　　や下層大気を加熱し、地表面より高い温度となります[1]。これが温室効
　　果です。

3．地球温暖化とは、人間の活動が活発になるにつれて、「温室効果ガス」
　　が大気中に大量に放出され、地球全体の平均気温が上昇する現象をいい
　　ます。

4．地球の表面の平均気温、つまり本来の地球の温度は−18.5℃ですが、
　　実際には、全地球上の平均気温は15℃です。この違いは温室効果に
　　よって起こりますが、特に炭酸ガス（CO_2）は重要です[2]。炭酸ガスは、

現在、大気中に400ppm含まれています（図1-1）。炭酸ガスはどこから発生しているのでしょうか。

5．地球は、温室効果のおかげで約33.5℃分温められています。住むのに適しているのは地球だけです。大気の温室効果は、すべての地球生命にとって、「命の恩人」といえます。ただ肥大化する人間活動によって、地球大気中の炭酸ガスやメタンなどの濃度が上昇し、大気の温室効果が人為的に強まるのが問題なのです[3]。

6．多くの日本人に大気の温室効果を最初に教えたのは、宮沢賢治だと考えられています。1932年に発表された『グスコーブドリの伝記』にクーボー博士とブドリとの会話が記されています。東北の冷害防止と関連させながら、炭酸ガス濃度が増えれば、気温が上昇する可能性のある[4]ことを指摘しています。東北地方の冷害による苦しみからの解放を願って書かれたように思います。

7．「宵の明星」や「明けの明星」といわれ、地球によく似た大きさの惑星＝金星の地表の温度は約480℃という灼熱の状態です。これは太陽から近いことの他に、地球の大気の100倍の濃度の炭酸ガスで覆われているために温室効果が非常に強いからです。太陽からはるかに遠い火星は、「寒冷地獄」で、またお馴染みの月の表面の温度は平均で-60℃です。とても普通の生物は生存できそうにありません（表1-1）。

8．2017年度の日本の年間炭酸ガスの排出量は、約11億9000万トンです。また、1人当たりでは、2050kgになります。炭酸ガスの発生源は、化石燃料（石油・石炭・天然ガスなど）の燃焼元―火力発電所、工場、自動車、飛行機などで、最も多いのは発電によるものです。家庭用では、照明・家電製品、自動車からの排出が最大です。

「温室効果ガス」として現在問題となっているのは、炭酸ガス（CO_2―80.0%）、メタン（CH_4－15.8%）、一酸化二窒素（N_2O）、ハイドロフルオロカーボン類、パーフルオロカーボン類、六フッ化硫黄の6種類（2010年、

気象庁）である。温室効果ガスの中で、温室効果への貢献度がもっとも大きいのは、水蒸気であり、全体の50%を占めるといわれる。炭酸ガスは20%である。水蒸気は人為的に増減させることができないという理由で削減の対象にはなっていない。しかし、大気中のCO_2濃度が増加することによって、温暖化が進行し、この気温の上昇に伴って、大気中の水蒸気が増え、さらに温暖化が進むと考えられる。

　特に、炭酸ガスが注目されているのは、(1) 他のガスよりも圧倒的に多く存在すること、また炭酸ガスの温室効果力は弱いが、量が多いため、温暖化への貢献度が大きいこと、(2) 人間の活動に伴う影響が大きいため、近年の炭酸ガスの大気中の濃度の激増に伴って、地球の温度が上昇すると考えられており、温暖化対策も炭酸ガスの削減がその中心になっていること、また炭酸ガスを回収しても、売る事が出来ないこと、などがその主たる理由である[5]。

　温室効果ガスは、地球にとって、非常に重要である。その量が少なすぎると、地球全体が凍って「全球凍結」となる。多すぎると、灼熱の金星になってしまう。温室効果は重要であるが、そのバランスが難しいのである。今日、そのバランスが崩れていて問題なのである。人類は、地球が無限ではないことを無視してきた「つけ」を払わされる運命にある。現代社会では、化石燃料に依存しているため、生活の利便性と引き換えに炭酸ガスを排出し続け、その「つけ」を払わざるを得ないのである。

　今日、家庭から出る炭酸ガス排出量は、照明・家電製品から全体の32.7%、自動車23.3%、暖房15.7%、給湯15.1%、ゴミ3.5%、冷房2.3%、水道1.8%（2017年度）などとなっている。問題は知らず知らずのうちに、大量の炭酸ガスを排出していることに気づいているかどうかである。自動車は大気汚染と地球の温暖化にも貢献している。都市の空気は汚染され、貴重な土地が浪費され、地球の気候までも変えられている。交通事故も深刻な問題である。

　ひと昔前までは冬はもっと寒く、水たまりや小さな池にはよく氷がはった

ものであった。最近の冬は非常に暖かく、降雪も非常に少なくなり、氷もあまりみられなくなった。学校の教科書には、気温は長期間の平均で示されているため、あまり変化のない数値が並んでいる。ゆっくりした炭酸ガスの増加の場合には、海洋に吸収されて大気中にとどまることがないため、地球の温暖化には結びつかない。しかし気温は上昇し続けている。炭酸ガスの急激な増加のためである。

図1－1：温室効果ガスによる地球温暖化への寄与度

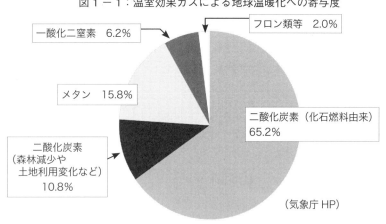

一酸化二窒素　6.2%

フロン類等　2.0%

メタン　15.8%

二酸化炭素（化石燃料由来）
65.2%

二酸化炭素
（森林減少や
土地利用変化など）
10.8%

（気象庁 HP）

表1－1：惑星と月

名前	表面温度（℃）	大気の組成
水星	−173（夜）、352（昼）	なし
金星	480	二酸化炭素（96%）、窒素（4%）
地球	15	窒素（78%）、酸素（21%）
火星	−23	二酸化炭素（95%）、窒素（3%）
木星	−139（雲の上）	水素（89%）、ヘリウム（11%）
土星	−176（雲の上）	水素（94%）、ヘリウム（6%）
天王星	−213（雲の上）	水素（85%）、ヘリウム（15%）
海王星	−216（雲の上）	水素（80%）、ヘリウム（20%）
月	−173（夜）、112（昼）	なし

（柳沢幸雄『CO₂ダブル』三五館、1997 年、42 ページ）

9．IPCC によると、地球全体の年平均気温は 1880 〜 2012 年までの間に約 0.85℃上昇しています[6]。これは自然に上昇したとは考えにくく、人間活動によって、温暖化が進んでいることは間違いないように思われます。他にも、20 世紀に入ってから北極の氷河の面積が 10 年ごとに約 3.5 〜 4.1％減少しています[7]。北半球の積雪面積も減少しており、温暖化の進行を立証しています。温室効果ガスと気温の上昇とは関係があることは誰の目にも明らかです。

10．第一次産業革命（1750 〜 1800 年）には、わずか 280ppm であった炭酸ガス濃度は、2013 年に、初めて 400ppm を超え、45％も増加しています[8]。農用地開発のための森林伐採と石炭・石油・天然ガスなど化石燃料の使用が大きな原因です。人類の活動によって増加しています（図 1 − 2）。

11．温暖化が進めば、「異常気象」が異常ではなくなり、自然と経済にひずみを与えると考えられます。気温が上昇するにつれて、「世界各地で洪水、干ばつ、集中豪雨、強い台風、ハリケーン、サイクロン、熱波など異常気象による災害が頻繁に発生」することになります。

12．京都議定書の後継となる「パリ協定」が「国連気候変動枠組条約締結国会議（通称 COP）」で合意され、2016 年 11 月 4 日発効しました。日本も締結国となりました。締結国だけで、世界の温室効果ガス排出量の約 86％、159 ヵ国・地域をカバーするものとなっています。世界各国の地球温暖化に対する関心が高まっているといえます。

13．パリ協定では、世界の平均気温上昇を産業革命以前に比べて 2℃より十分低く保ち、1.5℃に抑える努力をする、そのため、できる限り早く世界の温室効果ガス排出量をピークアウトし、21 世紀後半には、温室効果ガス排出量と（森林などによる）吸収量のバランスをとる、このような世界共通の長期目標を掲げています。

14．「気温が 1.5℃上昇すると、人類が地球で暮らせなくなる大きな危険が

生じます。しかし、この気温 1.5℃という「ガードレール」は、2030年までに超過してしまう可能性がある」と、IPCC の報告書は指摘しています。できるだけ早く、排出量を増加から減少に変える必要があるということです[9]。

15. 世界の自然災害の被害額は、2030 年に 250 兆円を超える可能性があることを国際労働機関（ILO）は勧告しています。

　温室効果ガスと気温の上昇と関連があることは、もはや疑う余地はない。事実、世界の気候の記録は、過去 100 年間に記録された最も温暖な年の上位 10 年がすべて 1980 年以降に起こっており、最近 50 年間の気温の上昇は、近年になるほど速くなっている。地球温暖化は地球全体の年平均気温が長期的に上昇するということであって、特定のある地点で気温が刻々と上昇するということではない。

図 1 － 2：大気中の炭酸ガス濃度増加

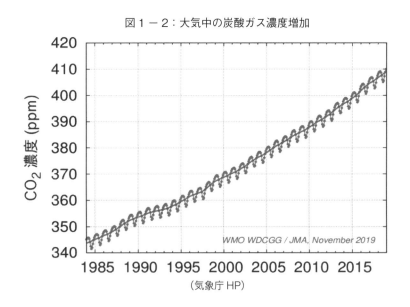

（気象庁 HP）

　第一次産業革命前（1750 〜 1800 年）には、わずか 280ppm であった炭酸ガスの濃度は、現在、405.5ppm に達している。この期間の前半は、主として農用地開発のための森林伐採が、後半は化石燃料の使用が大きな役割を果たし、毎年約 2 ppm 超の速さで伸び続けている。

　産業革命以前にも、人類は森林を伐採して燃料などに使ってきたが、極めて少量であったため、大気中に放出された炭酸ガスはすべて海洋に吸収されたと考えられる。しかし、産業革命以降、大量の化石燃料を燃やし、森林を伐採したため、海洋による吸収が追いつかなくなり、急激に炭酸ガス濃度が増加した。

　人口増加と経済成長の見直しや炭酸ガス排出量を削減する国際的努力がなされなければ、人類がもたらす炭酸ガスによる温暖化の脅威は、化石燃料の埋蔵量と消費の速さからみて、今後、数百年にわたって続き、21 世紀末までに地表の温度は最も低くて 1.7℃、最も高くて 4.8℃上昇[10]する。また海面は最大 82cm 上昇[11]すると推定されている。

　エアコンつきの住宅に住み、何千 km も離れた土地で栽培される生鮮食品を食べている私たちは、気候に依存していることを忘れているのではないか。私たちの栄養や物質的ニーズは適度の気温、降水量、湿度を必要とする農業、林業、漁業の各システムを通して満たされていることを忘れているのではないか。社会はどこか遠くで起きた干ばつや洪水については、食料や水などの救援物資を送って対処できるが、多くのところで同時に発生する異常気象に対処することができるのであろうか。

1－2. 「パリ協定」──平均気温 2℃上昇と各国の対応 ─

　約 2℃の気温の上昇で地球環境は、劇的な変化を遂げる。近年の異常気象は、世界的な規模で、しかも同時多発的である。2019 年の夏に限っても、ヨーロッパでは、熱波による猛暑が続き、フランスのパリでは最高気温

42.6℃、さらにインドでは 50.8℃を記録した。グリーンランドでは、1日で 126t の氷河が溶け、シベリアやアラスカでは、100 件以上の大規模な山火事が発生し、アメリカやタイでも、干ばつや渇水、大規模な洪水が次々に起こっている。ILO は 2030 年までに、気候変動による労働環境の悪化によって、世界で 2 兆 4000 億ドル（約 260 兆円）の経済的損失が出るという試算を発表している。経済的損失は労働環境の悪化だけではない。当然、熱波、大洪水、壊滅的な干ばつなどによる農産物の生産量の減少を伴う[12]。

　アメリカのトランプ大統領やそれを支持する保守派が何といおうと、世界の異常気象という事実は変わらない。2015 年に「パリ協定」によって、「世界の平均気温の上昇を産業革命以前に比べて、2℃より十分低く保ち、1.5℃に抑える努力をする」ことが決議された。

気温上昇が 2℃を超えた場合[13]、

①　基本的にサンゴ礁は全滅する。

②　世界の海面は約 10cm 上昇するが、1.5℃に抑えると、洪水のリスクを背負う人が 1000 万人減少する。

③　海水の水温や酸性度、米、トウモロコシ、小麦などの農作物を育てることにも大きな影響が生じる。

と予測されている。

　パリ協定が画期的といわれる 2 つのポイントがある[14]。ひとつは、京都議定書では、排出量削減の法的義務は先進国にのみ課せられていたが、途上国を含む全ての主要排出国が対象となっている。なぜなら、現在、途上国は急速に経済発展をとげ、排出量も急増しているからである。また、京都議定書では、先進国のみにトップダウンで定められた排出削減目標が課せられるアプローチを採用していたが、このアプローチに対して、公平性および実効性の観点から疑問が呈されたことを踏まえ、同協定では、各国に自主的な取り組みを促すアプローチが模索され、採用された。この手法は日本の提唱で採用されたものである。

　パリ協定の締結国は、パリ協定で決議された目標を達成するため、温室

効果ガス（GHG）削減に関する「自国が決定する貢献（NDC）」を決定し、策定した計画を「国連気候変動枠組条約事務局（UNFCCC）」に対して、5 年ごとに提出・更新するよう求められている。今世紀末には最大で 4.8℃ も地球の平均気温が上がるという予測を受け、各国ではパリ協定などで定められた目標を達成するための施策を打ち出した。各国では、現在、どのような取り組みが行われ、どのような状況になっているのか、主要先進国の進捗状況 [15] をみてみたい。

①日本

「目標：2030 年度に 26% の GHG 削減（2013 年度比）」に対して、2016 年時点で 7% の削減実績。目標ラインと同実績で、最近の動きは減少傾向。

②イギリス

「2030 年度に 57% の GHG 削減（1990 年比）」に対して、2016 年時点で 41% の削減実績。目標ラインと同実績で、最近の動きは減少傾向。

③アメリカ

「2025 年に 26 〜 28% の GHG 削減（2025 年比）」に対して、2016 年時点で 12% の削減実績。目標ラインから上ぶれ、最近の動きは減少傾向。

④フランス

「目標;2030 年に 40% の GHG 削減（1990 年比）」に対して、2016 年時点で、18% の削減実績。目標ラインから上ぶれ、減少傾向は横ばい。

⑤ドイツ

「目標：2030 年に 55% の GHG 削減（1990 年比）」に対して、2016 年時点で 27% の削減実績。目標ラインから上ぶれ、減少傾向は横ばい。

この目標ラインを達成していく上で、1.「非化石電源（再エネ・原子力）の比率」、2.「エネルギー消費（省エネ）の状況」（エネルギー庁）をみてみる。

①日本
　　1．2017 年度には 19% 回復
　　2．過去も現在も減少傾向　　　　　　　（11 億トン減、9.0 トン／人）
②イギリス
　　1．原子力発電比率を維持しつつ、再エネ比率を伸ばしている。
　　　　2010 年比で約 2 倍（47%）に増加、火力も天然ガスへの転換を図っている。
　　2．過去も現在も減少傾向　　　　　　　（4 億トン減、5.7 トン／人）
③アメリカ
　　1．原子力発電比率を維持しつつ、省エネ比率を伸ばしている。
　　　　2005 年の 28% から 2016 年の 34% まで増加。火力はシェール革命によってガス価格が低下し、天然ガスへの転換を図っている。
　　2．過去も現在も横ばい。　　　　　　　（48 億トン減、14.9 トン／人）
④フランス
　　1．電力供給の約 9 割を非化石電源で行っているため、エネルギー供給の炭素化を図る余地が限られている。
　　2．現在横ばい傾向。　　　　　　　　　（3 億トン減、4.4 トン／人）
⑤ドイツ
　　1．再エネ比率が 2010 年比で約 2 倍の 30% に増加しているが、原子力発電比率が低下しているため、現在は約 4 割と横ばい。
　　2．現在横ばい傾向。　　　　　　　　　（7 億トン減、8.9 トン／人）

日本とイギリスは目標ラインに向けて順調に進展している。IPCC の報告

書は「残された時間は長くはない。これ以上先延ばしにはできない」と記している。

1－3．地球温暖化と日本への影響 [16]

地球温暖化の結果、21世紀末には日本ではどのような影響が予想されるでしょうか。

1．気温は年平均で、最低シナリオで、0.5～1.7℃、最高シナリオで3.4～5.4℃上昇し、低緯度より高緯度の方が上昇の程度が大きいと予測されます。気温が2℃上昇すると、日本が南へ300km移動するのと同じことになります。東京の気温は、現在の鹿児島並みになります。

2．日降水量が100mm以上の大雨の日数も、ほとんどの地域で増加します。1時間降水量50mm以上の短時間強雨（滝のように降る雨）の発生回数もすべての地域・季節で増加します。無降水日は全国的に増加します。

3．猛暑日は10年当たり0.2日の割合で増加しています。最高シナリオでは、猛暑日の年間日数も増加し、特に沖縄・奄美では、年間54日程度増加します。

4．年最深積雪量は、東日本の日本海側と西日本の日本海側で減少しています。最高シナリオでは、特に本州日本海側で大きな減少が、本州や北海道の内陸部では、10年に1度しか発生しない大雪が現在より高頻度で現れるといわれています。

5．気候変動によって、雨の量や降り方が変化するとともに、これまで雪であったものが雨に変わる可能性も出てきます。山地の多い日本では、このような変化は、河川の流況（1年を通じた河川の流量の特徴）を大きく変えることになります。日本海側の多雪地帯で河川流況が大きく変

化することが考えられます。

6. 近年、豪雨の増加傾向がみられ、これに伴う土砂災害の激甚化・形態の変化が懸念されています。将来、気候変動によって、豪雨の頻度・強度が増加することにより、深層崩壊の増加による大規模な被害が起き、河川が堰きとめられます。そのため天然ダムの形成やその決壊による洪水被害、大量の土砂による川床上昇に伴う二次災害、表層崩壊の増加に伴う流木量の増加とその集積などがもたらす洪水氾濫等の甚大な被害が各地で生ずることが懸念されます。

7. 気温の上昇による米の品質の低下が、すでに全国で確認されています。また、一部地域や極端な高温年には収量の減少も報告されています。近未来（2031～2050年）及び世紀末には、品質の高い米の収量が増加する地域と減少する地域の偏りが大きくなる可能性があります。また、米の品質に重要な指標である整粒率（整った米粒の割合）が低下する事が指摘されています。

8. 果実の品質・栽培適地への影響があります。夏季の高温・少雨の影響として、強い日射と高温による日焼け果の発生、高温が続くことによる着色不良等が知られています。ぶどう、りんご、かき、温州みかんでこのような影響が報告されています。将来、温州みかんやぶどう等の栽培適地が変化することが予測されています。世界の平均気温が1990年代に比べて、2℃上昇した場合、ワイン用ぶどうの栽培適地が北海道の標高の低い地域で広がると考えられます。

9. サンマの南下が遅くなる可能性が指摘されています。道東海域では、来遊資源量のピークが10月上旬～11月上旬に、三陸海域では11月中旬～12月中旬以降に、常磐海域では12月中旬以降に遅れるものと考えられます。

10. 熱中症による死亡者数は増加傾向にあります。最高シナリオでは、21世紀半ば（2031～2050年）の熱中症搬送者数は、1981～2000年と比較して、全国的に増加し、特に東日本以北で2倍以上増加すると考

えられます。

11.　製造業、商業、建設業等の各種の産業では、豪雨や強い台風等、極端
　　な現象の頻度・強度の増加が、甚大な損害を与える可能性があります。

12.　私たちの生活面でも、気温の上昇等が、快適な生活を送る上で支障を
　　きたし、季節感を変化させる可能性があります。

13.　自然生態系の変化、農業や水産業への影響、自然災害への影響等が、
　　産業・経済活動、国民生活・都市生活にさまざまな影響を及ぼす可能性
　　があります。

14.　温暖化に対応した農作物の導入や気候変動を見据えた適応ビジネスの
　　展開が必要となります。

15.　IPCC は「穀物価格が 2050 年までに最大 23％ 上昇する可能性がある」
　　と報告しています。地球温暖化＝食糧不足＝日本国民が飢えるという
　　現実があり得えます。

　最も懸念されているのが、熱波襲来、大規模洪水の発生、壊滅的な干ばつ
などによる農産物の生産量の減少である[17]。これは日本の食糧自給率と大き
な関係がある。日本は外国との諸協定で、日本国内で生産する農産物を次々
に切り捨てる農業政策を展開してきた。その結果が 2017 年の全品目の総合
食料自給率 38％、穀物自給率 28％ である。

　多くを輸入品に支えられている日本の食生活は、外国からの輸入が継続的
に行われるという原則の下で、成り立っている。しかし、世界の食料事情
は、今の状態がいつまでも続くと安心していられるほど楽観的な状況にはな
い。あと 2℃平均気温が上昇すれば、輸入がストップするかもしれないとい
うリスクを抱えている。穀物輸出国も食料危機に陥れば、当然、国内の必要
量を確保することを迫られる。そのとき、輸出国は日本に輸出してくれるの
かという心配をしておくことが必要である。

　1 億人以上の人口をもつ 12 ヵ国の穀物自給率は、8 ヵ国が 90％ 以上、
80％ 以上 90％ 未満が 2 ヵ国、最低でもメキシコの 70％、残る 1 ヵ国であ

る日本は 28% にすぎない。品目別自給率 60% 以下のものを上げると、大豆7%、果実 39%、肉類 51%、魚介類 52%、砂糖類 32%、小麦はわずか 12% でしかない。気候変動の影響を最大限に受けるのは日本である。

1-4. なぜ気候変動の問題は解決が難しいのか

16. 化石燃料の燃焼から排出される炭酸ガスには経済的価値はないので、市場での取引の対象にはなりません。したがって炭酸ガスの排出量が増えても、それを減らすように働く力は、現在の人間社会にはありません。炭酸ガスは窒素酸化物や硫黄酸化物、ダイオキシンのように有毒な汚染物質ではない[18]ことも関係しています。

17. 気候変動の問題は化石燃料を大量に消費すること、つまりエネルギーを大量に使うことによって起きた問題です。したがって人類が化石燃料をエネルギー源として用いる限り、根本的な解決法はない[19]ということです。

18. 選挙で選ばれる民主主義国家の政治家が今よりも生活水準が悪くなるような政策をとるとは考えられません。人類が見出した最良の政治制度はエネルギーの消費量が増加する方向、炭酸ガスの排出量が増えるように力をおよぼしています[20]。

19. 地球環境に不都合なことがあった場合、すぐに適切な対策をとったとしても、その効果が現れるまでには長い時間が必要です。現世代の地球環境に対する不注意な行為は子孫があがなわなければなりません。だれにでも確実にできて、すべての人の利益になる方法は節約です。節約以外に方法はありません。

20. 日常のちょっとした工夫と一人ひとりの意識が、大きな対策にもつながります。個人や団体の取り組みが積み重なってはじめて、国家や世界的な成果に結び付けることができるのではないでしょうか。

　温暖化によって増える降水量が私たちの生活にどのような影響を与えるのか、未知な部分が多いが、1年間にわたって平均的に降ってくれるほど地球は忍耐強くないことを肝に銘じておくことが必要である。「温暖化が起こらなくて後悔せずにすむような」政策を実施するだけでは不十分で、それ以上の行動が私たちには求められている[21]。

　自然科学は地球環境問題、温暖化が起こる理由を明らかにすることはできるが、その解決には自然科学だけはでなく、社会構造、人間の生き方も深くかかわっていることを認識することが必要である。

　細菌やウィルスは自然突然変異を起こし、感染経験者に再び感染したり、感染集団が免疫をもたないようなわずかに異なる変種へと急速に変異することができる。たとえばインフルエンザウィルスは自らが生き残るために独特の手段をもっている。例えば豚は人と鳥類両方のインフルエンザウィルスに感染するので、豚の体内でこの2種のウィルスの遺伝子交換が行われ、その結果、新種のウィルスが誕生するということが考えられる。このような新型ウィルスは伝染力が強く、死に至ることも多い病気を引き起こす可能性があるが、新型ウィルス向けのワクチンを製造するには多大の時間が必要である。現在、世界的に流行中の新型コロナウィルスも地球温暖化を含む環境の悪化が関係しているかもしれない。

　― 註 ―

1　　CCJ HP。

2　　田中正之『温暖化する地球』読売新聞社、1993 年、19.ページ。

3　　内嶋善兵衛『新地球の温暖化とその影響』裳華房、2005 年、89 ページ。

4　　内嶋善兵衛『地球の温暖化とその影響』裳華房、1996 年、7 ページ。

5　村沢義久『地球温暖化がわかる本』かんき出版、2008 年、38 〜 39 ページ。

6　環境省 HP「STOP THE 温暖化 2012」6 ページ。

7　IPCC HP。

8　世界資料 HP。

9　資源エネルギー庁 HP。

10　前掲 日本気象協会「日本の気候変動とその影響 2012 年度版」9 ページ。

11　IPCC HP。

12　東洋経済オンライン HP「日本人は温暖化に伴う食糧危機をわかっていない」。

13　「地球温暖化報告書」HP。

14　資源エネルギー庁 HP。

15　同上。

16　環境省等 HP「〜日本の気象変動とその影響〜」。

17　農水省 HP。

18　柳沢幸雄『CO_2 ダブル』三五館、1997 年、26 ページ。

19　同上、35 ページ。

20　同上、29 ページ。

21　環境省 HP。

第 2 章　異常気象—災害の安全学—

　異常気象とよばれるゲリラ豪雨、竜巻、爆弾低気圧などという言葉は、これまであまり耳にしなかったのではないでしょうか。

　最近、これらの現象がしばしば起こっていますが、どのような原因で起こるのでしょうか。

　頻発する集中豪雨、強大な台風、豪雪とともに、その原因だけではなく、対策も含めて考える必要があるのではないでしょうか。

2－1．ゲリラ豪雨の脅威

1.「ゲリラ豪雨（Guerrilla Rainstorm）」は正式な気象用語ではありません。ほぼ日本国内でのみ用いられ、国際的にこれに直接相当する言葉はありません。気象庁は予報用語として、「局地的大雨」の用語を用いています。突発的で、局地的な豪雨を指して使われます。ごく狭い範囲（広くても 10km 四方）で、突然、短時間（長くても 1 時間）の間に驚異的な大量の雨の降る局地的豪雨のことです。基本的にはゲリラの奇襲攻撃のように予測不能なので、ゲリラ豪雨と呼ばれています[1]。このよび方は集中豪雨が日本各地で続発した 2008 年の夏以降に広く使用されるようになりました。

2.　上空に冷たい空気があり、地上には温められた空気の層があるとき、暖かい空気は上昇し、冷たい空気は下降しようとするため対流が起こりやすくなります（通常は暖かい空気が上で、冷たい空気が下にあるはず

です）。地上付近の空気が湿っているときは、積乱雲があちこちで発達
し、強い風が吹き出すとともにゲリラ豪雨が発生[2]します

3．真上に急激に発達した真っ黒な積乱雲が現れ、急に涼しい風が吹き始
めるとゲリラ豪雨の可能性が高いといわれています。注意しなければな
らないのは、1時間当たりの降水量が異常に多いことです。2008（平
成20）年7月28日の神戸市灘区都賀川で起きた水難事故はその一例
です。

4．川の水は「時間差」で襲います。上流で上昇した水位が下流に達する
のは、少し時間を置いてからです。川には海以上に多くの危険がひそん
でおり、もっとも恐ろしく、油断しやすいのが「時間差」増水です。雨
が止んだあとも決して油断はできません[3]。

5．降る時間も短く、多くが数十分で降りやみます。数km四方の狭い範
囲に100mm以上の猛烈な雨が降ることもあります。都市では、下水
は一般に最大降水量が1時間に約50〜60mmしか想定されていない
ため、これを超える雨量は処理しきれません。アスファルト舗装の道
路、コンクリート造りの建物によって地下へ雨水が浸透しにくくなって
いることもあり、排水能力を超えた雨水が低地に集まると大きな被害に
つながります[4]。

6．現在の予報技術では、ある地域のどこかでゲリラ豪雨が生ずるかは予
測できますが、何時にどの場所で起こるかまでは、実際に積乱雲が発生
した後でなければわかりません。

　2008（平成20）年7月28日、神戸市灘区都賀川で14時36分頃より雨
が降り始め、14時40分には視界が悪くなるほどの集中豪雨——上流域では
最大で10分間に24mmの雨が観測され、急激な増水（14時40分〜50分
に、狭いところへ濁流が流れ込んだため、水位が急激に約1.3m上昇）——の
ため、河川内の親水公園を利用していた市民、学童5名が流され死亡した[5]。
これが都賀川水難事故である。

雨水が一気に下水道や中小の河川に流れ込みあふれ出す。低地や道路の冠水、地下街などの浸水による被害が発生するこのような水害は「都市型水害」とよばれている。下水処理能力は降水量が1時間に50〜60mmが一般的で、1時間に100mmのような状態が続けば、多くの場所で冠水、浸水被害が出ることになる。

夕立は地表面の暖まる午後に生じ、大規模な積乱雲が発達しないので被害を発生させるような大雨にはならない。また、スコールは、WHO（世界気象機関）によって、「毎秒8m以上の風速増加を伴い、最大風速が11m/秒以上で、1分以上継続する」と定義されている。つまり、スコールは、「突発的な風の強まり」のことをいい、大雨のことをいうのではない。

2−2．集中豪雨の脅威

7. 集中豪雨の多くは細長く尖った形の線状降水帯とよばれる発達した雨雲が引き起こします。その長さは約100〜200km、幅は約10〜30kmです。このような雨雲が発達して、積乱雲になり、数時間激しい雨が降り、集中豪雨が起こります[6]。積乱雲は垂直方向に発達するため、局地的な狭い範囲に激しい雨を降らすのです。

8. 日本の気象庁は「局地的大雨」（単独の積乱雲によってもたらされる。数十分の短時間に数十mmの雨量をもたらす）と「集中豪雨」（積乱雲が連続して通過することによってもたらされる。数時間にわたって強く降り、百〜数百mmの雨量をもたらし、局地的大雨が連続するもの）の2つの用語を使いわけていますが、一般的にはどちらも集中豪雨とよんでいます[7]。

9. 積乱雲は上空の風に流され、積乱雲から出される冷気によって次の新しい積乱雲が発生します。こうして積乱雲が増え、雨の範囲が広がっていきます。寿命が限られた積乱雲が同じ場所で次々と発生・発達し、そ

の積乱雲群は連続して同じ地域を通過します。

10. 線状降水帯ができる場所は大きく2つにわけることができます。ひとつは前線や低気圧付近、もうひとつは前線や低気圧の南側、つまり暖かく湿った空気が流れ込む領域です。暖かく湿った空気の領域でも、特に台風周辺では線状降水帯ができやすい[8]といえます。

11. 日本の集中豪雨の発生時期は、梅雨の時期、特に梅雨末期です。地域的には1年中、1時間程度の短時間の豪雨は日本全国でみられます。約1日続く長時間の集中豪雨は暖湿流が流入しやすい九州や関東地方以西の太平洋岸に多くみられます。梅雨の時期に限ると西日本に多い[9]といえます。

12. 積乱雲が接近してきたとき、特に注意すべき場所は渓流の中や中洲、河川敷などの川の側（急激に増水する恐れがあるため）、地下室、アンダーパス（地下式の交差道路）などの周囲よりも低いところです[10]。

13. 普通ではない大雨が降ったとき、危険から身を守るために、まずすべきは①川から離れる、②低い土地から離れ、高台に避難することです。

　学術的には「大雨」は単に大量の雨が降ること、「豪雨」は空間的・時間的にまとまった災害をもたらすような雨が降ること、「集中豪雨」は空間的・時間的に顕著な豪雨を指すとされるが、区別は明確ではない[11]。

　元来、線状降水帯という用語は使用されておらず、後にこのようによばれるようになるが、降雨強度や規模などの定義はなされず、災害をもたらした事例だけが整理されてきた。線状降水帯が発生しやすいとされる前線である梅雨前線は太平洋高気圧とオホーツク海高気圧との境にできる。竜巻との違いは、竜巻は大きさが数十〜数百mで、寿命は数分〜十数分だが、集中豪雨は大きさが約100〜200kmで、寿命は数時間である。

2－3．土砂災害の脅威

14. 長時間豪雨（数日間の大雨）によって、土の中に貯えられた水の量が膨大になると大規模な土砂災害につながり、大雨が続けば、大量の水が川に集まるため洪水が起きやすくなります。梅雨前線や台風シーズンになると、大きな土砂災害が発生しやすいので、身近な危険といえます。普段からの心構えが不可欠です。

15. 記録的な大雨のパターン[12]は、①前線の停滞、②前線＋台風、③前線や台風の動きが遅いときに発生しやすいゆっくり台風、です。

16. 前線が停滞する場合は長く雨が続くため大雨になりやすくなります。前線付近で複数の線状降水帯（雨雲の連なり）が狭い範囲で次々に発生すると、記録的な大雨となります。2011（平成 23）年 7 月の新潟・福島豪雨はその一例です。

17. 梅雨や秋雨の時期には初めに前線が停滞して大雨を降らせた後、さらに台風が近づき、記録的な大雨になることがあります。2007（平成 19）年 7 月は 1 日から梅雨前線の活動が活発になり、14 日には台風 4 号が大隅半島に上陸しました。1 ～ 16 日までの総雨量は宮崎県えびの市えびので 1107mm に達しました。

18. 台風周辺は暖かく湿った空気が流れ込むため、台風が近づく前から雨が降り出し、さらに台風の動きが遅いと記録的な大雨となることがあります。2011 年の紀伊半島大水害はゆっくり台風によるもので、総雨量は紀伊半島各地で 1000mm を超えました。

19. 大雨による災害の目安は 1 日の雨量が平年の年間降水量の約 20 分の 1 が注意報レベル、約 10 分の 1 が警報レベルといわれています。東京は年間降水量が約 1500mm ですから、警報レベルは 1 日に約 150mm と考える[13]ことができます。

20. 山崩れ・崖崩れなどの斜面崩壊のうち、山の表面を覆っている土壌・表層土（厚さ 0.5 ～ 2 m）だけが崩壊するのが表層崩壊で、崩壊する

土砂の量は約1万m³以下と比較的小規模です。これに対して深層崩壊（表層土の下の地盤も崩れ落ちるもの）は豪雨に誘発されて起こることが多く、総雨量が400mmを超えると発生しやすいといわれています。土砂災害は雨がピークを越えて止んでからも起こることがあります。雨後の注意も必要です。紀伊半島大水害では死者・行方不明者が90余名のほか、崩壊土砂量約10万m³以上の大規模崩壊が76ヵ所確認されました[14]。

21. 重要なことは、情報収集と早めの行動です。前兆現象（急傾斜地の崩壊の前兆は小石の落下、地滑りは地面のひび割れ、土石流の前兆は山鳴りや地鳴りなど）に気づけば、すぐに避難すること[15]です。

新潟・福島豪雨では3日間の雨量が700mmに達したところがあり、平年の1ヵ月間に降る量の2倍以上が3日間で降ったことになる。

2011（平成23）年台風第12号（名称:タラス、命名国:フィリピン、意味:鋭さ）による豪雨のため、特に紀伊半島では被害が甚大で、豪雨による被害については「紀伊半島大水害」ともよばれる。8月25日午前9時にマリアナ諸島付近で発生し、迷走を重ね、9月3日午前10時前、高知県東部に上陸、9月4日午前3時、日本海に抜け、翌5日に温帯低気圧に変わった。11日午前9時頃、他の温帯低気圧に吸収されて消滅するまで、11日6時間におよぶ長寿であった。その間、浸水被害、土砂災害、河川の氾濫、水難事故が相次ぎ、73名の死者、19名の行方不明者を出している[16]。

2014（平成26）年8月20日に発生した広島県安佐北区と南区の土砂災害では、74人が亡くなる大災害となった。3時間に200mmを超える強い雨が深夜に降り、土石流が発生した。この土砂災害の衝撃のひとつは、都市部の住宅地で発生したことである。斜面に造成されたとはいえ、これほど悲惨な土砂災害は想定されていなかった。山がちな日本では、土砂災害を起こす危険をはらんだ場所は身近にある。東京の都心でさえ、崖崩れの危険がある場所が多くある。その意味で、土砂災害は「今そこにある危機」[17]といえる。

　自分の生活している場所がどのような土地か、ふだんから認識しておくこと、「いざ」という時、どうするかも重要である。外へ避難するより、2 階に「垂直避難」した方が安全な場合があるが、家ごと流される恐れがあるので、万全ではない [18] ということも考えておく必要がある。

2−4．豪雪と南岸低気圧の脅威

22．日本が世界有数の豪雪地帯を抱えるのは、列島の中央を縦貫する高い山脈が存在するためです。しかし、太平洋側の大雪は、大部分が南岸低気圧によるものです。

23．雪が降る条件のひとつは、冬型の気圧配置の時は、上空の気温が 1500 m 付近でマイナス 6 度以下であることとされています。

24．豪雪は偏西風の大きな蛇行が原因で起きます。熱帯の活発な積乱雲などの影響で偏西風が日本付近で南に大きく蛇行し、その影響で次々と北から強い寒気が流れ込むため記録的な大雪となります。

25．2012（平成 24）年 12 月〜 2013（平成 25）年 2 月の冬は記録的な大雪となりました。積雪は新潟市酸ヶ湯で 566cm と観測史上第 1 位を記録しました。気象庁は、これを「平成 25 年豪雪」と命名しました [19]。

26．日本海で発生した雪雲は山沿いでは上昇気流によってさらに発達するため、大雪になりやすい「山雪型」と日本海上空に強い寒気が流れ込むと日本海で雪雲が発達し、その雪雲が季節風に流されて平野部に大雪を降らせる「里雪型」とがあります。2006（平成 18）年豪雪は「山雪型」です [20]。上空 5000m 付近でマイナス 35℃以下なら大雪、マイナス 40℃以下なら豪雪になりやすいといわれています。

27．太平洋側で大雪を降らせるのが「南岸低気圧」で、東シナ海や西日本の南海上で発生し、本州の南岸沿いを進み、日本に寒気を運んでくる低気圧です。この低気圧自体は雨を降らせるものですが、低気圧が引き込

む「寒気」によって、雨が雪となって降ることが多いのが特徴です。春先に急速に発達するものが多く、関東地方に大雪を降らせます。

28. 「雨か雪か」、雪の場合、「どれくらい積もるのか」、これらを左右するのは「気温」です。6℃を切ると湿度との関係で、雪の可能性がでてきます。その気温を決めるのが南岸低気圧が通る経路、発達程度で、大雪の条件は「発達した低気圧が、関東に近すぎない距離で通過するとき」[21] です。雪の目安は、八丈島の少し北側を通過する経路、それよりも近すぎると、低気圧が持つ暖気が入り雨、離れすぎると、低気圧の雪雲が陸地に届かなくなり、降りません。経路のわずかなズレによっても気温が変わるため、大雨から大雪まで大きな幅があります。わずか1℃の変化で、雨か雪かが変わるため、微妙です[22]。暖気を運んでくる日本海低気圧とは対照的です。

29. 車のドライバーと歩行者にとって、危険なのは、雪が降っている間よりも、「止んだあと」です。雪の降った翌朝が危険です。車をどうしても運転しなければならないときは、必ず雪用タイヤ、十分な車間距離、慎重な運転が、また、歩行者は、すべりにくい靴、小さな歩幅、足全体で踏みしめて歩くことが望まれます。

　気象庁は当初、2005（平成17）年の秋には、全国的に気温は平年並みか高く、暖冬と予想していた。しかし同年12月上旬に寒気が流れ込んで以降、日本各地に大雪、寒波、暴風をもたらし、結果的に翌2006（平成18）年の豪雪と低温につながった。1860年3月24日の桜田門外の変、1936（昭和11）年の2・26事件のときの大雪は、「南岸低気圧」が原因であるといわれている。

　一方、2月中旬から一転して南風が吹き、静岡市では24℃という高温を記録し、また下旬には低気圧が日本の北を通過することが多く、南から暖かい空気が流れ込んで、高温・暖冬となった。3月に入っても余寒はほとんどなく、北日本中心の高温・暖冬傾向で桜の開花や満開は全国的に平年より早

く、春の訪れも早かった[23]。

2－5．竜巻の脅威

30．竜巻（Tornado）は積乱雲の下で地上から雲へと細長く伸びる高速の渦巻き状の上昇気流のことでトルネードともよばれます。竜巻は空気の回転と積乱雲によって発生します。積乱雲の強い上昇気流によって空気の回転速度が速くなり竜巻が発生します[24]。

31．竜巻はスーパーセル（Supercell）とよばれる巨大積乱雲で発生するものと局地前線によってできるものとの 2 つに大きくわけることができます。スーパーセルが発生するのは大気の状態が非常に不安定なときで、積乱雲が発生しやすいときです。大気の状態が不安定といえるのは地上付近と上空 5000m 付近の気温差が 40℃以上になるときです。

32．スーパーセルはメソサイクロンとよばれる空気の回転があるために竜巻が発生しやすく、強い竜巻はこのタイプが多いのです。2012（平成24）年 5 月 6 日に茨城県つくば市で発生した国内最大級の竜巻も、スーパーセルのもとで発生しました[25]。

33．竜巻を引き起こす巨大積乱雲スーパーセルとは巨大な 1 個の積乱雲で、その大きさは数十 km にもおよびます。空気の渦が回転しながら、積乱雲が急増していきます。激しい雨や強い竜巻などを引き起こす危険な雲です[26]。スーパーセルは、上昇気流領域と下降気流領域とが分かれているのが特徴で、前者には反時計回りの空気の流れがあり、これが「メソサイクロン」です。上昇気流はこの流れに従い、回転しながら上昇します。竜巻はこの領域の下で発生することが多いといわれています。

34．局地前線では風と風がぶつかり、渦が発生しやすくなります。この渦の上に積乱雲が移動してくると強い上昇気流によって空気の回転が速まり、竜巻が発生します。その中心部では猛烈な風が吹き、ときには鉄筋

コンクリートの建物をも一瞬にして崩壊させ、大型の自動車なども空中に巻き上げてしまうことがあります。多くは積乱雲とともに移動していきます[27]。

35. 竜巻の発生数が増加していると、まだ断定できません。しかし、竜巻を発生させる積乱雲が発達する要因は、気温や湿度の上昇なので、地球温暖化とは無関係ではありません。

36. 竜巻の年別確認数は 2011（平成 23）～ 2015（平成 27）年では、各年それぞれ 15、29、33、21、26 個発生しており、年平均 25 個です。季節別では前線や台風、大気の状態が不安定となりやすい 7 月から 11 月に多く、最も多いのが 9 月で、2 番目が 10 月です。最も少ないのは 3 月ですが、発生しない月はありません[28]。時間帯別では太陽が出ている日中の発生率が高く、特に正午頃から日没にかけての時間帯に多く発生しています。北海道から九州まで全国で発生しており、東北地方の日本海側から北陸にかけて、本州と四国の南岸、九州および沖縄県で多く発生し、東北地方の太平洋岸と瀬戸内海沿岸で少なくなっています[29]。

37. 避難場所としては地下室が最も安全とされています。竜巻の常襲地帯であるアメリカ中部・南部では地下室や地下シェルターが普及していますが、日本ではほとんど普及していません。

38. 規模の指標＝「藤田スケール」とは、竜巻を風速別に分類するものです。建造物や草木などの被害にもとづいて算定されます。シカゴ大学の藤田哲也とアメリカの国立暴風雨予報センターのアレン・ピアソンによって、1971（昭和 46）年に提唱されました。日本でこれまでに起きた最大の竜巻は F3 にランクづけされています。日本では気象庁が 2007（平成 19）年 4 月 1 日から「藤田スケール」を予報用語に追加しました[30]（表 2 － 1）。しかし、藤田スケールは、アメリカで考案されたものであり、日本の建築物等の被害には適していないなど、多くの課題がありました。そのため、現在気象庁は藤田スケールを改良し、「日本版改良藤田スケール（JEF スケール）を突風調査に使用しています。

　藤田スケールはあくまで竜巻による被害の大きさを示したものであり、竜巻の厳密な風速を求める設計にはなっていないため、実際の被害の程度と風速の推定値が一致しないことも多かった。1992（平成 4）年に「修正藤田スケール」が考案され、より正確な風速の推定が行なわれるようになった。しかし修正藤田スケールが世に広まることはなく、従来の藤田スケールが一部の地域を除いて現在も国際的に広く用いられている[31]。

　日本版改良藤田スケール（JEF）は、0(25 ～ 38m/s)～ 5(95m/s)の 6 階級に分かれ、たとえば、木造住宅の屋根瓦がめくれた被害→被害指標「木造の住宅または店舗」、被害度「屋根瓦がめくれた」→風速約 45m/s →階級 JEF 1 と認定[32]される。

　2012（平成 24）年 5 月 6 日、国内最大級 F3 の竜巻が茨城県常総市からつくば市にかけて被害をもたらした。家屋の全壊による 1 名の死者と 37 名の負傷者、住宅被害の全・半壊も 300 棟近くに達し、被害分布の長さは 17km、幅約 500m にもおよんだ。この竜巻はスーパーセルとよばれる巨大積乱雲で発生した。地上の気温は関東各地で 25℃を超え、低気圧に向かって南から湿った暖気が流れ込んだ。上空にはマイナス 21℃以下の寒気があり、上空との気温差が 40℃以上と、大気の状態が非常に不安定[33]であった。

　竜巻が恐ろしい最大の理由は、破壊的な風であるが、いつどこで発生するか予測できない、「不意打ち」をする気象現象であることである。屋内の場合は建物の地下や 1 階に移動し、壊れやすい部屋の隅から離れて、できるだけ家の中心に近いところで机などの下に身を潜め、頭を保護することが必要である。屋外の場合は鉄筋コンクリートなどの頑丈な建物の中に避難するか、体がおさまるような水路やくぼみに隠れて頭を保護するのも適切な避難方法である[34]。

表２－１：藤田スケール（被害状況）

階級	m/s	被害
F0	32 未満	被害は比較的軽微。煙突の損傷、木の枝が折れる。根の浅い木が傾く、道路標識の損傷など。
F1	33 ～ 49	中程度の被害。屋根がはがされたり、自動車で引く移動住宅などは壊れたり、ひっくり返ったりする。移動中の自動車は道から押し出される。壁続きのガレージは破壊される。
F2	50 ～ 69	重大な被害。建てつけの良い家でも屋根と壁が吹き飛ぶ。列車は脱線転覆、森の大半の木は引っこ抜かれ、ダンプカーなどの重い車でも地面から浮いて飛んだりする。
F3	70 ～ 92	重大な被害。建てつけの良い家でも屋根と塀が吹き飛ぶ。列車は脱線転覆、森の大半の木は引っこ抜かれ、ダンプカーなどの重い車でも地面から浮いて飛んだりする。
F4	93 ～ 116	深刻な大被害。建てつけの良い家でも基礎が弱いものはちょっとした距離を飛んでいき、車は大きなミサイルのように飛んでいく。

（気象庁 HP「藤田スケール」）

２－６．台風の脅威

39．台風（Typhoon）は熱帯低気圧の中で北西太平洋（赤道より北、東経100 度から 180 度まで）、または南シナ海にあり、中心付近の最大風速が毎秒 17.2m（34 ノット）以上のものをいいます。34 ノット未満のものは熱帯低気圧とよばれます。

40．台風は、国際分類上、東経 180 度より東に進んだ場合、最大風速（１分間平均）が 64 ノット以上のものはハリケーン（Hurricane）とよばれ、34 ノット以上のものはトロピカルストーム（Tropical Storm）とよばれます。またマレー半島以西に進んだ場合、サイクロン（Cyclone）とよばれます。逆に西経域で発生したものが東経 180 度以西に進んだ場合は台風となります[35]。

41．台風は巨大な雲の渦で、膨大なエネルギーをもっています。エネル

ギーの源は暖かい海からの水蒸気です。雲の大きさは水平方向が約
1000km、上空が 10km 以上です。空気は下層では反時計回りに吹き込
みますが、上層では時計回りに吹き出します [36]。

42.　熱帯低気圧が多く発生するのは北東貿易風が吹いている海域であり、
　　発生後はしばらく西方へ進む。台風に自力で進む力はなく、「風まかせ」
　　である。中緯度高圧帯で一度減速するが、それを過ぎて偏西風に乗る
　　と、進行方向を東に変え、スピードアップする。その先に日本列島があ
　　る。台風の進路は太平洋高気圧の縁に沿っています。日本に台風が多く
　　殺到するのは、あくまで偶然の結果 [37] にすぎません。

43.　台風の命名については、気象庁が台風の発生した順番に台風番号をつ
　　けており、通常はこの台風番号でよばれます。情報文では元号年と組み
　　合わせて「平成 7 年台風第 10 号」のように表記し、天気図では西暦年
　　の下二桁と組み合わせて「台風 9510」、「T9510」のように表記してい
　　ます。一般には「第」を省略し、年号も省略して「台風 10 号」とよば
　　れます。特に災害の大きかった「伊勢湾台風」のようなものについては
　　上陸地点などの名がつけられています [38]。

44.　台風が発生するには暖かな海と空気の回転が必要です。1981（昭和
　　56）～ 2010（平成 22）年の 30 年間における台風の発生をみると、
　　フィリピンの東の海上と南シナ海で多く発生しています。台風は海水温
　　が 26℃以上で発生し、28℃以上で発達しやすくなります。赤道付近は
　　海水温が高いのですが、空気の回転が起こりにくく、台風は発生しませ
　　ん。台風は膨大なエネルギーをもつため、接近、上陸すると、いくつも
　　の災害（暴風、大雨、洪水、土砂災害、高波、高潮など）が同時に発生
　　する [39] ことがあります。

45.　1981 ～ 2010 年にかけて、台風は年平均で 25.6 個が発生し、11.4
　　個が日本列島に接近し、2.7 個が上陸しています。しかし 2004 年には
　　10 個の台風が上陸しました。2008 年、2000 年、1986 年、1984 年の
　　上陸数はゼロです。年間の発生数が最も多かったのは 1967 年の 39 個、

最も少なかったのは 2010 年の 14 個です。

46. 台風が日本に上陸するのは多くが 7 ～ 9 月であり、年間の上陸数は 8 月が最も多く、次いで 9 月です。最も早い例では、1956（昭和 31）年 4 月 25 日に鹿児島県に上陸した台風 3 号で、最も遅い例は 1990 年 11 月 30 日に紀伊半島に上陸した台風 28 号です。

47. 歴史に残るといわれる「伊勢湾台風」は 1959（昭和 34）年 9 月 21 日にマリアナ諸島の東海上で発生した台風 15 号で、9 月 26 日 18 時頃、和歌山県潮岬の西に上陸しました。伊勢湾台風並みの台風は 50 年以上、上陸していません。この災害を契機に災害対策基本法が制定されるなど、現在の災害対策の原点となっています [40]。

48. 台風の勢力がどうなるかを簡単にみる際は暴風警戒域と予報円の差をみることです。差が次第に広がっているときは暴風域が広がります。勢力が強まるということです。台風の進路予報表示では平均風速が毎秒 15m の強風域を黄色の円、風速 25m 以上の暴風域を赤色の円で表しています。12、24、48、72、96、120 時間後の台風の中心が到達すると予想される範囲は点線の予報円で示されます。ただし台風の進路が予報円に入る確率は 70% です [41]。

49. 台風で注目すべきは、第一に風です。台風は進路から見て、右半分が、風が強くなる傾向があります。台風に吹き込む風と台風本体を運ぶ風が同じ向きになるためです。第二は、雨です。台風本体だけではなく、外縁に発達する「外側降雨帯」＝帯状雲の雨にも注意が必要です。第三に高潮です。気圧が 1 hPa 下がると、海面は 1 cm 上がり、被害を大きくします [42]。台風が接近することが予想されるときの準備、台風が接近している時の準備、台風が通過したのちの注意は、いずれも主として第一～第三に関するものです。

50. 台風の強さの階級分けは、最大風速が 33m/s（64 ノット）以上～ 44m/s（85 ノット）未満は「強い」、44m/s 以上～ 54m/s（105 ノット）未満は「非常に強い」、54m/s 以上は「猛烈な」の 3 階級に分けら

れています。また、大きさの階級分けでは、風速 15m/s 以上の半径が、500km 以上〜 800km 未満は大型《大きい》、800km 以上は超大型《非常に大きい》と表現されます。台風情報では、台風の大きさと強さを組み合わせて、「大型で強い台風」のようによびます。しかし、強風域の半径が 500km 未満は大きさを表現せず、最大風速が 33m/s の場合には、強さを表現しません [43]。

51. 気象庁では大きさ（規模）と強さ（勢力）とで階級分けをしています。なお、「強さ」の基準である「最大風速」は、「10 分間の平均風速の最大値」をいいます。「最大瞬間風速」は、瞬間的に吹く風速の最大値です。瞬間風速は「風速計の測定値（0.25 秒間隔の 3 秒間の平均値）です。

52. 一般に「低気圧」といえば温帯低気圧のことです。暖気と寒気によってつくられており、その境目には前線があるのが特徴で、暖気と寒気の温度差が大きいほど低気圧は発達します。気圧の単位には hPa が用いられ、標準的な地表の気圧である 1013hPa を 1 気圧といいます。

　1970（昭和 45）年の台風 13 号は西経域で発生し、一時、東経域に移動したが、すぐに西経域に去ってしまったため台風ではなくなった。逆に2006（平成 18）年のハリケーン・イオケは西経域で発生し、東経 180 度を越えたため台風 12 号になった。

　「伊勢湾台風」は上陸時の中心気圧が 929.2hPa と大型で非常に強く、伊良湖（愛知県）で最大風速毎秒 45.4m、暴風域は 300km 以上であった。高潮の被害が顕著で 5098 名という風水害では最大の犠牲者を出した。

　マーシャル諸島の東の海域で発生した令和元（2019）年台風第 19 号は、10 月 6 日から 7 日にかけて中心気圧が 24 時間で 77hPa も低下し、急発達した。マーシャル諸島通過後は北に向きを変え、小笠原諸島、伊豆諸島周辺を通過後、12 日 19 時頃に中心気圧 955hPa、中心付近の最大風速 40m/s で伊豆市付近に上陸、北東に進み、三陸沖に抜けた。東海・東日本の広範囲

に大雨を降らせ、各地で河川の氾濫が生じた他、千葉県市原市では竜巻の被害を出した[44]。

　天気予報での「台風は温帯低気圧に変わりました」という解説は、台風の強弱の変化を示すのではなく、熱帯低気圧から温帯低気圧へと台風の構造が変化した場合に使用される。温帯低気圧に変わったとしても、雨、風が弱くなったとは限らない。温帯低気圧特有の前線を伴って、広範囲にわたって、雨、風が強まることがある。まだ台風並みの勢力を維持していることがあるので、注意が必要である。「台風は熱帯低気圧に変わりました」は、最大風速が台風の最低基準を下回った（中心の最大風速が 17.2 m 未満に変わる）場合に使われる。したがって台風に復活する場合もありえる。しかし台風から変わった温帯低気圧では暖気と冷たい空気が渦を巻きながら混ざり合い、台風が北上して北方の冷たい空気を巻き込み始めると温帯低気圧に変わることが多い。二度と熱帯低気圧に変わる[45]ことはない。

　高度が高くなるほど空気の量が少なくなるので気圧は低くなる。高さが 5 km で、気圧は地表の約半分の約 500hPa になり、高さが 10km では地表の約 4 分の 1 の約 250hPa になる。

　防災のポイントは、(1)台風の接近が予想されるとき、風、雨、浸水、高潮、停電、断水への備え、(2)台風接近時、屋内での在室。浸水、土砂災害の危険があるときの避難、(3)台風通過後の注意、吹き返しの風、波、増水への注意が必要である。

---

53. 「爆弾低気圧（"bomb"cyclone）とは急速に発達し、熱帯低気圧並みの暴風雨をもたらす温帯低気圧を指す俗語です。台風は熱帯低気圧ですが、爆弾低気圧は温帯低気圧です。1980（昭和 55）年に気象学者フレデリック・サンダースらが提唱しました[46]。

54. 通常の低気圧は寒気と暖気とはぶつかり合って発生しますが、爆弾低気圧は強い寒気と非常に湿った暖気（温度差が非常に大きい）がぶつかり合って、爆弾が爆発するように急速に発達します。日本付近では 10

～ 1 月頃の冬の嵐の時期、2 ～ 3 月の春一番の時期に最も多く発生します[47]。

55．台風のもととなる熱帯低気圧は南方からきます。また冬に来ることはありません。しかし熱帯低気圧ではない低気圧＝温帯低気圧がもとになっている爆弾低気圧はどこからでも来ます。何もない場所にいきなり発生するという危険性があります。多くは日本海低気圧が日本海から北日本を通過するときに急速に発達し、三陸沖でさらに猛烈に発達します[48]。

56．台風の寿命（台風の発生から熱帯低気圧または温帯低気圧に変わるまでの期間）は 30 年間（1981 ～ 2010 年）の平均で 5.3 日ですが、中には 1986（昭和 61）年の台風第 14 号の 19.25 日という長寿記録もあります。長寿台風は夏に多く、不規則な径路をとる傾向があります[49]。

57．日本付近では中心気圧が 24 時間以内に北緯 30 度で 14hPa、北緯 40 度で 18hPa 以上低下する場合、爆弾低気圧とされています。気象庁では爆弾低気圧とはよばず、「急速に発達する低気圧」とよんでいます。低気圧の大きさは水平距離で数千 km におよび、日本列島より大きいということになります。

　台風は、春先は低緯度で発生し、西進してフィリピン方面に向かうが、夏になると、発生する緯度が高くなり、太平洋高気圧のまわりを回って日本に向け、北上するものが多くなる。発生数では、8 月が年間で一番多い月であるが、台風を流す上空の風がまだ弱いため、台風は不安定な径路をとる事が多く、9 月以降には、南海上から放物線を描くように、日本付近を通るようになる。この時、秋雨前線の活動を活発にして、大雨を降らせることがある。室戸・伊勢湾台風など過去に大災害をもたらした台風の多くは 9 月にこの径路をとっている[50]。

　2013（平成 25）年 1 月 14 日に九州南岸で発生した温帯低気圧は、北東進しながら、14 日にかけて猛烈に発達しながら日本列島へ接近し（南岸低

気圧）、広い範囲に強風や大雨、大雪をもたらした。死者5名を含む人的被害、交通障害、建物被害、ライフラインへの障害などが発生した。中心気圧は13日正午には1008hPaであったが、14日正午には984hPa、翌日正午には東海上で942hPaへと急成長し（24時間で66hPa下がり）[51]、爆弾低気圧となった。

この低気圧の影響で14日に最大瞬間風速が千葉県銚子市で38.5m/sを記録するなど、関東地方を中心に暴風が吹き荒れた。また横浜13cm、東京都心8cmの積雪を記録するなど、関東を中心に大雪となった。東京都心で積雪が8cmを記録したのは2006（平成18）年1月以来7年振りであった。15日には低気圧の通過で、冬型の気圧配置になり、北日本を中心に293地点で真冬日となった[52]。「台風→温帯低気圧→爆弾低気圧」と変化することがある。年間を通して発生する可能性があり、注意が必要である。

　前述した台風19号による大雨によって大水害を被った地域は、元来、あまり雨の降らない地域であった。年降水量は1000〜1400mm程度（日本の平均1800mm程度）、10月の平均降水量100〜200mmの地域である。このように本来であれば、あまり多量に雨が降らない地域に、台風が多量の水蒸気を含む空気を運び、長時間にわたって大雨を降らせたことが大水害につながった原因である[53]。

　これから一体、どうすればいいのか。簡単な話ではない。「河川側での対策には限界があり、河川が氾濫した際に浸水する土地に、日本の大部分の人口と資産が配置されており、しかも河川が氾濫するような治水の計画を超える豪雨が発生する可能性は気候変動によって高まっている。降雨を流域で受け止め、浸透・貯留・ゆっくり流出させる総合治水対策がいっそう重要になる」[54]ことは事実である。もしも家を建てるなら、水害の危険が高いと分かっている場所を開発して、宅地にするのだけはやめる必要があるということである。

―註―

1　「ゲリラ豪雨とは？」HP、「防災用語集」HP。

2　佐藤公俊『天気と気象　異常気象のすべてがわかる！』学研、2013 年、14 ページ。

3　斎田季実治『異常気象入門』幻冬社、2015 年、84 〜 85 ページ。

4　「ゲリラ豪雨」HP、「防災用語集」HP、前掲 佐藤『天気と気象　異常気象のすべて
　がわかる！』16 ページ。

5　「都賀川水難事故」HP。

6　前掲佐藤『天気と気象　異常気象のすべてがわかる！』18 ページ。

7　「集中豪雨」HP、「防災用語集」HP。

8　前掲佐藤『天気と気象　異常気象のすべてがわかる！』20 ページ。

9　同上、21 ページ。

10　同上。

11　「集中豪雨」HP、前掲「防災用語集」HP。

12　前掲 佐藤『天気と気象　異常気象のすべてがわかる！』24 ページ。

13　同上、22 ページ。

14　同上、26 〜 27 ページ。

15　伊藤桂子・鈴木純子『気象災害への知恵』求竜堂、2016 年、43 〜 44 ページ。

16　「平成 23 年台風第 12 号」HP、2 ページ。

17　前掲 齊田『異常気象入門』81 ページ。

18　同上、83 ページ。

19　同上、91 ページ。

20　前掲 佐藤『天気と気象　異常気象のすべてがわかる！』28 ページ。

21　前掲 齊田『異常気象入門』71 ページ、「冬の南岸低気圧」HP。

22　前掲 佐藤『天気と気象　異常気象のすべてがわかる！』21 ページ。

23　「平成 18 年豪雪」HP。

24　前掲 佐藤『天気と気象　異常気象のすべてがわかる！』32 ページ。

25　同上、32 〜 33 ページ。

26　同上、33 ページ。

27　「竜巻」HP、気象庁 HP「竜巻の危険性」。

28　同上。

29　気象庁 HP。

30　「藤田スケール」HP。

31　同上。

32　気象庁 HP。

33　前掲 佐藤『天気と気象　異常気象のすべてがわかる！』36 ページ。

34　前掲「竜巻」HP、前掲齊田『異常気象入門』100 〜 101 ページ。

35　「台風」HP、前掲 齊田『異常気象入門』89 ページ。

36　前掲 佐藤『天気と気象　異常気象のすべてがわかる！』38 ページ。

37　「台風」HP、前掲 齊田『異常気象入門』129 ページ、気象庁 HP。

38　同上。

39　前掲 佐藤『天気と気象　異常気象のすべてがわかる！』38 〜 39 ページ。

40　同上、40 ページ。

41　同上、42 ページ。

42　前掲 齊田『異常気象入門』91 ページ。

43　気象庁 HP。

44　岐阜大学流域圏科学研 HP「令和元年台風 19 号による大水害について」。

45　「台風と爆弾低気圧の違い」HP。

46　前掲 佐藤『天気と気象　異常気象のすべてがわかる！』48 ページ。

47　「爆弾低気圧」HP、「防災用語集」HP。

48　「低気圧」HP、同上「防災用語集」。

49　気象庁 HP。

50　同上。

51　「爆弾低気圧データ」HP。

52　同上。

53　「令和元年台風 19 号による大水害について」HP。

54　同上。

第3章　車社会日本

3－1．車社会の光と影

車社会とはどのような社会をいうのでしょうか。
私たちの生活にどのような影響をおよぼすのでしょうか。

1．1960年代以降、日本では自動車による輸送量が急激に伸び、モータ
　リゼーションの時代を迎えました。70年代前半には、自動車は鉄道を
　抜き、我が国の交通手段の主役となりました。その背景にはマイカーの
　急速な普及がありました（表3－1）。

2．自動車の普及は経済成長を表す最もわかりやすい尺度となっています。
　大部分の人は車を「早く簡単に移動するための機械」とだけみているわ
　けではありません。車はそれをもつ人の豊かな暮らし、自由、進歩のシ
　ンボルでもあります。人々は自動車を求め、運転することに生きがいさ
　え感じているかのようです。

3．多くの自動車はガソリンを燃やして走りますが、しばらく走るとガソ
　リンを入れなければなりません。燃えてしまったガソリンはどこに行っ
　たのでしょうか。大部分は炭酸ガスと水分として排出され、2017（平成
　29）年度には自家用乗用車だけで、炭酸ガスが9850万トンも排出され
　ました。その他に大気汚染物質として窒素酸化物なども排出されます[1]。

4．日本の自動車保有台数は、2017年には約7800万台、うち自家用乗
　用車は約6000万台（1台当たり2.08人）へと急増しています。乗用
　車1台当たり、年に平均約1万575km走っています。

5．自動車がもたらすプラスよりもマイナスの方がはるかに大きくなってきました。たとえば、速くて便利というプラスの面よりも交通事故、大気汚染、騒音などのマイナスの面の方がより深刻な問題になっているということです。

6．車は地球や自然、人をも痛めつける主役でもあります。そろそろブレーキをかけなければ、車の暴走は止まらなくなります。

表3－1：用途別保有台数　　　　　　　　　単位：千台

年	乗用車							トラック							バス
	自家用		営業用		計			自家用		営業用		計			
	普通車	小型車	普通車	小型車	普通車	小型車	計	普通車	小型車	普通車	小型車	普通車	小型車	計	計
2001 平成13	14132	38061	31	225	14163	38286	52449	1680	15270	901	79	2581	15349	17930	236
2011 平成23	16791	41097	48	204	16839	41301	58139	1415	12415	857	76	2272	12713	14985	227
2012 平成24	17049	41434	49	197	17098	41631	58729	1409	12294	855	75	2264	12591	14854	226
2019 令和元	19495	41917	59	163	19554	42080	61634	1487	11566	924	73	2411	11639	14050	233

（国土交通省自動車局『数字でみる自動車2013』日本自動車会議所、2013年、4〜5ページ
国土交通省HP「自動車保有台数」2019年）

　自動車の出現によって、人間のモビリティ（移動性）は、かつてなく飛躍的に進歩し、ますます長い距離を走ることができるようになった。自動車はもはや単なる機械ではなく、文化的なシンボルとなり、壮麗なゴチック様式の大聖堂とほとんど同じ価値をもっている[2]。日本では、自動車の保有は国民生活の豊かさを象徴するものでもある。しかし、十分に社会的な対策がとられないまま、自動車は諸外国に例をみない速さで普及したために、自動車による便益に対して、私たちはもはや支払いいれないほどの高い代償を払わなければならなくなっている[3]。

　自動車は移動の自由、快適な生活（その範囲、速さ、快適さの点で、また

天候、距離を気にすることなく仕事に通い、買い物に出かけ、旅行すること
ができる。また田園的な雰囲気の中で生活しながら通勤・通学したり、また
これまで想像もできなかった旅行ができる）を人々が最大限に享受するため
に不可欠であり、生活水準の向上は自動車の利用・普及を前提としてはじめ
て可能となった[4]と考えられる。狭い裏通りまで舗装され、自動車の通行は
ますます便利になって、人々はこぞって自動車を求め、運転することに生き
がいを感じている[5]ように思われる。車がかなり以前から環境破壊の凶悪犯
になっているにもかかわらず、それを認めようとする人は少ない。

　自動車保有台数は、1970（昭和45）年の1725万台のうち、乗用車878
万台（1000人当たり84台）から、2017（平成29）年には7800万台のう
ち、乗用車6100万台（1000人当たり488台）へと増加した[6]。最近の傾
向は、2007（平成19）年から2017年の10年間に国内の乗用車の台数が
3800万台から6100万台へと増え、トラックは1600万台から1400万台
へと減少している[7]ことである（表3－2）。

表3－2：貨物自動車の輸送量の変化　　　　単位：億トンキロ

	年度	計	自動車		鉄道		内航海運	航空
			営業用	自家用	JR(国鉄)	民鉄		
輸送トンキロ	1965 （昭和40）	1857	224	260	558	9	806	0.21
	1975 （昭和50）	3606	692	605	463	8	1836	1.52
	1985 （昭和60）	4341	1373	686	214	5	2058	4.82
	1995 （平成 7）	5589	2231	715	247	4	2383	9.2
	2010 （平成22）	4553	2234	306	202	2	1799	10.3
	2011 （平成23）	4269	2024	286	200		1749	9.90
輸送分担比(%)	1965 （昭和40）	100	12.1	14.0	30.0	0.5	43.4	0.0
	1975 （昭和50）	100	19.2	16.8	12.8	0.2	50.9	0.0
	1985 （昭和60）	100	31.6	15.8	4.9	0.1	47.4	0.1
	1995 （平成 7）	100	39.9	12.8	4.4	0.1	42.6	0.2
	2010 （平成22）	100	49.1	6.7	4.4	0.0	39.5	0.2
	2011 （平成23）	100	47.4	6.7	4.7		41.0	0.2

（同前、国土交通省自動車局『数字でみる自動車 2013』64 ページ）

バブル期に大型・高価格の自動車が売れるという贅沢化が進み、バブル期以降も、普通乗用車（いわゆる3ナンバー車）が普及している。2017年末現在で乗用車の約30%が普通乗用車となっている。普通乗用車が生産から廃棄までに消費するエネルギー量は小型乗用車のほぼ倍であり、普通乗用車の普及は環境面からみても不適切[8]である。

　ガソリン消費量は年間一世帯当たり554ℓとなっている[9]。全国の輸送人員は鉄道の250億人に対して、営業用自動車は年間で61億人である[10]。また貨物輸送（トンキロ）の分担率は営業用自動車の50.9%に対して、鉄道はわずか5.2%にすぎない[11]。

　燃料の消費量が増え続けている。自動車が増える⟹燃料の消費量が増える⟹燃料関係の税収が増える⟹それが道路建設に使われる⟹さらに自動車を呼び寄せる、という「破滅のサイクル」を、私たちはまだ止めることができない。

7．自動車の増加の原因は、人口に関連する要因、経済的要因、社会的要因、政治的要因まで様々です。

8．家庭生活から出る炭酸ガスの中で最も排出量が多いのは、やはりマイカーです。現在の我が国では、家庭内で消費されるエネルギーとほぼ同量のエネルギーがマイカーで消費されています。（日常的にマイカーを利用している）平均家庭でのガソリンの消費量は、年間平均554ℓです。マイカーから出る炭酸ガスの量を減らすことが、私たちができる手っ取り早い地球温暖化防止策ということになります（図3－1）。

9．1台の車を生産するのに20万ℓの水と1500ℓの石油エネルギーが必要です。組み立てに有毒な重金属と発ガン性のある溶剤が不可欠です。塗装から出る毎年20万トンの危険な有害廃棄物も処理しなくてはなりません。車をスクラップするには大量に使われているプラスチックなど合成樹脂の処理が問題となります。自動車はわずかなメンテナンスをす

るだけで 15 年間は使用できるといわれています。日本の乗用車の廃棄
までの使用年数は平均 12.91 年です [12]。

10．道路が人間のためではなく自動車のために設計されたために、多くの
　　都市では一層住みにくくなっています。マイカーの要求にしたがうこと
　　が多くの都市にとって受け身のしきたりになっているからです。

11．広い道路と駐車場のために子供は道という最も良き遊び場を奪われ、
　　老人は安全で心地よい散歩道を奪われています。歩行者は生命の危機に
　　さらされ、しばしば生命を奪われています。

12．歩・車道が完全に分離されていない道路に、依然として自動車の通行
　　が許されています。(都市と農村とを問わず) 学校でも家庭でも、子供
　　は最初に自動車に注意するようにしつけられます。

13．自動車の増加は数多くの生命を交通事故で奪い、大気汚染と騒音公害
　　を悪化させています。2018 (平成 30) 年には年間、43 万件の交通事
　　故が発生し、3532 人が死亡、52 万人余が負傷しました [13]。

14．歩行者の保護を本気で考えるのなら、歩行者に接触すればバラバラに
　　なるような車体の弱い自動車を作る以外に方法はありません。そうすれ
　　ばドライバーももっと慎重に運転するようになるのではないでしょう
　　か。

15．車道の横断には自動信号機が自動車の通行にできるだけ都合良く設置
　　されています。至るところに横断歩道橋が作られていて、高い、急な階
　　段を昇り降りしなければ横断できないようになっています。老人、幼児
　　は道を歩くなという想定のもとに設計されている [14] かのようです。

　自動車の増加の原因は人口に関連する要因 (都市化、人口の増加、一世帯
当たりの人数の減少) をはじめとして、経済的要因 (所得の向上と自動車価
格の低廉化)、社会的要因 (レジャー時間の増加やステータスとしての自動
車の保有)、政治的要因 (自動車産業を経済成長の推進力と考える強力な圧
力団体や政府) まで様々である。自動車を購入する初期費用を負担するゆと

りのある人々にとっては、自動車は速くて便利で比較的安価な移動手段である。自動車保有台数の増加は外出頻度の増大、社交やレジャーという新しい形態の外出や長距離の外出も増加させている[15]。

「かつて自動車は、スピードと自由と便利さに満ちた、目もくらむような世界を約束していた。道路のあるところであれば、魔法のじゅうたんのように、どこにでも運んでくれるのが自動車であった。しかし、自動車を中心とする社会は、今やきわめて厳しい現実に気づきつつある」[16]。自動車がもたらすプラスよりもマイナスの方がはるかに大きくなったということである。

家庭生活から出る炭酸ガスの中で最も排出量が多いのは、やはりマイカーである。家庭での炭酸ガス排出量は自動車を保有しているかどうかでエネルギーの消費量が大きく異なり、最大5〜6倍にも達している。これは自動車による負荷が非常に大きいこと、自動車の利用を控えることで、エネルギーの消費量を簡単に半分以下に削減することができることを意味している。

図3−1：移動手段別炭酸ガス排出量

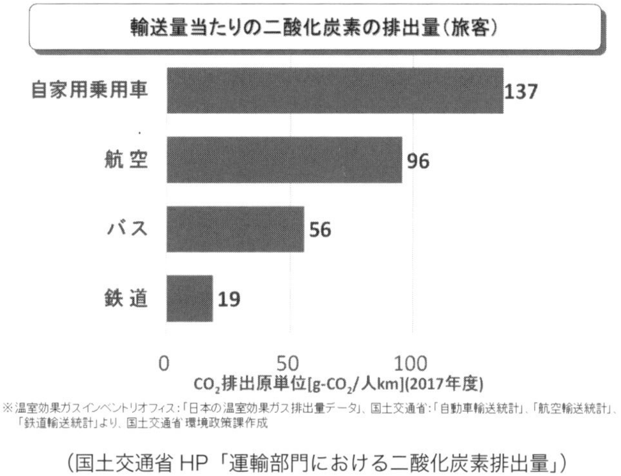

※温室効果ガスインベントリオフィス：「日本の温室効果ガス排出量データ」、国土交通省：「自動車輸送統計」、「航空輸送統計」、「鉄道輸送統計」より、国土交通省 環境政策課作成

（国土交通省 HP「運輸部門における二酸化炭素排出量」）

　車が環境に大きな悪影響を与えていることは周知の事実であり、自動車の問題は地球環境にとって手に負えないほど大きな脅威である。（炭素換算で）約 11 億 9000 万トンの炭酸ガス、このうち約 17.2％が車から排出[17] され、地球を温暖化させている（"車の六悪"の①）。生産からスクラップにするときまで、環境に非常に大きな被害を与えている。

　自動車はフロンガスを大量に消費し、車が走れば酸素を消費し、排気ガスが大気を汚染し、森林枯死の原因となり、地球温暖化をさらに促進する。現在、最終的な廃車台数は年間 521 万台である[18]。

　政府も個人もモビリティを自動車に求めている。しかし自動車交通への転換は、あまり利益をもたらしていない。モビリティは増大しても、目的地へのアクセスは向上していないからである。大都市は交通混雑と大気汚染で苦しみ、石油依存のために脆弱になり、石油が不足するような事件が起こったり、ガソリンの価格が高騰するたびに一喜一憂している。エネルギー資源を大量に輸入しなければならない日本では重荷となっている。マイカーへの依存度を増やすような規模で都市化が進行している。自動車が唯一の原因ではないが、都市の拡大を可能にしているのも確かに自動車なのである。自動車による移動が都市生活の性格そのものを規定してきた。

　住宅環境は依然として貧しいままで、自然を荒廃させ、都市から緑を年々奪う都市開発と交通政策が自動車のために実施され、自動車を優先し、他の交通システムを軽視してきた[19]。自動車が日常生活に不可欠なものになっていくにつれて、都市のスプロール現象、公共交通機関の衰退、郊外のショッピングセンターの増加、職場の分散化が進んだ[20]。都市郊外が周辺に広がっていくにしたがって、家族一人ひとりが自動車を必要とするようになった。市民の生活を豊かにするためにではなく、むしろ自動車の通行を便利にするために道路が建設されてきた。自動車の通行が市民生活に与える被害はもはや無視できないものになっている。（都市と農村とを問わず、）子供たちにとって自動車を避けるという技術を身につけることが生きてゆくためにまず要求される[21]。

ほとんどの道路を自動車は無料で通行することができ、そのために歩行者、住民は大きな被害をうけている。車は列車のように隔離された特別な空間を走っているのではなく、（自転車の利用者も含む）歩行者が往来するのと同一の空間を走っている。自動車の有する運動エネルギーは、重量とスピードの2乗に比例する。したがって死亡事故も避けることができない[22]。

　自動車のために自転車乗用中および歩行中に毎年168人もの15歳以下の子供たちの命が奪われ、2万7000人の子供たちが負傷している（その中には重度の傷害をうける子供もいる）のは冷厳たる事実である[23]。これは別の意味の大人による「子供のいじめ」[24]である。自動車事故に伴う被害は多くの交通遺児をもうみだしている。さらに65歳以上の高齢者の死者は歩行中の人に限っても1966人[25]と、歩行中の死亡事故が多い。歩行者の保護を本気で考えるのなら、もっと車体の弱い自動車を作る以外に方法はないと思われる。交差点では、自動車以外の交通のために横断橋または横断地下道を整備している都市が多いが、この安全交通策はスカイウォークや孤立した自転車道路など、自動車専用空間から子供、自転車利用者や歩行者を排除したにすぎない[26]。横断歩道橋は社会の貧困を象徴している。

　利用できる地上空間がすべて自家用車に征服されてしまうと、駐車場は空中と地下に向かっている。交通渋滞を解消するために道路建設を行なっても、これまで車庫に眠っていた車も動き出すこともあって、道路が完成するや否や、新道は自動車で埋まってしまうという状態は変わらず[27]、道路網の拡張が適切な解決策になることは稀である。

3−2．車の六悪

1．交通渋滞のために道路を延長しても渋滞はなくなりません。現在、車庫に入っている自動車も走り始めるからです。その結果、環境をますます悪化させることになります。

2. 車には"六悪"があります[28]。

① 　地球を温暖化させる。

② 　大気を汚染する。

③ 　酸性雨を降らせる。

④ 　騒音をまき散らす。

⑤ 　"走る凶器"になる。

⑥ 　大量の廃棄物を出す。

　　たとえばガソリンが 1ℓ 燃焼するごとに 2.4kg（牛乳パックで約 500 本分）の炭酸ガスが排出されます。ガソリン 1ℓ で約 8km 走る車なら、 1 km 走るだけで 300g の炭酸ガスを排出することになります。

3. 「道路の建設費は自動車利用者が払う税金でまかなわれている」といわれています。しかし、実際には自動車諸税は全体の約 50％ にしかならず、利用者は半分以下しか負担していません。ドライバーが社会に負担させている環境コストや社会コストを明確にすることが必要です。

4. 「時代遅れ」、「交通のじゃま」として路面電車が追い払われ、そのあとを大量の自動車が埋め尽くしました。その結果、渋滞は解消せずに大気汚染がひどくなりました。路面電車を残しておれば、これらの問題はひどくならなかったのではないでしょうか。

　高月紘の研究から、1991 年の時点での先進 16 ヵ国（アメリカ、オーストラリア、フランス、スウェーデン、日本、イギリス、スイス、オランダなど）の道路の総延長距離と自動車数を面積当たりに換算すると非常に強い関係があり（相関係数 0.89）、渋滞を解消しようとして道路を建設しても、自動車が増加する図式を読み取ることができる。「より多くの道路を建設することが、必ずしも交通問題の解決にはならない」こと、「交通の混雑を解決するために幹線道路を建設したり、拡幅したりすることは、太りすぎの問題を解決するために、より大きなズボンを買うようなもの」である[29]。

　自動車は道路がなければ交通手段として無意味である。したがって、自動

車の問題とは道路の問題でもある。もはや経済が右肩上がりの時代ではないにもかかわらず、道路に対する投資額は膨張し続けてきた。ガソリン税を財源とする道路建設は続いている。しかし鉄道への公共的な投資額はわずかである。自動車の増加に伴って、至るところで交通混雑・交通事故が起きている。道路の渋滞で毎年何十億時間も無駄になり、経済的生産力が大きく阻害されている。2012（平成24）年度の日本の交通渋滞による損失は、年間12兆円、1人当たり年間30時間、38.1億人時間[30]と試算されている。

　移動時間の約40%は、渋滞によって生まれるムダで、渋滞損失時間という。これは渋滞によって遅れた時間を表現する数値で、実際にかかった時間と、過去のデータをもとに定めた標準的にかかる時間（基準所要時間）との差によって計算される。渋滞による経済損失額、いわゆる渋滞損失とは、ある区間を自動車で走行する際に要する基準旅行時間から実際の旅行時間を引いた時間を指す。これを国土交通省が貨幣価値に換算したものである。12兆円は、日本の自動車の総輸出額に相当する。自動車から排出されるCO_2は、渋滞で50%増加する。乗用車の速度とCO_2の排出量には大きな相関があることを意味している。

　数多くの生命が交通事故で失われ、大気汚染と騒音公害を悪化させている。自動車の安全性の向上にもかかわらず、日本では連日、交通事故が起こり、多数の死者、負傷者が出ている。自動車は歩行者にとっては、常に「走る凶器」となっている（"車の六悪"の⑤）。

　自動車事故を防止する様々な手段が取られているが、移動の自由、速さ、快適性、効率性などの自動車のもつ魅力、自動車のもつメリットを捨てない限り、また自動車の利用者が自らの利益のみを追求して犠牲者の被害を考えず、その行動を社会が容認している以上[31]、事故を完全に防止することはできない。

　排気ガス削減の効果も自動車の台数と大型化とによって相殺されようとしている。車は走る大気汚染源である。窒素酸化物（NOx、ノックス）汚染が深刻化し、呼吸器の気道を刺激するために呼吸器障害を引き起こしてい

る。また光化学スモッグの原因として注目されている。特に道路沿線では環境基準の達成見通しがたっていない。環境への影響は非常に大きい（二酸化窒素の環境基準値は 1 日平均 0.04 ～ 0.06ppm）。また車の排気ガスは大気を汚染するだけでなく、光化学スモッグや酸性雨（純水は PH7 の中性であるが、普通の水は空気中の炭酸ガスがとけており、その中でも酸性雨は PH5.6 以下の雨のこと＝「緑のペスト」）の原因にもなる。最大の要因である窒素酸化物の 40％が車の排気ガスである [32]。

　硫黄酸化物（SOx、ソックス）の中の二酸化硫黄 SO_2（環境基準値は 1 時間値の 1 日平均値が 0.04ppm 以下であり、1 時間値が 0.1ppm 以下であることとされている）は、四日市ぜんそくの原因物質で、慢性気管支炎やぜんそく性気管支炎の原因とみられている。大気汚染によって健康被害をうける人は確実に増加している。健康被害が低年齢化しているだけでなく、アトピー性皮膚炎が大人にまで広がっている。

　東京など大都市地域における NOx 排出量の 50 ～ 70％は自動車からであり、ディーゼル車がそのうちの 50％を占めている [33] と推定されている。ディーゼルエンジンはガソリンエンジンと比べて燃費が良く、炭酸ガスの排出量の抑制には非常に有効であるが、問題は大気汚染物質の排出量が非常に多い [34] ことである。

　ディーゼル車は高温で燃料を燃やすためガソリン車に比べて 2 倍から 30 倍もの窒素酸化物（NOx）を排出し、浮遊粒子状物質（SPM）の排出量は、都市部では発生源の 50％を占め（ガソリン車 1.4％）、一層大気を汚染 [35] している。大都市地域での大気汚染問題が未解決である以上、特に大都市でのディーゼル車の普及には問題があると考えられる。

　ガソリンエンジンは完全燃焼しやすく、燃え残りの煤がほとんど出ないのに対して、ディーゼルエンジンは空気と軽油が十分に混ざらず、不完全燃焼が起き、燃え残りの煤が生じるため浮遊粒子状物質が発生しやすい。ディーゼル車急増の原因はガソリン車と比べて燃料効率が良いこと、燃料が安いこと、馬力が出ること、エンジンの耐久性が良いことである。製品の段階で、

ガソリンはガソリン税、軽油には軽油引取税がかけられている。ガソリンには1ℓ当たり53.8円、軽油引取税は1ℓ当たり32.1円となっている[36]。

　1973（昭和48）年の第1次石油ショックでガソリンの価格が高騰し、軽油の価格がガソリンより40〜50％も安いという現象が起こった。軽油は燃費も約30％優れており、さらに排出ガス規制が非常にゆるく、メーカーにとって公害対策費が安くてすんだ。ガソリン車の排ガス規制は1km走行当たり窒素酸化物の排出量が0.25g以下であるのに対して、ディーゼル車ははるかにゆるく、0.7〜1.15gで、ディーゼル乗用車の規制はディーゼルトラック、ディーゼルバスとの一括規制のため、ゆるい規制のまま放置されてきた[37]。発ガン性物質や大量の窒素酸化物を排出するディーゼル車が税制上優遇され、皮肉にも政府が高公害車の普及を促進していることになる。

　「うるさい」、「排ガスが汚い」などのマイナスイメージが強いディーゼル車であるが、地球温暖化問題への関心が高いヨーロッパでは、新車販売台数の半分近くは、燃費も良く、炭酸ガス排出量の少ない「環境にやさしい」ディーゼル車である。しかし大気汚染が問題となってきた日本ではディーゼル乗用車は新車販売台数の3％にも満たない。2019（令和元）年には、乗用車のうち、ガソリン車が乗用車全体の97％を占めている。逆に、バスはガソリン車が7％で、ほとんどがディーゼル車である。またトラックはディーゼル車が67.3％と、ガソリン車の32.6％を大きく上回っている[38]。

　ブレーキ部品にアスベストが耐摩耗性を活かして用いられている問題も起きている。自動車がブレーキをかけるたびに少しずつアスベストが粉になり、大気中に放出され環境を汚染している。1995（平成7）年以降に生産された新車には、アスベストがブレーキに使われていないが、古い自動車の多くはアスベストを使用している。またアスベスト代替品が無害かどうかはまだわかっていない[39]（“車の六悪”の②）。

　もうひとつ忘れてはならないのは、都市に充満した振動を含む自動車騒音による健康被害である。静かな空間、たとえば図書館は40デシベルであり、表向きには「静かだ」とされている自動車でさえ、普通の会話と同じ60デ

シベル以上の騒音を出し、自動車の警笛は 110 デシベルに達する[40]。特に苦痛なのは睡眠に影響が出る場合である。騒音自体がひどい車両、たとえば重量の大きい車両や過積載の車両、整備の悪い車両、騒音の大きいタイヤ（ラグ型）をつけた車両等、また騒音は普通であっても騒音エネルギーは速度のほぼ3乗に比例するため、高スピードで走れば睡眠への影響はより顕著になる。発進時・加速時の騒音が加われば、ほとんど確実に睡眠は妨げられる[41]。

　自動車騒音は、主としてタイヤと路面の接触音、エンジンの爆発音、エンジンに車体が共振する音、走行時に車が風を切る音等があるが、「急発進」やクラクション、車のドアを特に勢いよく閉める必要はないのではないか。自動車などから発生する騒音は住宅街などの周囲に害をおよぼさないように、あらかじめ考慮して道路建設を行なうことが必要である（“車の六悪”の④）（表3－3）。

表3－3：丹波と羽田の季節による環境音の変化

季節 場所	夏		秋		冬		春	
	音の種類	時間（分）	音の種類	時間（分）	音の種類	時間（分）	音の種類	時間（分）
丹波	川のせせらぎ	855.0	川のせせらぎ	1178.8	川のせせらぎ	1164.0	川のせせらぎ	1019.4
	やまびこ橋の曲	373.2	やまびこ橋の曲	120.3	やまびこ橋の曲	95.8	鳥	166.2
	車	18.0	車	70.2	車	67.8	車	79.8
	子供	15.8	鳥	11.0	トラック	41.6	やまびこ橋の曲	75.6
	人声	14.7	トラック	10.2	鳥	8.7	トラック	18.3
	花火	5.1	チャイム	7.5	バイク	8.5	飛行機	10.8
	橋上の足音	3.7	人声	7.5	カラス	5.9	人声	7.1
羽田	ジェット機	441.3	ジェット機	381.6	ジェット機	375.0	ジェット機	360.0
	ヘリコプター	38.6	船	58.1	船	73.2	ボート	60.0
	車	37.9	波の音	43.3	工事の音	70.2	車	41.7
	波の音	24.0	車	43.1	トラック	58.8	船	40.8
	釣り船	22.4	釘を打つ音	36.6	ボート	46.2	波の音	39.6
	漁船	21.0	トラック	32.0	空港内の作業音	37.1	鳥	36.6
	グラインダー	13.7	プロペラ機	30.3	車	28.0	人声	19.1

（本谷勲他編『新版環境教育事典』旬報社、2000 年、614 ページ）

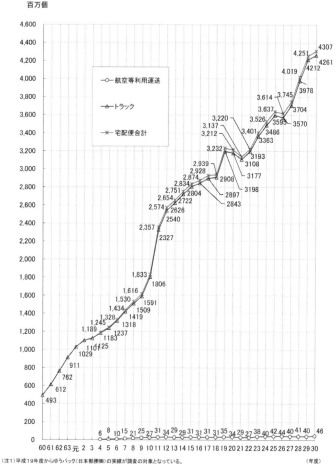

図３−２：宅配便取扱個数の推移

百万個

凡例：
- ―○― 航空等利用運送
- ―△― トラック
- ―※― 宅配便合計

(注1)平成19年度からゆうパック(日本郵便㈱)の実績が調査の対象となっている。
(注2)日本郵便㈱については、航空等利用運送事業に係る宅配便も含めトラック運送として集計している。
(注3)「ゆうパケット」は平成28年9月まではメール便として、10月からは宅配便として集計している。
(注4)佐川急便(株)においては決算期の変更があったため、平成29年度は平成29年3月21日～平成30年3月31日(376日分)で集計している。

(年度)

(国土交通省 HP)

　いずれにせよ、ドライバーの利便性が優先されている。ドライバーも自分の都合と環境とを秤にかけながら走らなければならない時代であること、つまり自分の出した汚染物質は自分の肺に戻ってくることを認識することが必

要である。「北海道や九州の生鮮食料品を東京で」あるいは「季節にかかわらずいつでも好きな食料品を」というライフスタイルの見直しが物流による環境負荷の削減に役立つ[42]はずである。トラックはマイカーとは異なり、他人から依頼がない限り走ることはない。生産だけでなく、消費のシステムもあわせて考えることが大切である。

　貨物輸送の主役が鉄道からトラックに移行した影響よりも物量の総量が増えていることの方がより大問題である。1985（昭和60）年に6億5000万個であった宅配便取扱量は、2018（平成30）年には45億個と増加している（図3−2）。鉄道を活用するとともに、物の動きそのものを減らしていくことが不可欠であり、「大量消費をつづけたままの大量リサイクル」[43]が環境対策とはいえない。

3−3．燃費とディーゼル車と技術の限界

　あなたの家庭では、どこかに出かけるとき、いつも自家用車を利用していますか。
　車を運転するとき、どのようなことに注意を払う必要があるでしょうか。

1．毎日、車に乗りながらでも、地球の環境を良くする簡単な方法がないわけではありません。それは車の燃費をできるだけ伸ばす工夫をすることです。燃費の良い車はガソリンを浪費する車に比べて経済的であるだけでなく、地球環境に与える害も少ないからです。
2．ポイントは燃費です。車の燃費が10％向上すれば、単純にいって炭酸ガスの排出量を10％削減することができます[44]。車から排出される炭酸ガスの量はガソリンの消費量に正比例します。ガソリンを節約すれば、それだけ排気ガスも減少します。
3．現代はスピードの時代といわれ、急いでもいないのにスピード運転し

がちですが、地球温暖化の原因になっている炭酸ガスや酸性雨の原因である窒素酸化物のような排気ガスを出さない“エコ運転”をすべきです。

4. “エコ運転”は決して難しくはありません。むやみにスピードを出さない運転をするのも、そのひとつです。車には経済速度[45]（最も燃費効率の良い快適なスピードのことで、一般道路なら時速40km、高速道路なら時速80kmといわれています）があります。この経済速度で車を動かせば排気ガスを抑えることができ、安全運転にもつながります。

5. 速いスピードで走るのをやめ、20％スピードを落とすだけで、ガソリンの消費量が30％も少なくなります。最近は燃費の良い車が製造されています。しかし1996（平成8）年に比べて、最近10年以上もの間、「エコカー」が増えているにもかかわらず、乗用車1台当たりのガソリン消費量は1kℓとさほど減っていません[46]。私たちが以前よりもスピードを出し、また近所や市街地の道路など、車を使う必要のないところにも車で行くようになったためです。ディーゼル車の大型車の場合、時速80kmのところを時速100kmで走ると燃費は30％も悪化します[47]。

6. 急発進はガソリンを余分に使い、不必要に排気ガスをばらまくことになります。急発進や急加速10回で120ccのガソリン（この燃料で1240m走ることができます）が無駄に使われ、炭酸ガスを80g余分に大気中にまき散らす[48]ことになります。車を発進させるときはアクセルを軽く踏み、ゆっくり動かすのが地球にやさしい運転術です。

7. アクセルを踏んで「空ふかし」をする人もいます。10回の空ふかしで、乗用車ならガソリンを約60cc、大型トラックでは軽油を約100〜170ccが無駄に排気ガスになってしまいます[49]。

8. 危険な割り込み、追い越しを繰り返すことをやめれば、ガソリンを40％まで節約[50]することができます。

9. アイドリングを10分間続けると、乗用車の場合、ガソリンを約140cc消費します。400ccで約1440m余分に走ることができます。

10 分間のアイドリングで、乗用車では 25g、大型トラックでは 200g の炭酸ガスを排出します。東京都内の自動車が毎日 10 分のアイドリングをやめると 12 万トンもの炭酸ガスを削減することができます[51]。

10. 渋滞に巻き込まれたとき、仕事で車から荷物を降ろしているとき、コンビニエンスストアに立ち寄って少し買い物をするとき、どこかで人を待っているとき、エンジンをつけたままにしがちです。エンジンを切るだけでガソリンの無駄使いを防ぐことができます[52]。

11. 車のトランクに余計なものが入っていませんか。10kg の荷物が余分にあるだけで 100km 走行した場合、20cc のガソリンが無駄になります。この燃料で 206m 走る[53]ことができます。

12. 住宅地の制限時速が 50km でも、時速 30km で走れば、車の騒音は半分になります[54]。

「隣のスーパーに車で行く」というライフスタイルが普通のことになっているが、特に近所に出かけるときは車を使わないこと、車を「ツッカケ」がわりにしないということである。車は発進後の数 km を走っているときに、最も汚れた空気をまき散らすからである（まだエンジンが温まりきっていない発進直後は、温まったエンジンで走っているときと比べ、約 4 倍も汚れた排気ガスを出しているというデータもある）。歩いて行ける場所に面倒くさいからと車を使ったのではわざわざ空気を汚すために車に乗るようなもの[55]である。

　大都市では交通渋滞が当たり前になっており、渋滞に巻き込まれた車は極端に燃費が悪くなり、炭酸ガスだけではなく、大気汚染物質もまき散らす。マイカーは新幹線に比べて 6 倍も炭酸ガスを排出する。旅行など渋滞が予想されるときには車で出かけないよう心掛けることが必要である。

13. 日本では有鉛ガソリンはほとんど使われていません。しかしディーゼルエンジン車は減少傾向にありますが、630 万台あるディーゼル車のう

ち 62.3％が貨物用自動車です。日本で走っているトラックの 67％、バスの 93％がディーゼル車で、RV 車も増加しています。軽油はガソリンよりも燃費が良く、安価であることも増加の原因となっています。

14. ディーゼル車が出す微粒子はガンの引き金になり、ぜんそくや花粉症とも大きな関係があるといわれています。

15. 「地球を守る」ために「燃費の良いクルマに乗ろう」というスローガンは、利用者がディーゼル車への依存を強めるだけで、かえって地球環境を悪化させることになると考えられます。

16. 自動車の排気管と乳母車の赤ん坊の顔とがちょうど同じ高さです。このことにどれだけの人が気づいているでしょうか [56]。

　自動車に関する環境問題として、一般の人が移動する乗用車が注目されるが、環境汚染、騒音、事故などは貨物を運ぶトラックの方が深刻である。2019（令和元）年のトラックの貨物輸送量は 2100 億 t・km と、鉄道の貨物輸送量 216 億 t・km の 10 倍であった [57]。

　特に大気汚染の被害を大きくしているのはディーゼル車である。軽油はガソリンよりも安く、大きな馬力が出ることなどから、1973（昭和 48）年の石油ショック以降、大型化が顕著となり、90 年代に入ると経済状況の影響で、再び軽自動車の保有が増加する一方、RV などの大型車も増加するなど二極化が進んでいる。

　「四駆」がブームとなったバブル期以降、自動車販売総数が低迷しているにもかかわらず、RV 車（レクリエーション・ビークル）の売れ行きは好調である。RV ブームは日本人の好みの多様化とライフスタイルの変化が大きな原因となり、2010（平成 22）年には全新乗用車販売台数 300 万台の約 50％に達している。しかし多くの荷物と多くの人を同時に乗せる目的で作られているため、普通の乗用車と比べて車体が大きく、重量が増加している。そのため燃費を悪化させ、大気汚染物質の排出量を増やし、またディーゼルエンジンのものが多いことから、地球環境、地域環境に悪影響を与えて

いる[58]。

　ドライバー自身、自分の出した汚染物質は自分の肺に戻ってくる時代であり、「車社会を変えないと地球が壊れる」ということを認識する必要がある。何よりもドライバー自身が問題の解決に参加しなければならない。

17．私たちが以下の 3 つの基本点[59]をしっかり念頭におくようにすれば、いくらかは前進できるはずです。
　① 環境にやさしい車はありません。
　② 車を動かさないのが最も環境を汚さない方法です。
　③ 車より他に方法がないのなら、少なくともその生産・使用・処理はできるだけ環境にやさしい方法で行なうことです。

　ガソリンと軽油との負荷を比べることが必要である。燃費は明らかに後者の方が優れている。しかし環境への負荷は後者の方がはるかに大きい。したがって、利用者の自動車選びも重要となる。自動車の購入に際して、できるだけ軽い自動車を選ぶとか、排気量が小さいものを選ぶなどが重要である。

　自動車に環境へのやさしさを求めながら、確実に環境にやさしくない自動車が増え続けている。自動車メーカーのもつ大きな矛盾である[60]。利用者ひとりひとりにも目的にあった自動車を選ぶことが求められる。

　廃車からエンジン、エアコン、ボディ部品、電装品などは取り外され、中古部品として再利用される。車体の 35 〜 40％を占める鉄部分はほとんどがリサイクルされる。エンジンの素材は主にアルミニウム合金のため、アルミ合金として再生される。しかしシート、ダッシュボード、計器などは通常回収されない[61]。

　リサイクル率は（重量比で）90％であるが、残りの 10％のガラスや土砂、プラスチック、ゴム、繊維くずなど、いわゆるシュレッダーダストは埋め立て処分[62]されている。処理技術が開発されていないことや処理コストが高額なため、相当量のシュレッダーダストが発生している。不法投棄や埋め立

て後の有害化学物質（水銀や鉛など）の漏洩などが大きな問題となっている。

2018（平成30）年に使用済みとなったタイヤは、「タイヤ取り換え時」、「廃車時」と合わせて約9600万本（99万トン）で、リサイクル率は97%（43%が製紙用に、再生ゴム12%、輸出15%）[63]である。傷みが少なく、品質の良いものは再生タイヤの材料として外国に輸出されたり、国内で再生タイヤとして使用されるほか、たとえば何倍も長持ちさせるためにゴムの屑をアスファルトに混ぜて道路や運動場などの舗装に使用されている。

18．2018（平成30）年度に実用段階にある低公害車は（電気、天然ガス、ハイブリッド）などである。低公害車保有台数のうち、ハイブリッド車保有台数（乗用車）は751万台、電気自動車は9万台です[64]。環境問題が深刻化する中で低公害車への期待が高まっています。低公害車の多くは、大気汚染物質を排出しない、あるいは排出量が少ない燃料を用いていることから、現在の自動車から低公害車に移行することによって、環境問題解決の糸口にしようとしています。

低公害車は、窒素酸化物（NOx）や粒子状物質（PM）等の大気汚染物質の排出が少ない、または全く排出しない、燃費性能が優れているなどの環境性能に優れた自動車のことである。「低公害車」として強力な電池を積んだ「電気自動車」、天然ガスを燃料として走る「天然ガス車」、「ハイブリッド車」などが開発されている。「無公害車」は走行中に炭酸ガスをまったく排出しない電気や水素などを動力源とするもので、太陽電池で発電しながら走る「ソーラーカー」、水素を燃料とする「水素自動車」[65]などである。低公害車の中の電気自動車（EV）は環境にやさしい電気の生産ができるか、簡単に充電することが可能かどうかなどが鍵となる。10万台突破が目前に迫っているが、保有台数に占める割合は、まだ0.2%である。海外では、排ガスを出さない電気自動車を軸に電動化が進む可能性が大きい。買い物や宅配な

どの短距離利用を目的とした 1 〜 2 人乗り超小型 EV の売れ行きは好調である。

　環境の面から非常に有望な代替エネルギー自動車がうまれてきている。そのひとつがハイブリッド自動車である。これは低速度域では燃費が良く、有害排気ガスをまったく排出しない電気自動車と、航続距離が長く、比較的高速度域で燃費が良い内燃機関を組み合わせた自動車である。1997（平成 9）年 10 月にトヨタが発表した「プリウス」（「PRIUS」は、ラテン語で「〜に先立って」の意味）は、従来の自動車の燃費の約 2 倍に相当する 1 ℓ 当たり 28km を達成し、排気ガス中の有害物質を 10 分の 1 に、炭酸ガスも半分に削減して地球温暖化への影響を大幅に軽減してきた[66]。乗用車クラスでの開発・市場投入が急速に進んでおり、プリウス、そして他社のハイブリッド車も含め、年を追うごとに販売台数を伸ばしている。乗用車に占める割合は 19.0% で、現在走っている乗用車の 5 台に 1 台がハイブリッド車ということになり、電動化が加速している。今後、諸外国がどのような政策を採用するかが、世界市場の成長速度を左右することになると思われる。

　水素自動車に代表される燃料電池自動車（FCV）は、燃料電池で水素と酸素の化学反応によって発電した電気エネルギーを使って、モーターを回して走る自動車で、水素自動車「MIRAI（ミライ）」はそのひとつである。エネルギー効率が高く、走行時に発生するのは水蒸気だけで、炭酸ガス排出量を低減できる上に騒音が少なく、実航続距離が 500km と長く、短時間の燃料充填が可能で、ガソリン車並みの性能である。ガソリン自動車がガソリンスタンドで燃料を補給するように、水素ステーションで燃料となる水素を補給する必要がある。一般的なガソリンスタンドの整備費が 1 億円以下であるのに対して、水素ステーションの整備費は 4 〜 5 億円である。これが燃料電池自動車の普及が遅れている大きな理由である。しかし、ヨーロッパ諸国では、炭酸ガス排出量の削減の厳格化が進められている。「排気ガスゼロ」を急速に進めるためには、水素の貯蔵方法、水素ステーションの整備などの解決が急務である。

買い換えの際、こうした低公害車を選ぶことで、炭酸ガスや大気汚染物質などを減らすことができる。しかし技術的な対策に頼るより、自動車への依存を減らすことが先決であろう。日常生活を車に頼っている現状では、まったく車なしというわけにはいかないであろうが、ドライバーが地球環境を守る最大のコツは車に乗らないことである。

３－４．車社会への対応と交通問題の解決

1. 自家用車の場合、１km走るのに１人当たり約500kcal使用するのに対して、電車の場合は50kcalとエネルギーの消費量が10分の１になり、炭酸ガスの排出量は自動車が年間235kgであるのに対して、電車は23kg（いずれも炭素換算）です[67]。バスで通勤しても炭酸ガスの排出量は年間45kg程度であり、最も多くエネルギーを消費するのはマイカー（平均乗車人数1.5人）で、ジャンボ機（乗員500人）よりも多く、またマイカーは新幹線に比べ、６倍も炭酸ガスを排出します[68]。炭酸ガスの排出を少なくするという意味からも、マイカーではなくてバスや地下鉄、電車を利用したり、自転車に乗ったり、歩いたりすることが必要です。
2. 環境に優しい交通を実現するためには、歩行者の目的地までの移動距離が短くなるように工夫することも方策のひとつです。
3. ドライバーには社会が負担している環境コストや社会コストを明確にすることが必要です。
4. 軽油引取税、ガソリン税を大幅に引き上げることも、よく実施されている有効な方法です。ガソリン税が安いと、少しの走行は実質的に無料だと錯覚しやすいからです。ディーゼル車を増やさないためには軽油の価格をガソリンよりも高くすることです。
5. 炭酸ガスの排出量に応じて課税するのが「炭素税」です。世界で最初

に炭素税を導入したのはフィンランドで、1990（平成2）年1月のことです。スウェーデンでも導入されています。税収は一般財源として使われています。この他、炭素量に応じた課税ではありませんが、ノルウェー、デンマーク、スイス、フランス、ドイツなどで導入されています。日本では、「地球温暖化対策のための税」が2012（平成24）年から段階的に導入され、2016（平成28）年、最終税率への引き上げが完了しました[69]。

6．世界共通の炭素税ができれば、うまく機能すると思われます。ただ人類には国際課税の経験はありません。

7．自動車がもたらす大気汚染や交通渋滞をみれば、車が人間社会の進化の象徴といえない[70]ことはすでに明らかです。

　自動車がぜいたく品から事実上の必需品へと変わるとともに、自動車への依存が非効率な土地利用を招き、それが走行距離を増加させるという悪循環に陥っている。買い物やその他の個人的な用件（業務出張、学校や病院への往復、その他の用件）のために走行距離が増大している[71]。人と雇用が都市外縁の郊外に移動するにつれて、郊外に住む金もなく、自動車がないために郊外の職場にも行けない都市住民は最も過酷な犠牲を強いられることになる。

　世界の大都市をマヒさせている交通混雑をみるとき、自動車の速度によって時間が節約できるようになったというのは幻想にすぎないのかもしれない。毎年10〜20億時間を交通渋滞で無駄にしているアメリカの大都市地域の人々、朝のラッシュアワー時の自動車の平均速度が時速10kmにも満たないパリなど、「5時半にオフィスをでても、オフィスに午後7時まで残っていても、家に着くのは、大して変わらない」[72]という。多くの都市は同じような状態におかれている。

　ガソリンで走る自動車が発明されてからまだ100年ほどしかたっていない。短期間であるにもかかわらず、日本での自動車総保有台数は、2012（平

成 24）年には 7550 万台に達した。車社会が行き着く先を、私たちは毎日のように実際に体験している。仕事に行きたくても、家に帰りたくとも、渋滞の中で動きがとれなくなったり、駐車できる場所を探して、いくつものブロックをぐるぐるといたずらに走ったり、などは日常茶飯事[73]である。

　環境に優しい交通を実現するためには土地利用を根本的に変革することが必要である。できるだけ自動車に乗らなくとも良いように工夫することも方策のひとつである。住宅を職場から分離するのは最悪の例である。徒歩や自転車で簡単に移動できないからである。

　交通問題と環境問題共通の最大の理由は、「1 人しか乗っていない自動車が多すぎ、それが長距離を走りすぎる」[74] ことであるという。たとえばアメリカの調査では、乗客 1 人・走行 1 km（人キロ）当たりのエネルギー所要量は、乗客 55 人の軽便鉄道では 1 人当たり 161kcal であるのに対して、1 人しか乗っていない自動車は 1 人キロ当たり 1154kcal である[75]。また排気ガスはアメリカの典型的な通勤では軽便鉄道は 100 人キロ（乗客 1 人が 100km 通勤する）ごとに窒素酸化物 43g に対して、1 人しか乗っていない自動車は 128g 排出[76] すると推定されている。

　通常の訓練任務のために発進する F16 ジェット戦闘機は、アメリカの平均的ドライバーが 1 年間に消費するガソリンの約 2 倍の量にあたる約 3400 ℓ もの燃料を 1 時間たらずの間に消費する。戦車、空母など、大量のエネルギーを浪費し、大量の大気汚染物質を排出している軍隊[77] についてはあまり明確にされていないが、別途考える必要のある事項である。

　自動車交通のフルコストを無視する交通政策が政府の予算配分や通勤者の住まい選びなど重要な意思決定を歪め続けている[78]。自動車の通行によって様々な社会的資源を使い、第三者に迷惑をかけていながら、所有者は十分にその費用を負担していない。他の交通手段と比較して自動車のドライバーは安い価格で快適なサービスを得ている。

　「価格はエコロジーからみた真実を知らせていない」[79]。フルコストを認識するための政策、換言すれば、ドライバーが支払うお金がカバーするコスト

＝「内部コスト」と他の人あるいは社会全体によって支払われるコスト＝
「外部コスト」を区別することが必要である。渋滞によって失われた時間の
価値、エネルギー消費、地域的および地球規模の大気汚染、騒音公害、騒音
のひどい道路近くの資産価値の低下、自動車燃料に使う石油確保のためのコ
スト、交通事故による死亡と負傷、肺の病気、地球温暖化など、ドライバー
が社会に負担させる環境コストや社会コストを明確にする必要がある[80]。

　ドライバーはガソリン税、道路通行料金、道路の建設費や維持費のすべて
を負担していない。自動車走行に要する費用の一部しか支払っておらず、地
方自治体の財源が使われている。歩行者に対する危険、排気ガス、騒音、振
動など車の利用が多種多様な負荷を社会や人間に与えている[81]のは明らか
である。このような製品を使う以上、車の利用者に自らが作り出す負荷の償
却費を課すべきである。道路には税金がつぎ込まれながら、鉄道路線は JR
のローカル線や中小私鉄が存廃の瀬戸際に立たされている[82]。

　マイカー族は費用全体のことを念頭におけば、公共交通機関の方が自動
車よりも魅力があることに気づくはずである。たとえば 1 人を 1km 運ぶの
に消費するエネルギーは鉄道を 100 とすれば、バスは 340、乗用車は 1214
である[83]（図 3 - 3）。

　排気ガス基準の強化など、法による規制も有効である。また環境に悪影響
をおよぼす物質の排出源などに税負担を求め、その物質の排出、消費を抑制
することを目的とした環境税も必要である。スウェーデンでは所得税を総
額 16 億 5000 万ドル減税──税収総額の 1.4％──する一方、1995 年までに
1 トン当たり 3050 ドルの二酸化硫黄税と、炭素 1 トン当たり 120 ドルに
相当する炭酸ガス税を創設した。二酸化硫黄税創設の 1 年後には硫黄排出
物は 16％減少[84]している。現在、119 ユーロ／ tCO$_2$ で世界最高の税率と
なっている。西側先進工業国では数百の環境税があり、プラスチックの買い
物袋やモーターオイルから炭素排出物まであらゆるものに課税され、その歳
入は環境プログラムの資金に使われている。

　日本では「地球温暖化対策のための税」が導入された。石油・天然ガス・

石炭といった全ての化石燃料の利用に対し、炭酸ガス排出量に応じて、広く公平に負担を求める税制となっている。税負担が炭酸ガス排出量1トン当たり289円に等しくなるよう単位量当たりの税率を設定している。税は直接には化石燃料を利用する企業が負担するが、消費者に転嫁される。家計負担の点では、平均的な世帯で月100円程度、年1200円程度と見込まれている[85]。「シャワーを1日に何分減らすかではなくて、国民が自ら進んで行動するインセンティブをどうするかに知恵を絞る必要」[86]がある。

　いずれにせよ、完全に有効な戦略は自動車の運転に伴う破壊的効果と自動車そのものの必要性を少なくする以外にはない。より重要なことは自動車が引き起こす害と危険性についての系統的な学習を学校教育、社会教育に取り入れることである。15〜24歳の若者の最大の死因は自動車事故である。事故死した若者は自動車の危険性について系統的に学ぶ機会を与えられなかった[87]はずである。

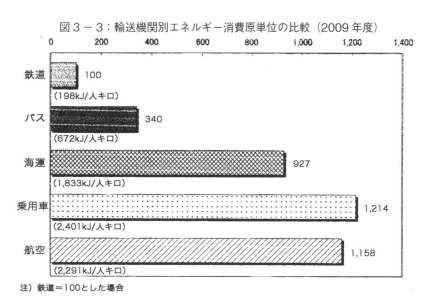

図3−3：輸送機関別エネルギー消費原単位の比較（2009年度）

注）鉄道＝100とした場合

（日本省エネルギー編『省エネルギー便覧2010版』省エネルギーセンター、315ページ）

3－5．微小粒子状物質（PM2.5）の脅威

PM2.5 とはどのようなものでしょうか。

どのようにして発生するのでしょうか。

健康にどのような影響があるのでしょうか。

大陸で発生した PM2.5 はどのようにして日本に運ばれるのでしょうか。

PM2.5 の影響を防ぐにはどのような方法が効果的でしょうか。

暫定的な指針が決められましたが、どのようなものでしょうか。

1．PM2.5 とは大気中に浮遊する小さな粒子のうち、直径 2.5 μm（1 μm〔マイクロメートル〕＝ 1mm の 1000 分の 1）以下の非常に小さな粒子のことで、その大きさは髪の毛の太さの 30 分の 1 程度といわれています。

2．PM2.5 には様々な大きさの炭素成分、硝酸塩や硫酸塩のような塩類、ナトリウム、アルミニウムなどの金属、有機化合物などが含まれています[88]。

3．ものを燃やすことによって、直接排出される一次生成と様々な物質が大気中に放出されて後に、化学反応を起こして生成される二次生成とがあります。それぞれ人為的に発生するものと自然的に発生するものとに分けられます。

4．PM2.5 は粒子の大きさが非常に小さいため、肺の奥深くまで入りやすく、ぜんそくや気管支炎などの呼吸器系疾患や循環器系への影響、肺ガンになる可能性が大きい[89]といわれています。

5．2013（平成 25）年 1 月には、一時的に環境基準を超えた PM2.5 が西日本の広い地域に飛来しましたが、総合的に判断して大陸からの越境によって大きな影響をうけたと考えられています。日本国内で観測される PM2.5 には中国から排出される粒子が多く含まれています[90]。

6．日本に大陸からの大気汚染物質が大量に飛来するのは、移動性高気圧や低気圧、前線などが日本の南岸を通過するときです[91]。

7．PM2.5 の濃度は季節によって変動し、例年、3 〜 5 月に濃度が上昇する傾向があり、夏から秋にかけては比較的濃度が安定しています[92]。

8．PM2.5 の環境基準は、環境基本法で「1 年平均値が $15\mu g / m^3$（マイクログラムパー立方メートル）以下であり、かつ 1 日平均値が $35\mu g / m^3$ 以下であること」と定められています。その上、環境省は都道府県などの自治体が住民に対して注意を喚起する「暫定的な指針となる値」を「1 日平均値 $701\mu g / m^3$ ＝ 1 時間平均値 $85\mu g / m^3$」とし、行動の目安を示しています（表3 − 4）。

9．マスクの着用については、一般用マスクの場合、ある程度の効果は期待できること、高性能の防塵マスクの場合、PM2.5 の吸入を減らす効果はある[93]といわれています。しかし石炭を大量に使用している国が、よりクリーンな燃料を使用しない限り、根本的な解決にはなりません。

PM とは、「Particulate Matter（粒子状物質）」の頭文字をとったものである。PM2.5 は粒径が $2.5\mu m$ 以下であることを示す。ちなみに人の髪の毛は直径約 $70\mu m$、海岸の細砂は粒径約 $90\mu m$、SPM（浮遊粒子状物質）は粒径 $10\mu m$ 以下である[94]。

PM2.5 を含む一次生成粒子の人為的な主な発生源は工場の煙突などから排出される煤塵、コークス炉や鉱物堆積場などから出る粉塵（細かいチリ）、ディーゼル車などから出る排気ガス、野焼きなどによるもの、鉄鋼製造や金属精錬工場から排出される重金属類などである。自然的な主な発生源には海水の波しぶきから水分が蒸発して生成される海塩の粒子、強風によって巻き上げられる土壌の粉塵、火山の爆発などによる火山灰、花粉、喫煙、調理やストーブの使用など家庭から発生するものがある。自然的に発生するものは少量だが、PM2.5 が含まれる[95]。

二次生成粒子を人為的に発生するものとして、火力発電所、工場や事業

所、自動車、船舶、航空機などが燃料を燃焼したときに排出する硫黄化合物（SOx）や窒素酸化物（NOx）、溶剤や塗料の使用時や石油取扱施設から蒸発したり、森林などから排出される揮発性有機化合物（VOC）などのガス状物質が大気中で光やオゾンと反応し、生成されるものがある。自然的なものとして植物からのイソプレンやテルペン類、土壌からのアンモニウムがある[96]。

表3－4：環境省による粒子状物質の健康影響調査についての概要

調査項目		評価	主な結果
微小粒子状物質曝露影響調査			
短期曝露			
死亡	総死亡	△	PM2.5 濃度の上昇により死亡リスクがわずかに増加
	呼吸器系	○	3 日前の PM2.5 濃度の上昇により有意に増加
	循環器系	×	当日～5 日前の PM2.5 濃度との関連なし
疾患	喘息による受診	×	喘息による急病診療所受診と PM2.5 濃度との関連なし
	呼吸器系	○	PM2.5 濃度の上昇により喘息児のピークフロー値が有意に低下、健常な小学生でもわずかな低下
	循環器系	×	SPM 濃度の心室性不整脈との関連なし
長期曝露	呼吸器系	△	保護者において持続性の咳・痰は PM2.5 濃度が高い地域ほど高率だが、小児の呼吸器症状とは関連なし
粒子状物質による長期曝露影響調査			
長期曝露	総死亡	×	大気汚染との関連なし
	肺ガン	○	喫煙等のリスク因子を調整した後で SPM 濃度と正の関連あり
	呼吸器系	△	女性では二酸化硫黄、二酸化窒素濃度と有意な関連あり（SPM 濃度との関連は有意ではない）
	循環器系	×	SPM 濃度と負の関連あり（ただし、血圧等の主要なリスク因子は未調整）

（島正之「健康影響」
『知っておきたい PM2.5 の基礎知識』日本環境衛生センター編集企画委員会編、2013 年、39 ページ）

PM2.5 の発生源の中でも二次生成粒子は重大で、特に硫酸塩は量も多く、大気中にとどまる時間も長いため環境に大きな影響をおよぼす。硫酸塩エアロゾルは重油や石炭など硫黄を含む燃料を工場などで燃焼させると生じる二酸化硫黄（SO_2）が環境中に排出され生成される[97]。

　PM2.5 が、「一番危険なのは、直径が 2.5㎛に満たない粒子で、この種の粒子を取り除く技術はない」からである、つまり、「(1) PM2.5 は、長期間、大気中にとどまる酸化水銀や鉛のような重金属と、その他の有機化合物に付着するからであり、(2) 非常に小さいので、人体の防御機能では、阻止できないために、肺や血液に直接侵入してくる」[98]からである。

　特に心配なのは子供や高齢者である。子供は屋外にいる時間が多く、高齢者は喘息や不整脈など循環器系、呼吸器系の疾患を抱えている人が多く、PM2.5 は、これらの疾患と因果関係がある[99]。

　日本国内で観測される PM2.5 は越境汚染の影響を強くうけている。中国で排出された SO_2 が、「大陸に近い西日本で多く、大陸から離れるにしたがって、減少する」ことが明らかになっており、モデルの解析では、「中国の寄与率は日本列島全体で 40 〜 80％であり、九州北部だけではなく、広い範囲で中国からの越境汚染の大きな影響をうけている」[100]と考えられている。

　注意喚起のための目安である「暫定的な指針となる値」を超えた場合には吸入量を減らすため、屋外にいるときは長時間の激しい運動や外出をできるだけ減らすこと、屋内にいるときは外気をできるだけ屋内に入れないことが必要であることなど、環境省は目安を示している（表3−5）。

　PM2.5 と黄砂との関係について、環境省は日本へ飛来する粒子の大きさは、主として 4 ㎛前後のものが中心だが、一部 PM2.5 以下の微小な粒子も含まれているため濃度の高いときは注意が必要であること、花粉との関係についても、花粉の大きさは 30㎛程度で、PM2.5 よりもかなり大きいが、濃度の高いときは注意が必要である[101]と警告している。

表3－5：注意喚起のための暫定的な指針

レベル	暫定的な指針となる値 日平均値（μg /m³）	行動のめやす	注意喚起の判断に用いる値※3	
			午前中の早目の時間帯での判断 5～7時 1時間値（μg /m³）	午後からの活動に備えた判断 5～12時 1時間値（μg /m³）
II	70 超	不要不急の外出や屋外での長時間の激しい運動をできるだけ減らす。 (高感受性者※2においては、体調に応じて、より慎重に行動することが望まれる。)	85 超	80 超
I (環境基準)	70 以下 35 以下※1	特に行動を制約する必要がないが、高感受性者は、健康への影響がみられることがあるため、体調の変化に注意する。	85 以下	80 以下

※1：環境基準は環境基本法第 16 条第 1 項に基づく人の健康を保護する上で維持されることが望ましい基準。PM2.50 に係る環境基準の短期基準は日平均値 35μg /m³ であり、日平均値の年間 98 パーセンタイル値で評価。
※2：高感受性者は、呼吸器系や循環器系疾患のある者、小児、高齢者等。
※3：暫定的な指針となる値である日平均値を超えるか否かについて判断するための値。

　PM2.5 がついた野菜や果物を食べても問題はない。PM2.5 の主成分は硫酸塩や硝酸塩の塩類で水に溶けやすいので、食べる前に水で洗えば取り除くことができ、食べ物を通して口から体内に入る場合には、量的に非常に少なく、ウィルスのように体内で増殖しないので心配はない[102]。

　諸外国における多くの研究者によって、PM2.5 が呼吸器系、循環器系を中心に健康に様々な影響をおよぼすことが明らかになっている。日本ではPM2.5 が健康におよぼす影響についての疫学的な知見が不足している。今後は特に PM2.5 の成分や粒子の直径が健康におよぼす影響との関連性について明らかにする[103]ことが求められている。

　現在、中国から飛来している PM2.5 の大半は石炭を燃やす過程で発生し

たものである。石炭は化石燃料の中でも炭酸ガスの排出量が最も多い燃料である。石炭火力発電によって何千万世帯に安定的に電力が供給され、中国の多くの人々の生活水準を向上させたが、経済発展のために今後とも石炭火力発電を続けるとすれば、自国民および諸外国におよぼす大きな影響が懸念される。中国の責任は重大である。

— 註 —

1　国土交通省 HP「運輸部門における二酸化炭素排出量 2017」

2　レスター・ブラウン邦訳『地球白書 1991 − 92』ダイヤモンド社、1991 年、262 ページ。

3　宇沢弘文『自動車の社会的費用』岩波新書、1996 年、14 ページ。

4　同上、24 〜 25 ページ。

5　同上、2 ページ。

6　国交省 HP「輸送機関別輸送量」「輸送機関別分担率」。

7　同上。

8　日本自動車会議所『自動車 2013』2013 年、4 〜 5 ページ。

9　前掲 国交省 HP。

10　同上。

11　同上。

12　JAMA（日本自動車工業会）HP。

13　時事ドットコム HP。

14　警察庁交通局 HP「平成 24 年中の交通事故の発生事故状況」。

15　レスター・ブラウン邦訳『地球白書 1994 − 1995』ダイヤモンド社、1994 年、144 ページ。

16　前掲 レスター・ブラウン邦訳『地球白書 1991 − 1992』92 ページ。

17　国交省 HP。

18　前掲 JAMA HP。

19　前掲 宇沢『自動車の社会的費用』2～3 ページ。

20　前掲 レスター・ブラウン邦訳『地球白書 1991 － 1992』262 ページ。

21　杉田聡『車が優しくなるために』筑摩書房、1996 年、12 ページ。

22　同上。

23　前掲 時事ドットコム HP。

24　前掲 杉田『車が優しくなるために』80 ページ。

25　前掲 時事ドットコム HP。

26　前掲 レスター・ブラウン邦訳『地球白書 1991 － 1992』105 ページ。

27　同上、93 ページ。

28　平成暮らしの研究会編『地球にやさしい暮らし方』河出書房新社、1998 年、196
　～ 197 ページ。

29　前掲 宇沢『自動車の社会的費用』31 ページ。

30　国土交通省 HP。

31　前掲 宇沢『自動車の社会的費用』32 ページ。

32　前掲 レスター・ブラウン邦訳『地球白書 1991 － 1992』196 ページ。

33　本谷勲他編『新版環境教育学事典』旬報社、2000 年、490 ページ。

34　「車からみたエネルギー問題」HP。

35　前掲 本谷他編『新版環境教育学事典』490 ページ。

36　川名英之『ディーゼル車公害』緑風出版、2001 年、28、29、66 ページ。

37　国税庁 HP。

38　国交省 HP「図表 2 － 1 自動車保有台数の推移 ②燃料別」。

39　左巻建男編著『話題の化学物質 100 の知識』東京書籍、2001 年、43 ページ。

40　アースデイ日本編『地球環境よくなった？』コモンズ、1999 年、83 ページ。

41　前掲 杉田『車が優しくなるために』75 ページ。

42　前掲 アースデイ日本編『地球環境よくなった？』59 ページ。

43　同上、58 ページ。

44　前掲 レスター・ブラウン邦訳『地球白書 1991 － 1992』202 ページ。

45　同上、201 ページ。

46　ミッドウェー海戦研究所 HP、2 ページ。

47　省エネルギーセンター HP。

48　前掲 レスター・ブラウン邦訳『地球白書 1991 － 1992』216 ページ。

49　山本耕平『地球を守る 3R 大作戦』合同出版、2001 年、56 ページ。PHP 研究所編
　　『地球にやさしくなれる本 — 家電リサイクル法からダイオキシンまで、身近な環境問
　　題を考える』PHP 研究所、2001 年、109 ページ。

50　環境省『環境白書 平成 16 年』2004 年、88 ページ。

51　前掲 PHP 研究所編『地球にやさしくなれる本 — 家電リサイクル法からダイオキ
　　シンまで、身近な環境問題を考える』109 ページ、平成暮らしの研究会編『地球にやさ
　　しい暮らし方』210 ページ。

52　同上。

53　前掲 PHP 研究所編『地球にやさしくなれる本 — 家電リサイクル法からダイオキ
　　シンまで、身近な環境問題を考える』109 ページ。

54　邦訳土屋京子『地球を救うかんたんな 50 の方法』講談社、1996 年、87、94 ページ。

55　平成暮らしの研究会編『地球にやさしい暮らし方』河出書房新書、1998 年、219
　　ページ。

56　末石富太郎『都市にいつまで住めるか』読売新聞社、1994 年、223 ページ。

57　国交省 HP。

58　前掲 レスター・ブラウン邦訳『地球白書 1991 － 1992』96 ページ。

59　前掲 山本『地球を守る 3R 大作戦』83 ページ。

60　前掲 レスター・ブラウン邦訳『地球白書 1991 － 1992』99 ～ 100 ページ。

61　日本自動車工業会 HP「シュレッダーダスト」。

62　同上「自動車のリサイクルの現状と課題」。

63　前掲 JAMA HP。

64　自動車検査登録情報協会 HP。

65　北陸信越運輸局 HP「低公害車とは」、NEV（次世代自動車振興センター）HP「EV

等販売台数統計」、JHFC（水素・燃料電池実証プロジェクト）HP「燃料電池自動車のしくみ」、山守麻衣『環境ビジネスの動向とカラクリがよくわかる本』秀和システム、2016 年、44 ページ。

66　中村三郎『リサイクルのしくみ』日本実業出版社、1999 年、447 ページ。

67　『グリーンコンシューマーガイド京都・1999』環境市民、1999 年、133 ページ。

68　同上。

69　地球人間環境フォーラム編『環境要覧 2005 ／ 2006』古今書院、2005 年、110 ページ。

70　NTT 西日本 HP。

71　前掲 レスター・ブラウン邦訳『地球白書 1991 － 92』144 ページ。

72　同上、146 ページ。

73　環境総合研究所編『新台所からの地球環境』ぎょうせい、1999 年、98 ページ。

74　前掲 レスター・ブラウン邦訳『地球白書 1991 － 92』157 ページ。

75　前掲 アースディ日本編『地球環境よくなった？』97 ページ。

76　同上。

77　前掲 レスター・ブラウン邦訳『地球白書 1991 － 92』227 ページ。

78　高月紘『自分の暮らしがわかるエコロジー・テスト』講談社、1998 年、174 ページ。

79　レスター・ブラウン邦訳『地球白書　1996 － 1997』ダイヤモンド社、1996 年、298 ページ。

80　前掲 高月『自分の暮らしがわかるエコロジー・テスト』78 ～ 79、82 ～ 84 ページ。

81　前掲 杉田『車が優しくなるために』187 ページ。

82　前掲 アースディ日本編『地球環境よくなった？』187 ページ。

83　財団法人省エネルギーセンター編『省エネルギー便覧 2005』省エネルギーセンター、2005 年、256 ページ。

84　環境省 HP『諸外国における炭素税等の導入状況　平成 29 年 7 月』。

85　環境・持続社会研究センター HP『環境税とは』。

86　矢野恒太記念会編『日本国勢図会　2006 ／ 07』矢野恒太記念会、2006 年、485 ページ。

87   前掲 環境総合研究所編『新台所からの地球環境』191 ページ。

88   政府広報オンライン HP「微小粒子物質「PM2.5 とは」」。

89   日本エアロゾル学会 HP「PM2.5 に関して寄せられた質問」3 ページ。

90   大原利真「発生源と越境汚染状況」日本環境衛生センター編集企画委員会編『知っ
   ておきたい PM2.5 の基礎知識』2013 年、28 ～ 29 ページ。

91   前掲 日本エアロゾル学会 HP「PM2.5 に関して寄せられた質問」2 ページ。

92   前掲 政府広報オンライン HP「微小粒子物質「PM2.5 とは」」。

93   環境省 HP。

94   前掲 政府広報オンライン HP「微小粒子物質「PM2.5 とは」」。

95   岩本真二「PM2.5 とは何か」日本環境衛生センター編集企画委員会編『知ってお
   きたい PM2.5 の基礎知識』2013 年、17 ～ 18 ページ。

96   同上、18、26 ～ 27 ページ。

97   同上、18 ページ。

98   マック・ハーツガード「想像を超える PM2.5 の本当の破壊力」ニューズウィーク
   日本語版、阪急コミュニケーションズ、1341 号、30 ページ。

99   前掲 日本エアロゾル学会 HP「PM2.5 に関して寄せられた質問」3 ページ。

100   前掲 大原「発生源と越境汚染状況」30 ページ。

101   環境省 HP「微小粒子状物質（PM2.5）に関するよくある質問」

102   前掲 日本エアロゾル学会 HP「PM2.5 に関して寄せられた質問」3 ページ。

103   島正之「健康影響」日本環境衛生センター編集企画委員会編『知っておきたい
   PM2.5 の基礎知識』2013 年、41 ページ。

第4章　放射能の安全学

4－1．放射能への不安

放射線、放射能、放射性物質はどのように違うのでしょうか。
半減期とは何でしょうか
ベクレルとシーベルトはどのように違うのでしょうか。

1．2011（平成23）年3月11日、福島第一原子力発電所で原発事故が
　起こりました。地震と津波両方の被害をうけました。原子力発電所が二
　重の被害をうけたのは世界ではじめてのことです。特に福島県の方々は
　地震・津波のほかに放射線という、人類のだれもが経験したことのない
　三重苦を背負わされる[1]ことになりました。

2．放射性物質が放射線を出す能力を放射能といいますが、放射線は無色・
　無臭で、みることはできませんし、相当な量を浴びない限り感じること
　はありません。しかし体に良くないことだけは確かです。放射能も能力
　ですから目にみえません。放射性物質は物質ですから、一定の大きさな
　ら目にすることができます。今回の原発事故で、国民は放射性物質とと
　もに生きていく道を歩むことになってしまいました[2]。

3．様々な単位を耳にします。ベクレル(Bq) は数値自体、つまり放射線
　の量のことで人体とは直接関係はありません。グレイ(Gy) は純粋に
　「放射線の人体への強さ」を表す単位で、シーベルト(Sv) は、「人間
　の体がダメージを受ける放射線の量」を表す単位です。後述するβ線、
　γ線は1グレイ＝1シーベルト、α線は1グレイ＝20シーベルトで換

算されます。

4．原子炉事故など人為的な原因で放出される放射性物質のうち、際立って多いのはヨウ素(I)131、セシウム(Cs)137、ストロンチウム(Sr)90の3種類です。

5．ふつうの元素は永遠にその元素のままですが、放射性物質は崩壊することによってα線、β線、γ線などの放射線を出しながら安定した別の元素に変化します。安定した物質に変われば放射線を出すことはなく、いつかは放射能を失い、放射性物質としての寿命を迎えます。これを半減期といい、放射性物質ごとに決まっています（表4－1）。

6．ヨウ素131の半減期は8日間です。したがって1ヵ月ほどで10分の1以下にまで減少するため、ヨウ素131の汚染は、一応、時間が解決してくれるといえます。しかしすべての放射性物質がヨウ素131のように半減期が短いものばかりではありません。セシウム137の半減期は約30年です。ストロンチウム90の半減期も約29年と長く、ストロンチウムの放射性同位体の代表です[3]。

7．ヨウ素131とセシウム137は空気中で冷やされると微粒子になり、風に乗ると遠くまで運ばれます。何千km離れていても飛んできます。大気中に放出された放射性物質は同心円状に拡散するとは限りません。汚染された食品が全国に流通し、消費されていると考えられます。福島県産でなければ安心というわけではありません。ストロンチウム90は比較的重い物質であるため土壌や海など下のほうに放出されます[4]。

8．原発事故ではいくら風下へ遠くに逃げても死の灰は風に乗って追いかけてきます。遠くに逃げるのではなく、「風向きに対して直角に逃げる」ことが求められます。

9．原発の爆発によって発生するのは「放射線」ではなく、「放射性物質の小さなチリ」なので、原発からの風向きをみて直角に逃げること、そのチリは新型インフルエンザウィルスよりも大きいので、初期被曝を避けるには幼児・児童・生徒には必ずマスクをつけさせること、放射性物

質で汚染された水を飲まないこと、つまり肺にも胃にも放射性物質を入れないこと[5]が必要です。

10. チリ（放射性物質）は子供（大人も同じ）が呼吸すると空気といっしょに肺や胃の中に入ります。体内に入った放射性物質は元素の種類によって長く体内に留まるものと、すぐに排泄されるものがあります。たとえばヨウ素131は甲状腺に入り、β線とγ線を出します。放射性ヨウ素による甲状腺ガンは有名ですが、初期の被曝では最も危険なものです。

11. 放射線の種類によって透過力も異なります。α線は透過力が比較的弱く、紙1枚で防ぐことができます。外からα線を浴びても皮膚で遮られ、人体への害はありません。しかしこれを体内から浴びると直接、組織や臓器に影響をおよぼし、大変危険です。β線はα線よりも透過力は強いのですが、アルミなど薄い金属やプラスチックで防ぐことができます。γ線はβ線よりも透過力が強く、鉛や厚い鉄板などでなければ防ぐことができません[6]。

12. 国民の放射線の被曝線量の限度は1年間1mSv（1000分の1シーベルト）です。放射線の有害作用から人体を守るため、ICRP（国際放射線防護委員会）が勧告した値で、世界的な基準となっています。この値を少しでも超えると人体にとって危険であることを示しています。自然界からの放射線（年間平均2.4mSv）と医療目的の被曝は含まれていません。ちなみに胸部X線撮影の場合は0.3mSvです。被曝量1Svごとに発ガン率が5%高くなる[7]といわれています。

13. 被曝限度はそれぞれの被曝量を足し算する必要があります。また被曝限度は、「正当化の原理」のもとで決められ、放射線に関しても、必ず「得」＝「損」という等式が成り立ちます[8]。

14. 被曝限度は「国民の通常の1年間1mSv」に沿って許容できるBq数を計算することになります。BqをmSvに簡単に換算できる武田式計算式があります。

「1kg の食材のなかのベクレル」を「1 年間に内部被曝するミリシーベルト」に簡単に換算できる計算式[9]。

1 年間に内部被曝する mSv ＝ 1 kg 当たりの Bq÷100

表 4―1．放射性元素の半減期

核種	半減期
I（ヨウ素）－ 129	1570 万年
I － 131	8.04 日
I － 133	20.8 時間
Cs（セシウム）－ 134	2.06 年
Cs － 136	13.1 日
Cs － 137	30.0 年
Pu（プルトニウム）－ 238	87.7 年
Pu － 239	2.41 万年
Pu － 240	6564 年
Sr（ストロンチウム）－ 89	50.5 日
Sr － 90	29.1 年

(MEMORVA　HP)

　2011（平成 23）年 3 月 11 日、福島第一原子力発電所で原発事故が起こり、地震と津波両方の被害を原子力発電所がうけたのは世界ではじめてのことである。特に福島県の人々は地震・津波のほかに放射線という、人類のだれもが経験したことのない三重苦を背負わされる[10]ことになった。

　放射性物質が放射線を出す能力を放射能という。放射線は無色・無臭で、みることはできず、相当な量を浴びない限り感じることもない。しかし体に良くないことだけは確かである。放射能も能力であるので、目で見ることはできない。放射性物質は物質であるので、一定の大きさなら目にすることができる。今回の原発事故で、国民は放射性物質とともに生きていく道を歩むとになってしまった[11]。

　放射線漏れと放射能漏れとは異なる。前者は放射能をさえぎる遮蔽物の外

に放射線が出てくることであり、後者はアイソトープ（放射性同位元素）が囲いの外の環境へ漏れることで、もちろん放射線も漏れている。これには様々な単位がある。

　ベクレル (Bq) は数値自体、つまり放射線の量のことで人体とは直接関係はない。グレイ (Gy) は純粋に「放射線の人体への強さ」を表す単位で、シーベルト (Sv) は、「人間の体がダメージを受ける放射線の量」を表す単位である。後述する β 線、γ 線は1グレイ＝1シーベルト、α 線は1グレイ＝20シーベルトで換算される。

　原子炉事故など人為的な原因で放出される放射性物質のうち、際立って多いのはヨウ素(I)131、セシウム(Cs)137、ストロンチウム(Sr)90の3種類である。ふつうの元素は永遠にその元素のままであるが、放射性物質は崩壊することによって α 線、β 線、γ 線などの放射線を出しながら安定した別の元素に変化する。安定した物質に変われば放射線を出すことはなく、いつかは放射能を失い、放射性物質としての寿命を迎える。放射線を出す能力が半分になるのにかかる時間のことを半減期といい、放射性物質ごとに決まっている。

　ヨウ素131の半減期は8日間で、したがって1ヵ月ほどで10分の1以下にまで減少するため、ヨウ素131の汚染は、一応、時間が解決してくれるといえる。しかしすべての放射性物質がヨウ素131のように半減期が短いものばかりではない。セシウム137の半減期は約30年であり、ストロンチウム90の半減期も約29年と長い[12]。半減期が短いほど、一定の時間内で多くの原子が破壊されるため、放射能が強い物質ということになる。

　ヨウ素131とセシウム137は空気中で冷やされると微粒子になり、風に乗ると遠くまで運ばれる。何千km離れていても飛んでいく。大気中に放出された放射性物質は同心円状に拡散するとは限らない。汚染された食品が全国に流通し、消費されていると考えられる。福島県産でなければ安心というわけではない。ストロンチウム90は比較的重い物質であるため土壌や海など下のほうに放出される[13]。原発事故ではいくら風下へ遠くに逃げても死の

灰は風に乗って追いかけてくる。遠くに逃げるのではなく、「風向きに対して直角に逃げる」ことが求められる。

4－2．放射性同位体の性質と被曝限度

　ヨウ素には数多くの同位体があるが、安定した同位体はヨウ素127の1種類だけである。セシウムにも様々な同位体があり、セシウム133だけが安定した同位体である。ヨウ素の代表的な放射性同位体としてヨウ素129、131、133がある。福島第一原発から放出され、ホウレンソウなどの葉物野菜、牛乳、水道水を汚染したことで有名になったヨウ素131の原子核は53個の陽子と78個の中性子から成り立っている（この131は53個の陽子と78個の中性子を足した数）。ヨウ素131は構造が不安定なためβ線（電子）とγ線（電磁波）を出して安定な元素であるキセノン131に変化する（表4—2）。セシウム134、135、137も放射性同位体である。放射性セシウムのうちセシウム137はβ線を出し、最終的には安定した元素であるバリウム137に変化する（表4—3）。
　ストロンチウムは84、86、87、88が安定同位体で、89、90、91が放射性同位体である。放射性ストロンチウム90（半減期約29年）はβ線を放出して半減期約64時間のイットリウム90になり、さらにβ線を放出し続けて最終的にジルコニウム90に変化して安定する。このように構造の不安定な放射性物質が安定した別の原子に変化することを放射性崩壊といい、種類によって放出される放射線が異なる。
　セシウム137の場合、体内に留まる平均の時間は約3ヵ月、幼児や児童など小さな子供の場合は約1〜2ヵ月といわれており、主として筋肉にたまる。セシウムと並んで主要な放射性物質であるストロンチウムはカルシウムと性質が似ているので骨に蓄積し、なかなか排泄されない。セシウムもストロンチウムも半減期が約30年と長く、10分の1になるのに約100年を

要する[14]。

　セシウム137、ストロンチウム90、ヨウ素131の粒の大きさは、大体0.3ミクロン以上で、ほとんどは1ミクロン以上である。これに対して新型インフルエンザのウィルスの大きさは約0.1ミクロンで、インフルエンザ用のマスクを保育所や幼稚園、学校に常備しておけば幼児・児童・生徒の内部被曝を極端に減らすことができる[15]。

表4─2：放射性ヨウ素

	I － 127	I － 129	I － 131	I － 133
放出陽子	（安定） 53	γ 線、β 線 53	γ 線、β 線 53	γ 線、β 線 53
中性子	74	76	78	80
質量数	127	129	131	133
存在比	100%	－%	－%	－%

(Aomori － hp.jp)

表4─3：放射性セシウム

	Cs － 133	Cs － 134	Cs － 135	Cs － 137
放出陽子	（安定） 55	β 線 55	β 線 55	β 線 55
中性子	78	79	80	82
質量数	133	134	135	137
存在比	100%	－%	－%	－%

(Aomori － hp.jp)

4－3．放射性降下物の危険性

　原発の爆発によって発生するのは「放射線」ではなく、「放射性物質の小さなチリ」であり、体に大きな影響を与えるのは、体内（内部）被曝であ

る。したがって、肺にも胃にも放射性物質を入れないこと [16] が必要である。放射性物質は、ひとつずつ単独で、飛んでいるのではなく、化学反応しながら、塊になって飛んでくる。その塊が体内に入って、周囲の細胞に爆弾のような、被害を与える。これが本当の放射線の危険性である [17]。

チリ（放射性物質）は、呼吸すると空気といっしょに肺や胃の中に侵入する。体内に入った放射性物質は元素の種類によって長く体内に留まるものと、すぐに排泄されるものがある。たとえばヨウ素 131 は甲状腺に入り、β 線と γ 線を出す。放射性ヨウ素による甲状腺ガンが有名で、初期の被曝では最も危険なものである。一定以上の被曝が予想される場合、安定ヨウ素（放射能で汚染されていないヨウ素）剤であらかじめ、甲状腺を飽和させておけば、放射性ヨウ素が入り込まないことを期待できる。

標準的なヨウ素の量は、新生児 12.5mg、生後 1 ヵ月以上 3 歳未満が 25mg、3 歳以上 13 歳未満 38mg、13 歳以上 40 歳未満 76mg である。服用するヨウ化カリウム（KI）それぞれ 16.3mg、32.5mg、50mg、100mg となる。成人の 1 日必要量の 300 倍である。

安定ヨウ素剤は、1 回だけ服用するのが原則である。24 時間、服用効果があるからである。ヨウ素剤によって、防御するのが目的ではなく、安全なところに避難するための時間稼ぎをするのが目的である。例外的な場合を除き、何回も服用しない。連続して摂取すれば、甲状腺機能低下症の危険性が高くなるためである。大人の場合は影響はないが、妊婦と新生児、乳幼児には影響が大きい [18]。

放射線によって透過力が異なる。α 線は透過力が比較的弱く、紙 1 枚透過できない。外から α 線を浴びても皮膚で遮られ、人体への外部からの被曝の害はなく、心配はない。しかしこれを体内で浴びると、巨大な爆弾のように、直接周囲の組織や臓器を破壊するため大変危険である。β 線は α 線よりも透過力は強いが、アルミなど薄い金属やプラスチックで防ぐことができる。γ 線は β 線よりも透過力が強く、鉛や厚い鉄板などでなければ防ぐことができない [19]。

　国民の放射線の被曝線量の限度は1年間1mSv（1000分の1シーベルト）である。放射線の有害作用から人体を守るため、ICRP（国際放射線防護委員会）が勧告した値で、世界的な基準となっている。便宜上、決められた放射線量を許容量と呼んでいるが、これは「これだけ放射線を浴びても安全ですよ」という値ではなく、「それくらいまではしかたがないでしょう」という値である。自然界からの放射線（年間平均2.4mSv）と医療目的の被曝は含まれていない。ちなみに胸部X線撮影の場合は0.3mSvである。被曝量1Svごとに発ガン率が5％高くなる[20]といわれている。

　何mSvまで被曝しても大丈夫かを考えるときには被曝量を足し算しなければならない。つまり自然放射線による被曝量と福島第一原発事故による被曝量を比べて、どちらが「多い」、「少ない」というのは無意味で、被曝量を考えるときには「自然被曝量である1年1.5mSv」＋「人工的にうける1年1mSv」＝2.5mSvと足し算する[21]のが正しい計算である。

　それに放射線検査（健康診断のX線検査）をうけると、胸部撮影：0.2mSv/回、腹部撮影：1.0mSv/回、胃のX線検査：3〜5mSv/回、胃（透視）：10mSv/回となっている。いずれかでも、うけると、プラスする必要がある。

　被曝限度は「正当化の原理」のもとで決められる。たとえば胸部のレントゲン1回0.05mSvでも被曝することは「損」だが、肺結核などの病気がレントゲンによってみつかり、早期の治療が可能になるなどの健康上の「得」を享受できるので、うけ入れられる数値だということである[22]。放射線に関しても、必ず「得」＝「損」という等式が成り立つ[23]。

　宇宙や地球内部からの放射線＝自然放射線も発ガンの危険がある。しかし被曝は一瞬であり、しかも大昔から自然界の放射線に関して、人間の身体はそれとのつきあい方を心得ており、すぐに内々から尿などの形で排出される[24]。

4－4．被曝に対する不安

　原子炉事故の場合、放射性物質による二次被害のほうがはるかに影響が大きいといわれるのはなぜでしょうか。

　胎児・乳児・子供は危ないといわれるのはなぜでしょうか。

　食材に影響はないのでしょうか。暫定基準値とは何でしょうか。

　女性のほうが放射能によるガンにかかりやすいといわれるのはなぜでしょうか。

　安全な校庭にするには、また安全な農業用地を取り戻すにはどうすれば良いのでしょうか。

　原発の立地に問題はないのでしょうか。

　原発事故を収束するのにどれくらいの費用と時間が必要なのでしょうか。

1．被曝には外部被曝と内部被曝とがあり、両者はまったく異なります。一般の人々にとって怖いのは内部被曝です。放射性物質は空気中に漂流しており、それを吸い込んだり、放射性物質を含んだ水や食べ物を口にすれば放射線のもとを身体に取り込むことになります。様々な形で体内に取り込まれた放射性物質は血液を通じて各臓器に達し、そこに留まり、最終的に体外に排出されるまでの間、体内から放射線を出し続けます。その結果、内臓がズタズタにされてしまいます。これが内部被曝であり、内部被曝の怖さ[25] です。

2．なぜ放射線は人命を奪ったり、病気を引き起こすのでしょうか。放射線を浴びることを放射線被曝といいます。放射線は人間の細胞分裂を害します。放射線が体内を通ったり、達すると細胞内に活性酸素という物質ができ、これがDNA分子と化学反応を起こし、遺伝子を傷つけます[26]。

3．被曝後、白血球の減少によって免疫力の低下や貧血などが起こります。また白血病や（特に小児における）甲状腺ガン、妊娠初期の妊婦が被曝

した際に胎児に現れる奇形なども被曝の影響と考えられています。

4．被曝の影響は大人よりも子供、子供より胎児のほうが大きいといわれています。放射線は細胞分裂を害します。乳幼児や胎児では細胞分裂が盛んに行なわれているため、大人よりも大きな影響をうけることになります。特に身体の器官が形成される妊娠初期には最大限の注意が必要[27]です。すぐに影響が出なくても、いずれ影響が出ると考えなければなりません。

5．被曝する機会は大人より子供のほうが多いという認識も必要です。背が低いため呼吸する位置が地面から近いこと、砂場で遊んだり、グラウンドで運動したりする機会が多いからです。しかも子供はあと何十年も生きなければなりません。子供たちは何としても守る必要があります。

6．実際、被曝で身体にどのような害があるでしょうか。その答えは何十年も先にならないとはっきりわかりません。被曝を心配している日本のお母さんは、子供が被曝して「直ちに」病気になると心配しているのではないと思います。今、5歳の子供が15歳になってガンを患ったとき、自分は死ぬほど悔やむだろう[28]と心配しているのです。

7．妊婦だけでなく、妊娠可能な女性は放射線被曝を避ける必要のある理由が2つあるといわれています。ひとつは胎児に対する直接的な影響です。放射線は細胞分裂を阻害します。したがって被曝線量が同じでも細胞分裂が盛んな胎児や小児は大人よりもリスクが高いということです。もうひとつは女性は卵母細胞をもっており、卵子のもとになるこの細胞は生まれる前にできあがっていて、出生後に新たに生成できません。したがって被曝時に胎児、少女、20代を問わず、卵母細胞に影響をうけるという点では同じ[29]だということになります。

8．子供の被曝を抑えるために安全な校庭にする方法とは、汚染された表面の土を取り除くことです。しかし園庭や校庭の子供を守るという観点からは暫定的な措置で、汚染された土が表面に出ているよりはマシ、と考えたほうが良い[30]と思われます。

9. 放射性物質による田畑、牧場など農業用地の汚染は深刻な問題です。特に農業に従事している人にとって土地は生命です。土壌汚染対策には表層土壌を入れ替えることが必要です。セシウムは放っておけば減少するものではありません。周囲に放射線を放出し続けるのを避ける意味でも重要です。ただ汚染土をどこに捨てる（保管する）のでしょうか [31]。何も解決していません。

10. 空中を飛散していた放射性物質が地表に落ち、ホウレンソウのような葉の大きい野菜が真っ先に汚染されています。3月21日には、第一原発から約16km南の海水から、基準の16.4倍を超えるヨウ素131が検出されました。海に放射性物質を流している以上、魚介類が汚染されて当然です [32]。

11. 舗装された道路やマンションの屋上に積もった放射性物質は水で洗い流せば、その部分からはなくなります。しかし放射性物質がほかの場所へ移動するだけで、何ら解決にはなりません。

12. 原発事故当時、食品については放射線被曝に関する基準がありませんでした。魚も野菜についての基準もなかったのです。食品による内部被曝を防ぐため、厚生労働省では2011（平成23）年3月17日から食品に含まれる放射性物質について暫定規制基準値を定め、翌2012（平成24）年4月より新基準値を定めました（表4-4）。

13. 新基準値は放射性セシウム、ストロンチウム、プルトニウム、ルテニウムからの被曝量が合計で年間1mSvを越えないように設定されています。実質的に考慮されているのはセシウムだけです。基準をパスした食品とほとんど汚染されていない食品がスーパーマーケットでは同じ棚に並べられていますが、消費者はどのようにして見分ければ良いのでしょうか。

14. 年間被曝限度量が1年1mSvから20mSvに突然引き上げられました。福島の子供たちには1年20mSvまでの放射線は我慢しなさいということでしょうか。児童・生徒に対して、1年20mSvの外部被曝、給食全

体で 17mSv、合計 37mSv という非常に高い基準を使用したことになります。

15．今回の福島第一原発による被曝量はかなり正確に計算できると考えられます。したがって大変不幸にも、「子供たちがどのくらい被曝すればどのような障害が出る」かが、将来、人類史上はじめて明らかになる[33]と予想されます。

16．ふつうの状態では 10 万人に 1 人も出ないとされる小児甲状腺がんが、チェルノブイリ原発事故の 4 年後から急増しはじめ、約 6000 人にものぼる小児甲状腺ガンが発生したといわれています。いずれも 15 歳未満の子供たちです。またチェルノブイリ原発事故から約 10 年後に、今度は妊婦の体に異常が起き、事故当時、少女であった人が成長して妊娠したときに死産や流産が相次いだ[34]とのことです。

17．放射線で被曝した場合、即死しなければ、早くて 4 年、ふつうは約 10 年でガンになったり、遺伝子がおかしくなったりというように発症します。当然、直ちに身体に症状が現れるわけではありません。避難すればすむというわけでもありません。しかしそのままそこにいても良いとは限りません。

18．放射線を 1 年間に 100mSv 浴びると、1 億人に対して 50 万人が「被曝によるガン」になることがわかっています。しかし 1 年間に 100mSv 以下の被曝は安全だという根拠は、どこの学問的知識にもありません。1 年 100mSv 以下の被曝で生じるガンが放射能によるものか、そうでないのかを確定できないからです。低線量のデータを定量的・学問的に結論を出すことは今の科学では不可能だということです。低線量被曝と疾病の関係は「不明」だというのが正しい[35]のです。しかしチェルノブイリの例は、高い線量でも、低い線量でも放射線が健康に被害を与える[36]ことを示しています。

19．ウクライナでは、「『年間 5 mSv』を基準として、それ以上の線量の地域を、住んではいけない場所、それ以下の地域を、住んで良い場所」と

しています。日本政府が避難指示や防護対策の基準としている数値は「年間20mSv」です。この「年間5mSv」と「年間20mSv」は、ウクライナの現実をどのように福島とつなげれば良いかを考える際のキーワードになる[37]と思われます。

20. 「広島に原爆が落ちても、すぐに人が住むことができたではないか」というのは量の問題です。今回の福島の事故から放出された放射性物質の量は、政府発表で約80京ベクレルで、広島原爆の約200倍になります。これだけ量が違えば、広島の例をあげることはできません[38]。

21. 専門家を説得するためには、「疫学的手法で証明できないことは科学的ではなく、事実として認められない」のです。「ある病気について被曝線量が多い人ほど、病気発生の割合が極端に高い」という関係が成立してはじめて、「その病気が放射線の影響だと証明される」[39]のです。

22. 放射性ヨウ素、特に問題となるヨウ素131の半減期は8日にすぎません。2ヵ月もすればほとんどなくなってしまうはずです。したがって2ヵ月後に妊娠した子供やそのときにチェルノブイリにいなかった子供が甲状腺ガンになるはずはないのですが、実際には発生している[40]のです（図4−1）。

23. 放射能を浴びた人の近くにいっても、放射能がうつることは絶対にありません。放射線とは光の一種なので、体内に残ることはありません。

　被曝には外部被曝と内部被曝とがあり、両者はまったく異なる。一般の人々にとって怖いのは内部被曝である。放射性物質は空気中に漂流しており、それを吸い込んだり、放射性物質を含んだ水や食べ物を口にすれば放射線のもとを身体に取り込むことになる。様々な形で体内に取り込まれた放射性物質は血液を通じて各臓器に達し、そこに留まり、最終的に体外に排出されるまでの間、体内から放射線を出し続ける。その結果、内臓がズタズタにされてしまう。これが内部被曝であり、内部被曝の怖さ[41]である。全身被曝の場合、全ての組織・臓器が放射線を受け、全ての組織・臓器に影響が出

る可能性がある．

　放射能を浴びた人の近くにいても、放射能がうつることは絶対にない。放射能は伝染病ではない。細菌やウィルスではない。放射線は光の一種なので、被曝者が放射能を出すことはない。「放射線を浴びるとうつる」というのも間違いで、蛍光物質にあてると光るが、人が浴びても光らない。体や衣服に放射性物質がついた可能性がある場合は、洗い流せば、放射線は出なくなる。放射性物質はホコリや花粉みたいなもので、人から人へうつることはない。「放射能がうつる」というのは、新たに生れた迷信である。

　なぜ放射線は人命を奪ったり、病気を引き起こすのであろうか。放射線を浴びることを放射線被曝という。放射線は人間の細胞分裂を害する。放射線が体内を通ったり、達すると細胞内に活性酸素という物質ができ、DNA に傷をつけたり、切断したりして [42]、突然変異を引き起こす。その結果、白血病や（特に小児における）甲状腺ガン、妊娠初期の妊婦が被曝した場合には、奇形児が生まれる。また表面にはあらわれないＤＮＡの傷が子孫に伝えられるので、生物の中に、長期にわたって、DNA の損傷が蓄積されていく可能性がある [43]。

　被曝の影響は大人よりも子供、子供より胎児のほうが大きいといわれている。なぜなら、乳幼児や胎児では細胞分裂が盛んに行なわれているため、修復が追いつかず、大人よりも大きな影響を受けることになる。特に身体の器官が形成される妊娠初期には最大限の注意が必要である [44]。すぐに影響が出なくても、いずれ影響が出ると考えなければならない。

　卵や精子のような生殖細胞の DNA に一文字でも間違いが起これば、その間違いは、生れてくる子供すべての細胞に正確にコピーされて、伝えられる。どちらか一方の親だけが、異常であるだけで、子供にそのまま異常があらわれる突然変異も多くみられる [45]。女性は卵母細胞をもっており、卵子のもとになる卵母細胞は生まれる前にできあがっていて、出生後に新たに生成することはできない [46]。

　被曝する機会は大人より子供のほうが多いという認識も必要である。背が

低いため呼吸する位置が地面から近いこと、砂場で遊んだり、グラウンドで運動したりする機会が多いからである。しかも子供はあと何十年も生きなければならない。子供たちは何としても守る必要がある。実際、被曝で身体にどのような害があるかの答えは、何十年も先にならないとはっきりしない。被曝を心配している日本のお母さんは、今、5歳の子供が15歳になってガンを患ったとき、自分は死ぬほど悔やむだろう[47]と心配しているのである。

　子供の被曝を抑えるために安全な校庭にする方法とは、汚染された表面の土を取り除くことである。しかし園庭や校庭の子供を守るという観点からは暫定的な措置で、汚染された土が表面に出ているよりはマシ、と考えたほうが良い[48]と思われる。放射性物質による田畑、牧場など農業用地の汚染は深刻な問題である。特に農業に従事している人にとって土地は生命であり、土壌汚染対策には表層土壌を入れ替えることが必要である。セシウムは放っておけば減少するものではない。ただ汚染土をどこに捨てる（保管する）のか[49]、何も解決していない。

　空中を飛散していた放射性物質が地表に落ち、ホウレンソウのような大きい野菜が真っ先に汚染されている。海に放射性物質を流すと、魚介類が汚染されて当然である[50]。舗装された道路やマンションの屋上に積もった放射性物質は水で洗い流せば、その部分からはなくなる。しかし放射性物質がほかの場所へ移動するだけで、何ら解決にはならない。

　原発事故当時、食品については放射線被曝に関する基準は定められていなかった。食品による内部被曝を防ぐため、厚生労働省では、2012（平成24）年4月より新基準値を定めた（表4—4）。

　新基準値は放射性セシウム、ストロンチウム、プルトニウム、ルテニウムからの被曝量が合計で年間1 mSvを越えないように設定されている。実質的に考慮されているのはセシウムだけである。放射性セシウム以外のストロンチウム90、プルトニウム、ルテニウム106は、測定に時間がかかるため、合計1 mSvを超えないように、放射性セシウムの基準値を設定している[51]。基準をパスした食品とほとんど汚染されていない食品がスーパーマーケット

では同じ棚に並べられているが、消費者には見分けがつかない。

　年間被曝限度量が年間 1 mSv から 20mSv に突然引き上げられた（文部科学省通達）。福島の子供たちには 1 年 20mSv までの放射線は我慢しなさいということになる。年間 1 mSv を厳密に守れば、福島だけではなく、東北・関東の広い範囲で居住できなくなるためである。20mSv という基準は、結局、避難区域を原発 30km 圏前後にとどめ、福島市や郡山市（さらには柏市や松戸市）のような人口集中地域が避難区域にはいらないようにするための、結論ありきの決定ではないのか。このようにすれば、政府や東電は避難・農産物・被曝症などへの補償を少なくすることができる。明らかに、国民を守るための基準ではなく、政府や文部科学省、原子力ムラを守るための基準である [52]。児童・生徒に対して、1 年 20mSv の外部被曝、給食全体で 17mSv、合計 37mSv という非常に高い基準を使用したことになる。法律では、1 mSv が基準であるので、20mSv は違法である。ウクライナでは、「『年間 5 mSv』を基準として、それ以上の線量の地域を、住んではいけない場所、それ以下の地域を、住んで良い場所」としている。日本政府が避難指示や防護対策の基準としている数値は「年間 20mSv」である。この「年間 5 mSv」と「年間 20mSv」は、ウクライナの現実をどのように福島とつなげれば良いかを考える際のキーワードになる [53] と思われる。原子力安全委員会は、「20 ミリシーベルト」は基準として認めていないと発言している。誰がどう決めたのか不明である。20mSv はあくまで外部被曝だけで計算し、内部被曝は考慮に入れていない。内部被曝の方が外部被曝の数倍から数十倍、危険であり、20mSv の場所で生活すれば、0 歳児は、33 人に 1 人がガンで死亡する。内部被曝を考慮に入れると、さらに深刻である [54]。

　今回の福島第一原発による被曝量はかなり正確に計算できると考えられる。したがって大変不幸にも、「子供たちがどのくらい被曝すればどのような障害が出る」かが、将来、人類史上はじめて明らかになると予想される。子供を使った人体実験 [55] である。放射線で被曝した場合、即死しなければ、早くて 4 年、ふつうは約 10 年でガンになったり、遺伝子がおかしくなった

りというように発症する。ふつうの状態では10万人に1人も出ないとされる小児甲状腺ガンが、チェルノブイリ原発事故の4年後から急増しはじめたといわれている。いずれも15歳未満の子供たちである。またチェルノブイリ原発事故から約10年後に、今度は妊婦の体に異常が起き、事故当時、少女であった人が成長して妊娠したときに死産や流産が相次いだ[56]とのことである。

　放射線を1年間に100mSv浴びると、1億人に対して50万人が「被曝によるガン」になることがわかっている。しかし1年間に100mSv以下の被曝は安全だという根拠は、どこの学問的知識にもない。1年100mSv以下の被曝で生じるガンが放射能によるものか、そうでないのかを確定できないためである。低線量被曝と疾病の関係は「不明」だというのが正しい[57]答えである。しかしチェルノブイリの例は、高い線量でも、低い線量でも放射線が健康に被害を与える[58]ことを示している。

表4—4　食品中の放射性物質の新基準値
　　　　（放射性セシウムの新基準値（mSv））

食品群	規制値
飲料水	10
牛乳	50
一般食品	100
乳幼児食品	50

（特別な配慮を必要と考えられる「飲料水」「乳児用食品」「牛乳」は区分を設け、それ以外の食品、野菜類・穀類・肉・卵・魚などを「一般食品」とし、全体で4区分とする）。

（厚生労働省　食品安全審査課 HP）

「広島に原爆が落ちても、すぐに人が住むことができたではないか」というのは量の問題である。今回の福島の事故から放出された放射性物質の量は、広島原爆の約200倍になる。これだけ量が違えば、広島の例と比べることはできない[59]。広島では、鎮火するとすぐに家を建てるなど、諸活動が開始されたが、放射線量の高い地域は、少なくとも2～3年間、立入禁止にしておれば、被害者はもっと少なかったのではないかと惜しまれる。

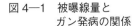

図4—1　被曝線量と
　　　　ガン発病の関係

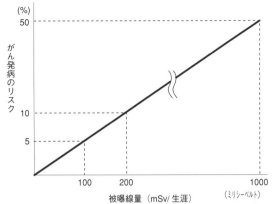

（馬場朝子・山内太郎『低線量汚染地域からの報告』NHK出版、2012年、26ページ）

4—5．放射線による人体への影響

　セシウム137が人体に入ったとき、骨、肝臓、腎臓、肺、筋肉などに多くくっつき、白血病や肝臓ガン、不妊の原因になるといわれている。放射性ヨウ素は、甲状腺という喉の部分、すなわち気管を前側から取り囲むように存在する内分泌器官に選択的に取り込まれる。取り込む量は甲状腺ホルモンの分泌が多いほど増加する。低年齢の子供ほどホルモン分泌量が多いので、放射性ヨウ素を取り込みやすい[60]ということになる。成長途上にある10歳以下の子供は注意が必要である。ところが安全なヨウ素は不可欠な栄養素のひとつで、人体組織のどこかで使われ、その最大の用途（99％）が甲状腺ホルモンの原料である。人間は身体に入ってきたヨウ素を放射性ヨウ素かどうか区別できないため、甲状腺に集めてしまう。事故の直後、ヨード剤を飲み、放射性ヨウ素131を取り込むことがないように甲状腺をヨウ素で満たしておくことが重要[61]なのである。このようなときのために住民用のヨード剤は備蓄されていたが、今回の事故ではヨード剤は配布されなかった。
　水道水に乳児に対する基準が設けられているのは、乳児の主食である粉ミ

ルクは水、お湯を溶かしてつくられるからである。粉ミルクで育つ乳児はミルクを溶かすための水を大部分、体に取り込むということである。さらに赤ん坊は子供のなかでも最も多くの成長ホルモンを分泌するため、放射性ヨウ素を取り込みやすく、特に注意が必要である。

　福島原発事故により、牛からしぼった原乳からも暫定基準値を上回る放射性ヨウ素が検出された。これはエサである牧草に放射性物質がついていたこと、また牛は牧草といっしょに土も食べるので土に放射性物質が付着していたことが理由として考えられている。牛の体内に取り込まれた放射性ヨウ素は甲状腺にたまるだけでなく、乳からも出るため、原乳が基準値を超えたのである。原乳をはじめ、食物の放射性物質の管理が重要で、遠く離れているからといって安心[62]というわけにはいかない。

　被曝に対する感度は、子供の場合、大人の3倍で、被曝確率は大人の3倍、合計で子供は大人に比べて約10倍危険だと考えるのが妥当である。「被曝による健康障害は4年目から」という遅発性の疾病が多く、白血病、ガン、ほかの傷害を問わず、普段の生活で発病するのと区別がつかないので、「どのくらい被曝すると、どの程度の病気になるか」はわかっていない[63]のが現状である。

　チェルノブイリの例は、「なぜある子供は1990年に甲状腺ガンを発病し、ある子供は95年に、またある子供は20年後に発病しているのか、明らかになっていない。ただし、皆被曝したのは86年である」[64]ことを示している。

4－6．原子力発電所の「安全神話」の崩壊とその教訓

　原発事故の主な原因は何であったのでしょうか。
　被災地は本当に復興するのでしょうか。
　原発の「安全神話」は崩れ去りました。多くの原発が再稼働されようとしています。問題はないのでしょうか。

1．日本でなぜ原発が爆発したのでしょうか。この事態をなぜ予測できな
　かったのでしょうか。この点を最も真剣に考える必要があります。
2．住民をどのように避難させるのか、そのときどのような服装が望まし
　いのか、住民が避難したあと、その地域をどうするのか、など何も決
　まっていなかったのです。
3．幸い、西風であったので、日本人の生命が奪われることはありません
　でした。しかし福島の人はずいぶん被曝していると考えられます。政府
　の無策で被曝したわけで、これは明らかに人災だといわれても弁解の余
　地はないと思われます。
4．危険を予想し、保護者とも話し合いをしておく必要がありましたが、
　教育関係者は何もしていませんでした。危機管理意識がなかったという
　ことになります。単に「危険」と口でいっているだけでは危機管理には
　なりません[65]。原発が存在する限り、今でも同じです。
5．保育所や幼稚園、学校は子供を守らなければならない場所です。原発
　が爆発したとき、現場の教育者の誘導、引率、様々な問題をどうするか
　も重要な検討課題になります。たとえば本来なら得られるはずの教育の
　機会を原発事故によって失った場合の補償を教育界としてどうとらえて
　いくのか、子供や保護者に「泣き寝入り」させるのかどうかを検討する
　責任があります[66]。
6．地震によって福島原発が爆発しましたが、日本の原子力発電所につい
　て多くのことが明らかになりました。まだ人類は大地震に耐える原発を
　つくることができないこと、「津波がきた、予想外のことであった」の
　ではないということです。
7．世界中で稼働している原発は 2016（平成 28）年現在、約 430 基です。
　そのうち約 60 基が地震の起こりやすいところに建設されています。巨
　大地震多発地帯に建てられているのは日本の原発だけという状態です。
　ほかの国では、日本のようにプレート型の巨大地震にみまわれることの

ない地質構造のところにあります。残りの約370基は地震や津波が起こりにくいところに建てられています[67]。

8. 「安全」というのであれば、本当は東京や大阪の近くに原子力発電所をつくればいいのです。送電線も短くてすみ、ロスも少なく、非常に効率的で、優秀な技術者も集めやすいなど、多くの点で有利です。電力の大消費地の東京の電気を新潟の柏崎市でつくっています。「安全です」といいながら、人のあまり住んでいない、いわゆる僻地に多額の「危険手当」ともいわれる交付金を出して、原発は建てられています。

9. 日本の原発は人口が少ない地域の海岸線につくられています。大都市の近くでは「危険」で、国民の賛成が得られないからです。フランスではパリを流れるセーヌ川の上流に2基、ワインの産地であるロワール川の上流に20基と、日本では考えられない場所に建てられています。日本のように隅に追いやるのではなく、全国に散在させています。「原発は安全」という神話に頼っていない[68]のです。

10. 今回の事故で、事故の補償などを入れると、原子力発電所の電気代は石油火力、石炭火力より高くついていることがはっきりしました。現在の発電コストは原子力発電所のほうが1KW/h当たり5円も安いといわれています。しかし原子力発電には、たとえば研究開発費だけで年間2000億円、また地元対策費や様々な組織の費用がかかり、その上、放射性廃棄物の処理場を約2兆1000億円かけて青森県につくっています[69]。今後とも被災地の1日も早い復興・復旧のために多額の費用をかける必要があります。

11. 被曝限度基準を年間1mSvから唐突に20mSvに引き上げました。将来の日本人の健康だけでなく、国際的な約束に違反したわけですから、どのような影響がおよぶか、今後の日本のあり方を考える上で重要です。最悪の場合には、日本の子供のガンが増えることがわかると、その影響が輸出や観光産業などにも出てくると覚悟しておく必要がありそうです。

> 12. 日本は政府自体が「原発は安全だけれども危険」という複雑な論理を
> 展開しています。東京で使う電気を、原発が危険だからといって遠くに
> つくり、長い送電線を引き、その地方にお金を落とすというやりかたで
> は近代国家の品格が問われるのではないでしょうか。

　日本でなぜ原発が爆発したのか。この事態をなぜ予測できなかったのか。
この点を最も真剣に考える必要がある。住民をどのように避難させるのか、
そのときどのような服装が望ましいのか、住民が避難したあと、その地域を
どうするのか、など何も決まっていなかった。幸い、西風であったので、日
本人の生命が奪われることはなかった。しかし福島の人はずいぶん被曝して
いると考えられる。政府の無策で被曝したわけで、これは明らかに人災だと
いわれても弁解の余地はないと思われる。

　危険を予想し、保護者とも話し合いをしておく必要があったが、教育関係
者は何もしていなかった。単に「危険」と口でいっているだけでは危機管
理にはならない[70]。原発が存在する限り、今でも同じである。保育所や幼稚
園、学校は子供を守らなければならない場所である。原発が爆発したとき、
どうするかも重要な検討課題になる[71]。

　地震によって福島原発が爆発したが、日本の原子力発電所について多くの
こと、まだ人類は大地震に耐える原発をつくることができないことが明らか
になった。「津波がきた、予想外のことであった」のではない。世界中で原
発は2016（平成28）年現在、約434基、日本は43基で、アメリカ、フラ
ンスに次いで第3位である。

　巨大地震多発地帯に建てられているのは日本の原発だけである。ほかの国
では、日本のようにプレート型の巨大地震にみまわれることのない地質構
造のところにある。（他は地震や津波が起こりにくいところに建てられてい
る[72]。）

　「安全」というのであれば、本当は東京や大阪の近くに原子力発電所をつ
くるべきである。非常に効率的で、優秀な技術者も集めやすいなど、多くの

点で有利である。電力の大消費地の東京の電気を新潟の柏崎市でつくっている。「安全です」といいながら、人のあまり住んでいない、いわゆる僻地に多額の「危険手当」ともいわれる交付金を出して、原発は建てられている。大都市の近くでは国民の賛成が得られないからである。

　フランスではパリを流れるセーヌ川の上流に2基、ワインの産地であるロワール川の上流に20基と、日本では考えられない場所に建てられている。日本のように「原発は安全」という神話に頼っていないからである[73]。

　今回の事故で、事故の補償などを入れると、原子力発電所の電気代は石油火力、石炭火力より高くついていることがはっきりした。現在の発電コストは原子力発電所のほうが1KW/h当たり5円も安いといわれている。しかし原子力発電には、たとえば研究開発費、また地元対策費などの費用がかかり、放射性廃棄物の処理場を約2兆1000億円かけて青森県につくっている[74]。今後とも被災地の1日も早い復興・復旧のために多額の費用が必要となる。

　前述のとおり、被曝限度基準を年間1mSvから唐突に20mSvに引き上げた。将来の日本人の健康だけでなく、今後の日本のあり方を考える上で重要である。最悪の場合には、日本の子供のガンが増えることがわかると、その影響が輸出や観光産業などにも出てくると覚悟しておく必要がある。日本は政府自体が「原発は安全だけれども危険」という複雑な論理を展開している。東京で使う電気を、原発が危険だからといって遠くにつくり、長い送電線を引き、その地方にお金を落とすというやりかたは、今後、通用するであろうか。

4－7．原発の恐怖と管理

　2007（平成19）年の新潟県中越沖地震による震度6の地震で、柏崎刈羽原発は損傷し、運転できなくなった。東日本大震災では運転中の東通、女

川、福島第一、第二、東海第二の発電所がすべて自動停止し、このうち４ヵ所の発電所が電源を失い、そのうち１ヵ所が爆発した。これまで原発の事故はチェルノブイリやスリーマイル島のように、「実験中か大きな運転ミスが続いたとき」だけに起こっており、「装置上の問題で大事故を起こした」原発はない[75]。

　福島第一原発は水素爆発を起こし、放射性物質を大気中に発散させた。その影響によって原子炉から半径20km以内の住民に避難指示が出され、４月22日には警戒区域として立ち入り禁止になった。そして20〜30km圏内の住民は屋内退避となった。当該地域の方々は家を出て、離れた避難所での生活を余儀なくされた。避難はどれだけの期間続くのか誰にもわからない。その上、避難指示が出た以上、震災の後片づけや復旧だけでなく、被災者の救助、遺体の収容さえままならないことを意味する[76]。精神的苦痛は計り知れない。

　フランスは消費電力の75％を国内の58基の原発に依存している。「安全神話」に頼らず、いざというときには、「逃げる」、「ヨウ素剤を飲む」など身を守る備えをしている。国も企業も事故を想定した備えをしている[77]ように思われる。

　あれほど大きな事故が起きても、原発所在地の市町村は原子力発電所が安全か危険かという議論をすることなく、損得だけを考え、再稼働をするという。「大人が事実をみる勇気がないために子供が被害をうけることになる」という見本である。お年寄りとは違い、今の赤ちゃんは平均寿命80歳だから、今後80年の間に大地震がきたら終わりなのである。お金の魔力は思考力すら失わせるのであろうか。

　放射線の管理、被曝管理をどのように行なうかが、今後、大きな問題になると、武田邦彦は次のように指摘している[78]。

　　今回、福島原発から漏れた量が80京ベクレルと非常に多いということである。スリーマイル島原発事故の30万倍、新潟の柏崎刈羽原発事故の

約30億倍である。これを日本人1人当たりの量になおすと80億ベクレルになる。問題ないとされるベクレル数は数百万ベクレルが限度である。単純にいうと、もしも福島第一原発から漏れた放射性物質が均等に日本人ひとりひとりの上に降ってきたとすれば、日本人は間違いなく全員死んでしまうという量に相当する。

　外国との関係である。日本国内では3月11日以来、被曝限度が1年1mSvではなく、1年20mSvでも良いとされ、かなりルーズな放射線管理がなされている。しかしこれは国際的に決められた基準と諸外国との約束に反する。何かを輸出する際、当該商品が安全だという証明書が必要となる。

さらにつけ加えれば、原発の収束にどれくらいの金額が必要であろうか。大きな原子炉を処理するためにはコンクリートで固めてしまう必要がある。炉の処理が終わっても、周囲に広がった放射能汚染は残る。放射性物質が自然消滅するのを待つとすれば、完全に消えるのには何億年もかかる。

　このように、今回の原発を被曝という面からみると、その影響は人体への影響にとどまらない。事故直後の避難、通報、避難の方法、汚染されたものの基準、暫定基準や臨時法の制定、また国土に放出された膨大な量の放射性物質をどうするか、さらには外国との関係をどうするか、にまで波及する。多くの課題が残されたままであるということである。

　広範囲にわたって国土が被曝してしまった。「福島」で何が起こっているのか、だれも説明できないのではないか。国の規制値は信用できるのか。やはりあくまでもゼロベクレルを目指さなければならないことはもちろんである。20年後、ガンが多発したときはもう手遅れである。そしていつ故郷へ帰ることができるかわからない人々がたくさんいる。いつこの事態は収束するのか、明確に答えられる人はいないのではないか。記者会見での発表は慰みにすぎないのではないか。

　事故を起こしてしまったが最後、日本が倒産するくらいのお金を使っても

もとの状態に戻せないと思われる。今後、原発の敷地の周りには、数十年間、人間は住めないと覚悟しておいたほうが良いであろう。原発は事故が起きれば、人間の手には負えないということである。今回のことは、「国はあてにするな!　自分の身は自分で守れ(子供とともに)」ということを、国が国民に暗示していると思われてならない。

　日本は「福島原発事故」が収束していない段階で、「外貨獲得」の名の下に、トルコ、ベトナム、ヨルダンなどの国々へ原発を輸出、またこれらの国々は事故を起こした日本の原発を導入する契約を下記のような条件[79]で結んでいる。

① 売り込んだ原発の放射性廃棄物は、日本が全部引き受ける。
② 海外で、日本の売った原発が事故を起こした場合、その費用はすべて日本国民の税金から支払う。

　事故のリスクと最終処分を一切無視できるなら、原発ほど安価なエネルギー源はない。多くの国では、製造メーカーが製造物の全責任を負うことが規定されているが、日本の法律(製造物責任法)は、原発を輸出する場合には、輸出者がリスクを負担するようにつくられている[80]。今回の福島第一原発は、アメリカのゼネラル・エレクトリックなどが中心となって建設された。この例外規定によって、一切の責任を免れている。

4-8. 福島原発事故の現実

　「2015 FUKUSHIMA Report(2015年福島レポート)」によれば、2015(平成27)年4月現在、日本では、3200万人の人々がその影響をうけていると、伝えている。原発事故による避難者総数は、40万人を超え、このうち16万人が福島第一原発の半径20km以内からの避難である。原発事故に

起因するストレスや疲労、避難者としての暮らしの苦難を原因とした死亡者数は、約700人と推定されている。

　同報告書は、東京電力の算定を引用して、福島原発事故で大気中に放出された放射性物質の総量（ヨウ素131、セシウム134, 137および希ガス）は、チェルノブイリ事故での放出量の15%未満と推測している。しかし「放射線の影響をうけた人数は、チェルノブイリに比べて、3倍になっている」と伝えている。同原発から、放出された放射線の大部分は、日本と太平洋上に集中し、放出された放射線のうち、80%が海に沈着、残り20%のほとんどが、福島県内の原子力発電所の北西半径50km以内に分散したという推測を引用している。

　2015（平成27）年9月現在で、151人の子供たちが子供の甲状腺ガンになるという異常事態になっている。手術を終えた116人中、良性結節であったのは、わずか1人にすぎず、112人が乳頭ガン、3人が低分化ガンとの診断であった。「悪性または悪性の疑い」のうち99%は、小児甲状腺ガンであった[81]。男女比でみると、2011（平成23）年、女性：男性＝67%：33%、2012（平成24）年63：37、2013（平成25）年71：29、2014（平成26）年60：40、2015（平成27）年45：55となっている。2017（平成29）年2月20日に公表された最新の福島県民調査報告書によれば、福島県の小児甲状腺ガンおよび疑いのある子供たちは、3ヵ月前、前回の183人から1人増えて合計184人、2018（平成30）年12月現在で206人に増加している。今回の調査で、男の子の甲状腺ガン患者数が急増したと考えられる。

　チェルノブイリでは、原発事故から1〜3年までの3年分の患者数は、原発事故当時10歳以上であった子供たちに甲状腺ガンが多かったが、事故から4年後には、事故当時9歳以下であった子供の発病が急増した。福島の今後が懸念される。

　「風評被害」であるが、国内で食べられている、食品の輸入を停止、または証明書を要求している国と都市が、2012（平成24）年9月5日現在、43ヵ

国もあった。特に福島、群馬、栃木、茨城、千葉の農産物の汚染レベルは、世界中で危険視されている。「日本のすべての食品、または一部の食品の輸入を停止している国（輸入停止というもっとも厳しい措置をとっている国）」のみを記載すれば、次の通りとなる（2019〈令和元〉年12月現在[82]）。

中国　福島、群馬、栃木、茨城、宮城、長野、埼玉、東京、千葉（全食品＋飼料）
　　　新潟（米を除く食品＋飼料）
台湾　福島、群馬、栃木、茨城、千葉（全食品、酒類を除く）
香港　福島（野菜、果物、牛乳、乳飲料、粉乳）
シンガポール
　　　福島（林産物、水産物）
　　　福島原発周辺の7市町村（全食品）
マカオ
　　　福島（野菜、果物、乳製品、食肉・食肉加工品、卵、水産物・水産加工品）
韓国　福島（ほうれん草、米、アユ、ウナギを含め計20食品＋飼料、全水産物）
　　　群馬（ほうれん草、かきな、茶、飼料、全水産物）
　　　栃木（ほうれん草、きのこ類、茶、イワナを含め計12食品＋飼料、全水産物）
　　　茨城（ほうれん草、きのこ類、茶、原乳を含め計8食品＋飼料、全水産物）
　　　宮城（きのこ類、たけのこ、大豆、米を含め計9食品、全水産物）。
　　　千葉（ほうれん草、かきな類、きのこ類、たけのこ、茶、全水産物）
　　　神奈川（茶）
　　　岩手（きのこ類、わらび、たけのこ、そばを含め計8食品、全水産物）

青森（きのこ類、全水産物）

アメリカ

　　福島（米、ほうれん草、原乳、わらびを含め計多くの食品）

　　栃木（茶、シカ肉製品、タケノコ、ぜんまいを含む計13食品）

　　岩手（シカ肉、タケノコ、わらび、イワナを含め計14食品）

　　宮城（同上の食品を含め計13食品）

　　茨城（茶、シイタケ、タケノコ、ウナギを含め計6食品）

　　千葉（シイタケ、タケノコを含め5食品）など

　放射性ヨウ素は、半減期が8日と短いため、8日で2分の1、16日で4分の1、24日で8分の1──短期間で半減を繰り返し今ではもう計測できない放射能汚染となっている。しかし、計測は不可能になってしまったにもかかわらず、福島原発事故当時の放射性ヨウ素の放射能汚染地図の真実を求める研究者・機関や大学は、後を絶たない。チェルノブイリ原発事故でIAEA（国際原子力機関）やWHO（世界保健機関）が唯一認めた健康被害が子供たちの甲状腺ガンであり、その原因と考えられるのが放射性ヨウ素131だからである。福島原発事故でも、福島県民健康調査の結果、みつかった子供たちの小児甲状腺ガンについて、ヨウ素131が原因ではないかと疑われているからである。

──註──

1　斎藤勝裕『知っておきたい放射能の基礎知識』ソフトバンククリエイティブ、2011年、171〜172ページ。

2　同上、200ページ。

3　別冊宝島編集部『放射能の本当の話』宝島社、2001年、22ページ。

4　武田邦彦『原発事故とこの国の教育』ななみ書房、2013 年、55 ページ。

5　同上。

6　同上、84 ページ。前掲 別冊宝島編集部『放射能の本当の話』24 〜 25 ページ。

7　前掲 武田『原発事故とこの国の教育』36 〜 37 ページ、前掲 別冊宝島編集部『放射能の本当の話』45 ページ。

8　前掲 武田『原発事故とこの国の教育』33 〜 34 ページ。

9　同上、31 ページ。

10　前掲 斎藤『知っておきたい放射能の基礎知識』171 〜 172 ページ。

11　同上、200 ページ。

12　前掲 別冊宝島編集部『放射能の本当の話』22 ページ。

13　前掲 武田『原発事故とこの国の教育』55 ページ。

14　同上。

15　同上、57 ページ、原子力資料情報室 HP「ストロンチウム -90、ヨウ素 -131」。

16　前掲 武田『原発事故とこの国の教育』55 ページ。

17　「放射能の健康被害、何が本当に危険なのか」HP。

18　「こども健康倶楽部」HP ヨウ素過剰摂取の危険性。

19　前掲 武田『原発事故とこの国の教育』84 ページ、前掲 別冊宝島編集部『放射能の本当の話』24 〜 25 ページ。

20　前掲 武田『原発事故とこの国の教育』36 〜 37 ページ、前掲 別冊宝島編集部『放射能の本当の話』45 ページ。

21　同上、36 〜 37 ページ。

22　同上、33 〜 34 ページ。

23　前掲 武田『原発事故とこの国の教育』33 〜 34 ページ。

24　前掲 別冊宝島編集部『放射能の本当の話』32 〜 33 ページ

25　同上、30 ページ。

26　同上、31 ページ。

27　別冊宝島編集部『世界一わかりやすい放射能の本当の話　完全対策編』宝島社、2011 年、44 ページ。

28　武田邦彦『放射能列島　日本でこれから起きること』朝日新聞出版、2011 年、74 ページ。

29　前掲 別冊宝島編集部『放射能の本当の話』48 〜 49 ページ。

30　前掲 武田『原発事故とこの国の教育』87 ページ。

31　前掲 別冊宝島編集部『放射能の本当の話』83 ページ。

32　前掲 斎藤『知っておきたい放射能の基礎知識』191 〜 192 ページ。

33　前掲 武田『原発事故とこの国の教育』48 ページ。

34　馬場朝子・山内太郎『低線量汚染地域からの報告』NHK 出版、2012 年、38 ページ。

35　前掲 武田『原発事故とこの国の教育』158 ページ。

36　前掲 馬場・山内『低線量汚染地域からの報告』56 ページ。

37　同上、25 ページ。

38　前掲 武田『原発事故とこの国の教育』148 〜 149 ページ。

39　前掲 馬場・山内『低線量汚染地域からの報告』38 ページ。

40　同上、82 ページ。

41　同上　30 ページ

42　前掲 別冊宝島編集部『放射能の本当の話』　30 ページ。

43　柳沢桂子『いのちと放射能』ちくま書房、2007 年、70 ページ。

44　前掲 別冊宝島編集部『世界一わかりやすい放射能の本当の話　完全対策編』44 ページ。

45　前掲 柳沢『いのちと放射能』58 〜 59 ページ

46　前掲 別冊宝島編集部『放射能の本当の話』48 〜 49 ページ。

47　前掲 武田『放射能列島　日本でこれから起きること』74 ページ。

48　前掲 武田『原発事故とこの国の教育』87 ページ。

49　前掲 別冊宝島編集部『放射能の本当の話』83 ページ。

50　同上、57 ページ、原子力資料情報室 HP「ストロンチウム -90、ヨウ素 -131」。

51　厚生労働省食品安全部 HP「食品中の放射性物質の新たなる基準値について」。

52　小出裕章『原発はいらない』幻冬舎新書、2011 年、25 ページ。

53　同上。

54　「これが現実、年間 20mSv の被爆限度に問題はないか？」HP。

55　前掲 武田『原発事故とこの国の教育』48 ページ。

56　馬場朝子・山内太郎『低線量汚染地域からの報告』NHK 出版、2012 年、38 ページ。

57　前掲 武田『原発事故とこの国の教育』158 ページ。

58　前掲 馬場・山内『低線量汚染地域からの報告』56 ページ。

59　前掲 武田『原発事故とこの国の教育』148 〜 149 ページ。

60　同上、52 ページ。

61　前掲 別冊宝島編集部『放射能の本当の話』46 ページ。

62　同上、61 ページ。

63　前掲 武田『原発事故とこの国の教育』156 ページ。

64　前掲 馬場・山内『低線量汚染地域からの報告』83 ページ。

65　前掲 武田『原発事故とこの国の教育』46 ページ。

66　同上、94 ページ。

67　同上、146 ページ。

68　ニューズウィーク日本語版編集部 HP（2011.4.24）。

69　前掲 武田『放射能列島　日本でこれから起きること』51 ページ。

70　前掲 武田『原発事故とこの国の教育』46 ページ。

71　同上、94 ページ。

72　同上、146 ページ。

73　ニューズウィーク日本語版編集部 HP（2011.4.24）。

74　前掲 武田『放射能列島　日本でこれから起きること』51 ページ。

75　同上、24 〜 25 ページ。

76　前掲 斎藤『知っておきたい放射能の基礎知識』188 ページ。

77　前掲 ニューズウィーク日本語版編集部 HP。

78　前掲 武田『原発事故とこの国の教育』92、94 ページ。

79　NEVER HP、1 ページ。

80　同上、3 ページ。

81　同上。

82　外務省 HP。

第5章　食料の輸入大国日本の現実

5－1．食生活の変化と輸入食品の増加

　国民の食生活はどのように変化し、どのような消費構造になったのでしょうか。

　どのような問題が起きているのでしょうか。

　どうすればよいのでしょうか。

1．経済成長とともに日本人の食生活は大きく変化しました。1987（昭和62）年には、穀物が主食から副食へと変化し、肥満体の人が多くなってきました。

2．1963（昭和38）年には、コメ類が19.2％と食料消費額全体の約20％を占めて首位でしたが、1980（昭和55）年には8.1％と急減し、2011（平成23）年には2.9％とさらに減少しました。これに対して、「調理食品（弁当類・調理パン・その他の主食的調理品とサラダ・コロッケ・カツレツなどの各種惣菜、冷凍調理食品など）」や「外食（喫茶・飲酒代を含む一般外食と学校給食との合計）」は、1963年には、それぞれ3.0％、7.0％と低い水準でしたが、2011年には、「外食」は20.6％と増加して首位となり、「調理食品」も12.1％と著しく増加しました[1]。

3．日本人の「食」は洋風化し、外部依存化、簡便化、インスタント化しています。これを主に支えているのが輸入食品です。加工食品、外食産業の食材も同じです。輸入食品なしに食卓は成り立ちません。食料の海

外依存は食の安全を脅かす要因になっています。国産と輸入ものではどちらの食品が安全でしょうか。
4．風土に育まれた伝統的な料理や食事の知恵から切り離された「現代的」な食生活は自分の健康だけでなく、地球の資源、環境にも大きな負担をかけています。

I）食生活の変化と主食の多様化

　経済成長とともに日本人の食生活は大きく変化した。これは主食飼料の1人当たり量を示したグラフ（図5−1）から明らかである。1960〜1980年の20年間に、「たくあんポリポリかじりながら、みそ汁で飯を食う」という形から肉類、牛乳・乳製品などの畜産品を中心とする「洋風化・高度化」された形へと大きく変化した。

図5−1：主食飼料の1人当たり量

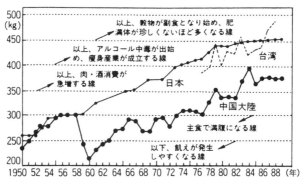

（日本消費者連盟編『飽食日本とアジア』13ページ）

　「戦後の食糧難、コメが入手できず、代用食で命をつなぐ時代から、1956（昭和31）年には主食で満腹するラインに、1965（昭和40）年の経済成長期には肉・酒の消費が急増するラインに、1974（昭和49）年にはアルコール中毒が出はじめ、痩身産業が成立するラインに達した。1987（昭和62）

年には、穀物が主食から副食となりはじめ、肥満体が多くなるラインに突入」[2]した。

　FAO（国連食料農業機関）は、1人1日当たり2400〜2500kcalを必要熱量摂取量の目安にしている。日本の2005年度の熱量摂取量は2837kcal、またたんぱく質の供給量は約91.5gと、欧米の水準に近づいている。しかし、たとえばインドは58.8gなどとなっており、特にインドでは総たんぱく質摂取量に占める動物性たんぱく質の割合が日本の56.4％に対して18.4％と低く、一般に摂取量は経済力の強い国に偏在していることを示している。高度経済成長期以後の消費者の食生活での驚異的な変貌は、「世帯員1人当たりの食料消費の推移（品目別）」から明らかである（表5−1）。

表5−1：世帯員1人当たりの食料消費額の推移（品目別）

(単位：円、％)

	昭38（1963）	昭55（1980）	平23（2011）
食　料　計	45,431（100）	227,066（100）	310,251（99.9）
米　　類	8,746（19.2）	18,336（8.1）	9,104（2.9）
パン・めん・他	1,955（4.3）	10,821（4.8）	17,386（5.6）
魚　介　類	5,293（11.6）	31,810（14.0）	26,089（8.4）
肉　　類	3,532（7.8）	24,112（10.6）	24,450（7.9）
乳　卵　類	3,410（7.5）	11,540（5.1）	13,091（4.2）
野菜・海草	5,727（12.6）	28,213（12.4）	33,372（10.8）
果　　物	2,443（5.4）	11,990（5.3）	12,593（4.1）
油脂・調味料	3,010（6.6）	9,562（4.2）	13,268（4.3）
菓　子　類	3,360（7.4）	16,734（7.4）	26,451（8.5）
調　理　食　品	1,377（3.0）	12,660（5.6）	37,397（12.1）
飲　　料	1,138（2.5）	8,695（3.8）	18,117（5.8）
酒　　類	2,345（5.2）	11,184（4.9）	14,809（4.8）
外　　食	3,196（7.0）	31,409（13.8）	63,835（20.6）

(資料) 総務省「家計調査年報」(各年版)
(注) 1　世帯当たりの消費額を世帯員数で除した値である。
　　　2　（　）内は、食料計を100とした構成比（％）である。
　　　3　平成23年に関しては賄い費（0.1％）を除外した。

1960（昭和35）年には年間の国民1人当たりのコメ消費量は約110kgであったが、50年後の2010（平成22）年には59.5kgに減少し、逆に牛乳・乳製品は約20kgから236.7kgに、肉類は5.0kgから79.8kgへと約16倍に、油脂類も5.0kgから36.9kgへと増加した[3]。このような食生活の「洋風化・高度化」が生鮮食品だけではなく、たとえば畜産品の場合にはハムやソーセージ、ベーコン、牛乳・乳製品などの加工食品の消費が急増するという形でも進行した。

　表5－1は、各家庭で「調理食品」や「外食」といった形での食料消費が著しく増加したこと、つまり食の「簡便化・外部依存化・サービス化」を示している。これは余暇時間の増大に伴う生活意識の変化、所得水準の向上、女性の社会進出、さらに共稼ぎ世帯と単身者世帯の増加などによって外食の機会が増加し、時間節約型の消費が増加したために各家庭の外食と調理食品の消費が急増した[4]というのが主たる理由である。たしかに1980（昭和55）年代に入り、大幅な貿易黒字に対する諸外国からの批判が高まり、輸入制限が緩和されたことも背景にはある。しかし基本的には食生活パターンの大きな変化は国民が自らの意思で選択した結果でもある。これら社会状況の変化は食環境を変え、食の安全に影響をおよぼすことになった。

　食生活の「外部依存化・簡便化」が衣食住関連の家事労働の中でも最も複雑かつ創造的な「調理労働」の調達方式を変えたこと、つまり家庭内給＝自給中心から家庭外給＝購入中心へと移行させたことを意味している。この結果、ファミリーレストラン、ファストフード店などの外食産業の市場規模は23兆円となっている。

　1年365日24時間、盆も正月も深夜でも開いている店があり、お金さえ出せば好きな食べ物をいつでも入手できる。このように「便利な」国は世界のどこにもない。おにぎりを買うために、どうして24時間こうこうと蛍光灯の輝くコンビニエンスストアが必要なのであろうか。消費者は食べたいときに好物の「梅」おにぎりがないとダメ、「おかか」や「昆布」ではがまんできないという。このような「消費者ニーズ」、つまり消費者の「利便性

（コンビニエンス）」にこたえるため、コンビニエンスストアやスーパーマーケットは１日に何度も配送している。このために費やされるエネルギーと環境に与える負荷は欠品を回避し、顧客を失わないためには大したことはないということなのであろう。そのような「消費者ニーズ」は本当に尊重すべきであろうか。

　表５－２は代表的な料理と食料自給率である。かつて主食といえばご飯であった。日本固有の食文化を捨てて以来、主食は多様化した。食パン、菓子パン、ラーメン、パスタ、ピザ、グラタン、焼きそば、お好み焼きなど選択肢が増加した。しかし素材そのものは小麦粉と油脂、砂糖を組み合わせたものばかりで、「食材の種類」は決して増えていないことを記憶しておくことが必要もある。食事の欧米化は食材の輸入依存を意味している。

表５－２：料理別輸入食材の割合

料理名	自給率（%）
ピザ	18
みそ汁（豆腐・油揚げ）	26
かつ丼	51
ざるそば	20
ぶりの照り焼き	96
ナポリタン	16
カレーライス	57
スパゲッティナポリタン	16
チャーハン	37
肉じゃが	29
かけうどん	27
ハンバーグ	13
天ぷら	22
サバのみそ煮	82

（食料問題研究会『図解　日本食料マップ』2012 年、23 ページ）

　学校給食は自校方式から民間委託やセンター方式に変わるとともに、材料

の調達や調理方法が外食産業とほとんど変わらないものとなっている。その結果、食材は加工・冷凍食品の使用が増え、化学調味料、肉に偏った献立が多用されている。たとえば大きさが違うと給食中にトラブルが起こるかもしれないため、フライ用の安価なエビを剥皮し尻尾を除去して身の部分だけをとり、何匹分かの身を集めて「型」にはめて冷凍し、除去した尻尾をさしこみ、フライにして同じ形状のエビフライに仕上げている。手間と時間のかかる生鮮食品、たとえば魚介類や野菜はあまり使用しないという問題が起きており、日本の伝統的な食文化を取り入れた食事や郷土の新鮮な産物を使用する学校給食はほとんどないのが実情である。

　厚生労働省が指導する栄養素の摂取量を満たすために和食でも洋食でも中華でもない、そのすべてでもあるというような学校給食の献立になっている。特に重視されているのがカロリー、たんぱく質、カルシウムで、「栄養バランス」とはこの３つへの偏重であり、鉄分、食物繊維は基準を満たしていないという。ご飯にみそ汁ではなく牛乳というアンバランスな献立はどう考えても奇異である。牛乳を飲まない生徒が多いということをよく耳にする。母乳は人間の赤ん坊は飲むが、大人も他の動物も飲まない。牛乳は仔牛が飲むのがふつうである。生徒に無理に飲ませる必要はないのではないか。飲まなくとも死ぬことはない。

　企業の経営が悪化したときには、よほど監視していなければ質の悪い材料が使われる可能性が大きくなる。何よりも子供たちの食はつくる人と食べる子供がお互いに顔のみえる距離にありたいものである。

　小麦・大豆・トウモロコシ（アメリカ３品）の輸入が停滞している中で、特徴的なことはこれまで相対的に国内自給率の高かった果実、肉類、水産物などの品目の輸入量が急増していることである。国内消費量のうち輸入品が占める割合（＝輸入品占有率）は果実61.0％、肉類50.0％、魚介類48.0％となっている[5]。特に同規格の大量の食材を安定的に、しかも安価に確保しなければならないため外国産に比べて割高で、季節性があり、年間一定量を確保することが難しい国内産を、外食産業が敬遠するのは当然である。「食」

の高級化、ぜいたく化を物語る肉類やエビを中心とする魚介類が全消費量に占める輸入の比重は極めて高くなってきている。またペットフードの輸入量も増加し、高級化してマグロ、エビ、チキンなどがその原料として使われている。

５−２．食卓を占領する輸入食品の不安

　国産と輸入品、どちらの食品が安全でしょうか。
　フード・マイレージとは何でしょうか。どのようなことがわかるのでしょうか。
　ロス大国日本、これまでの「もったいない」の精神は、どこに置き忘れてしまったのでしょうか。

1．日本は今や世界一の食料輸入大国となり、居ながらにして季節を問わず、世界の様々な味覚を楽しむことができるようになりました。国民は「食における幅広い選択の自由」を手にしました。しかしこの自由の享有は食生活にプラスであったでしょうか。

2．食料の大量輸入によって農薬汚染、食品添加物の危険性にさらされています。身体に危険な農薬を使うのはなぜでしょうか。

3．アジアはアメリカに匹敵する日本の食料供給地となっています。その中心は中国、タイ、インドネシアなどで、日本の食卓は『Made in Asia』で彩られています。日本人の食生活はますます多国籍化し、国籍不明の食品が氾濫しています。どうしてこのような国になってしまったのでしょう。輸入量が増加すれば輸送距離は増大し、炭酸ガスの排出量も増え、環境が悪化するのではないでしょうか。

4．輸送量に輸送距離をかけ合わせるだけで簡単に計算することができ、炭酸ガスの排出量も求められるフード・マイレージという指標が考案さ

れています。計算された数値から様々な特色を知ることができます。

5. 一般家庭から捨てられる食料ゴミは、年間少なくとも 1000 万トン以上にのぼると推計されています。毎日、発展途上国で飢えている 4 万人相当分の食料を捨てているということでもあります。発展途上国では年間 500 万人を上回る子供が飢えで死亡しています。

Ⅱ）輸入農産物の激増

　2010（平成 22）年の統計によると、日本は現在、世界第一の農産物純輸入国で、金額にして年間 6 兆 5000 億円を上回る食料品を輸入している。このうち水産物に関しては、かつて世界最大の輸出国であったが、200 カイリ（1 カイリ＝ 1852m）時代の到来で漁業の国際環境が変化したこと、乱獲によって日本近海の資源が枯渇したこと、「食」の高級化などによって、1977（昭和 52）年以降、水産物輸入額で世界全体の約 26％を占める世界最大の輸入国となり、とる漁業から買う漁業へと変化した。このように 1 億 2700 万人の恵まれた消費者が動物性たんぱく質の半分を魚介類からとっている日本は、国際市場で大きな力をもち、近年、ますます自国の漁獲量を減らし、一方で輸入量を増やし続けている。

　肉類の輸入も 1980（昭和 55）年の 73 万 8000 トンから 2016（平成 28）年の 293 万トンと 30 年間で約 4 倍になっている。牛肉は 1980 年には 17 万 2000 トンであったが、2016 年には国産牛肉の量を上回る 57 万トン、鶏肉も約 57 万トンが輸入された[6]。ハム・ソーセージなどの食肉加工用の原料としても豚肉を中心に輸入量が増加している。

　野菜はタマネギ、カボチャ、キャベツ、ジャガイモ、サヤエンドウ、アスパラガス、枝豆などの主要品目を含め、約 130 種が輸入されている。生鮮野菜の輸入量は 80.7 万トン、「乾燥野菜」13.6 万トン、「冷凍野菜」79.5 万トンなど合計 291 万トンとなっている。

　特に果実は国内生産の減少、つまり自給率を急減させながら輸入量が急増した。2017（平成 29）年の輸入量は 249 万トンとなっている。果実の輸

入はバナナ 98.6 万トン、グレープフルーツ 9.8 万トンなどである。「生鮮」、「加工食品」を問わず、輸入の自由化によって果実の輸入も増加している。

　日本の食料品の総輸入額のうち第1位は中国からで、21.5% を占め、2 位はアメリカからである。アジアはアメリカに匹敵する日本の食料供給地となっている。輸入先として上位から韓国、タイ、ベトナム、インドネシアで、日本の食卓は『Made in Asia』で彩られている。毎日飲食しているもののうち、自信をもって国産品であるといえる食品はどれくらいあるであろうか。食品加工メーカーは労賃の安い中国へ相次いで進出しており、最近、アンコウ、ゴボウといった生鮮食品からロールキャベツ、まぜご飯、ビスケットなどの加工・冷凍食品に至るまで、日本の「食」の中国依存が急速に進んでいる。

　食生活が豊かになるとともに大量生産、低価格化がはかられ、種々の加工食品が市販されている。また家庭での調理の簡便化、外食の増加とともに調理に時間を必要としない加工食品への要望が高まり、その生産高も急増している。そのため様々な農薬や食品の変質を防止するための保存料、酸化防止剤をはじめとした種々の食品添加物が使用されている。

　便利で美味しく安価な食材であふれる「豊かな」食生活を、消費者は享受している。これを支えているのは 3400 万トンを超える輸入食品である。しかし食の汚染が多発している。食の安全は国内の食環境だけで保証されるわけではない。食料を世界に求める以上、輸出国の環境に常に注目していなければ、国民の食の安全を守ることはできない。消費者は輸出国の食環境を知ることなく、また知ることができないという状況の中で大量に輸入しているのである。

　見事に盛り付けられた美しい日本料理も、食肉、魚介類、穀類、豆類など、その原料のほとんどは外国産で、輸入量は激増している。季節の味、地域の味が失われ、味が画一化している。長寿を支えてきた日本の伝統的食文化を放棄して、消費者は飽食と市場原理で、健全な食生活を実現できると錯覚しているのではないか。

食料グループ別に、2017（平成 29）年の輸入額[7]をみると、魚介類が第 1 位で 1 兆 6400 億円と多く、そのうち輸入額第 1 位はサケ・マスで、エビは第 2 位となった。エビは主としてベトナム、インドなどから輸入されている。第 1 位のサケ・マス（生鮮・冷凍）はチリ、ノルウェーが二大輸入先である。次いでマグロなどが輸入されている。

　第 2 位の肉類は輸入額 1 兆 4813 億円に達し、牛肉の輸入が増加し続けており、量的にはオーストラリアからが首位である。豚肉の輸入はアメリカ、カナダが二大輸入先で、鶏肉はブラジル、タイが主たる輸入先となっている。第 3 位は穀類で、トウモロコシが単一の食料では最も輸入量が多い。第 4 位が加工食品、第 5 位が果実、次いで野菜の順となっている[8]。

　毎日飲食しているもののうち自信をもって国産品であるといえる食品はどれくらいあるであろうか。三度の食事のうち、朝食の原料の故郷をたどってみるだけで明白である[9]。朝食をパン食にすれば、パンの原料である小麦は 85％が輸入品（主たる輸入国：アメリカ、オーストラリア、カナダ）、コーヒーは全量（ブラジル、ベトナム）、砂糖は 68.0％が輸入品（タイ、オーストラリア）、卵や牛乳は国産であるが、飼料にまでさかのぼると 90.0％が輸入飼料、デザートがグレープフルーツであれば全量輸入（アメリカ）、野菜とオレンジジュースは国産かもしれないが、こうしてみると朝食の原料のほとんどは輸入品の可能性が大きいことがわかる。

　和食にすれば、コメとノリとネギが国産で、焼き魚のアジ、梅干し、漬物も国産品が主流であるが、みそ汁のみそ、豆腐の原料である大豆はほとんどが輸入品、アサリは 60.0％（中国、韓国）輸入品である。朝・昼・夕食に何を食べ、何を飲んだか記録してみてはどうであろうか。

　1971（昭和 46）年に誕生した、湯を注ぐだけで食べられる便利な日本を代表する食べ物？＝カップ麺だが、一食百数十円のこの小さなカップのなかには世界各地から調達された食材が結集している（当然、様々な環境問題が結集していることになる[10]）。これはカップとフォークで食べるファッション性を売り物とするカップヌードル、世界で最初のカップ麺である（図 5

－ 2)。

　2017（平成 29）年には、日本における年間生産高は約 39.8 億食（世界の消費量 1036 億食）、1 人当たり年間 30 食も食べていることになる。カップ麺の主原料は小麦であるが、日本は小麦の約 90％を輸入（輸入の約半分がアメリカから）している。輸入小麦には生産の際だけでなく、収穫後にも農薬が使用されており、残留農薬への注意が必要である。

図 5 － 2：日本を代表する食べ物？

かやく（具材）

世界各地から調達した食材を、彩りや栄養が損なわれないようにフリーズドライ*させてつくる。

エビ……インド
ネギ……中国
豚肉……国内、北米
卵………北米、国内

*フリーズドライ＝食品を瞬間冷凍したあとに、真空に近い状態にして乾燥する。

麺

小麦粉を主原料にし、油で揚げている。カップの底部に空洞があり、お湯が麺全体に回りやすいように工夫されている。

小麦粉……北米、オーストラリア
フライ油……マレーシア

発泡ポリスチレン容器

耐熱性と断熱性が高く、手に持っても熱くない。

（どこからどこへ研究会『地球買いモノ白書』コモンズ、2003 年、26 ページ）

Ⅲ）フード・マイレージ[11]

　農林水産省は 1994（平成 6）年のイギリスのフードマイルズ運動には

じまる、食料のフード・マイレージ（食料の輸送量・距離）（単位：トン・km）＝食料の輸送量（重量トン）×輸送距離（km）を計算している。これは食料の輸送量と輸送距離を総合的・定量的に把握することを目的とした指標ないし考え方である。しかも食料の輸送に伴い排出される炭酸ガスが地球環境に与える負荷という観点にも着目している。

この計算方法は輸送量に輸送距離をかけ合わせるという極めて単純なものである。たとえば 10 トンの食料を 500km 輸送した場合のフード・マイレージは、10 × 500 ＝ 5000 トン・km となる。つまり食料の量と輸送距離（生産地からの距離）さえわかれば、だれでも簡単に計算できる。この指標は輸送距離という要素を含むことによって食料供給構造の特色、長距離輸送を伴う大量の輸入食料に支えられているという現状をわかりやすく表すことができる。輸送距離という要素を含むことは食料の安定供給（輸送距離が長くなり、経路が複雑になればなるほど、あるいは輸送に要する時間が長くなればなるほど、輸送途上で不測の事態が生じる可能性、リスクは高くなる）や食に対する消費者の安心感（＝「食と農の間の距離」と関連する）の確保という観点（輸送距離がのびること、輸送経路が多段階、複雑になることで、その食品が日本に到着するまでの全供給経路を適切に監視・管理することが困難になる）からも重要である（表 5 − 3、表 5 − 4）。

また生産地が消費地から遠く離れる（農が食から遠ざかる）につれて生産者と消費者との間に「情報の非対称性」が生じる可能性が大きくなる（生産者はその食料を生産する際に、どのような農薬や飼料を使ったかを当然知っているが、一般に消費者はそのような情報を得ることはできない）ことの問題点や食料の輸送が環境に与える負荷（炭酸ガス排出量）を把握する上で不可欠である。

しかしフード・マイレージは輸送手段による燃費の差を考慮していない。特に海外農産物を空輸する場合と、一般的な輸送手段である船便の場合を比較すると同じフード・マイレージ値であっても、空輸は輸送に伴う消費エネルギー量がかなり大きくなる。

表5-3：食品別輸入依存率と主要輸入国

食品名	輸入量(万t)	国内自給率(%)	輸入相手国（％）			
小麦	457.5	9	アメリカ	60.4	オーストラリア	20.0
とうもろこし	1618.8	0	アメリカ	88.8	アルゼンチン	5.45
大豆	345.6	6	アメリカ	71.4	ブラジル	16.4
大麦	141.8	8	オーストラリア	76.5	カナダ	14.9
にんじん	6.5	85	中国	85.6	ニュージーランド	5.5
タマネギ	33.9	85	中国	69.8	アメリカ	20.5
ブロッコリー	3.6	28	アメリカ	93.2		
牛肉	73.1	42	オーストラリア	48.1	アメリカ	12.5
豚肉	114.4	53	アメリカ	26.1	カナダ	15.6
鶏肉	78.9	68	ブラジル	48.3	タイ	24.1
コーヒー豆	41.0	0	ブラジル	30.0	コロンビア	19.2
まぐろ	21.8	60	台湾	28.3	韓国	14.9
さんま	6.0	60	ロシア	83.9	中国	7.3
サケ・マス	23.5	60	チリ	61.3	ノルウェー	12.0
エビ	28.1	60	タイ	27.3	ベトナム	19.5
かに	4.9	54	ロシア	70.2	カナダ	10.8
レモン	5.2	18	アメリカ	61.8	チリ	32.3

（食料問題研究会『図解 日本食料マップ』2012年、23ページ）

表5-4：主要輸入国から日本までの輸送距離

輸出国（地域）	輸送距離	輸出港（仮定）
インドネシア	6451.5	ジャカルタ
韓国	1612.3	釜山
タイ	5608.9	バンコク
台湾	2185.0	基隆
中国	3004.8	上海
ベトナム	6588.9	バンコク
ウクライナ	24371.2	サンクトペテルブルク
デンマーク	22034.1	コペンハーゲン
ノルウェー	21969.8	オスロ
ロシア	23979.6	サンクトペテルブルク
アメリカ	18684.5	ニューオリンズ
カナダ	20945.0	モントリオール
メキシコ	18508.4	ニューオリンズ
アルゼンチン	22739.5	ブエノスアイレス
コロンビア	17025.3	ラグアイラ
チリ	15425.0	バルパライソ
ブラジル	23704.6	サントス
オーストラリア	8371.6	シドニー
ニュージーランド	9441.8	オークランド

（中田哲也『フード・マイレージ』日本評論社、2007年、002-009ページ）

表 5 － 5：1960 年 10 月（左）と 98 年 10 月（右）の典型的メニューと環境への影響

	食　事	おもな食品	生産地	食　事	おもな食品	生産地
朝食	ご飯 味噌汁 納豆	米 ネギ(旬) 味噌 大豆	新潟 近郊 長野 岩手	トースト 牛乳 グリーンサラダ バナナ	小麦粉 牛乳 レタス(温), トマト(温) バナナ	アメリカ 群馬 長野 フィリピン
昼食	ご飯 味噌汁 コロッケ	米 わかめ じゃがいも(旬), 豚肉	新潟 神奈川 近郊	天丼 味噌汁	エビ(冷) 豆腐 味噌	ベトナム アメリカ 中国
夕食	ご飯 焼き魚 筑前煮 茶碗蒸し	米 サンマ(旬) 里イモ(旬) にんじん(旬) 卵	新潟 静岡 千葉 近郊 近郊	サイコロステーキ 焼き鳥 アスパラベーコン 枝豆 ぞうすい	牛肉(冷) 鶏肉(冷) アスパラ 枝豆(冷) 米	オーストラリア タイ フィリピン 北海道 新潟
輸送エネルギー	133.17kcal		耕地面積 1.254m²	775.23kcal		耕地面積 国外3.69m² 国内0.28m²
CO₂排出量	0.0093gC			0.0613gC		

（注 1 ）旬＝旬のもの，温＝温室・ハウスもの，冷＝冷凍もの.
（注 2 ）輸送エネルギー＝単位あたりの輸送エネルギー×生産地（国）からの距離×材料の実質的な量.
（注 3 ）gＣは炭素の重量に換算した重さの数字.
（注 4 ）耕地面積＝料理の材料の実質的な量＋その作物の収量.
資料：「地球にダイエットキャンペーン」パンフレット, 1998年. データは「環境・持続社会」研究センターの試算.
　　　（アースデイ 2000 日本編『地球環境よくなった？』33 ページ）

　フード・マイレージ値を計測することによって、東京都内に住む会社員の典型的メニューで 1960（昭和 35）年と 1998（平成 10）年を比較すれば、表 5 － 5 のとおりとなる。輸送エネルギーは 5.8 倍、炭酸ガス排出量は 6.6 倍も増加している。食材の産地は 1960 年にはすべて国内、しかも大半は近郊地域、旬のものであった。しかし現在は多くを海外ものが占める上、冷凍や温室・ハウスものに依存している。季節感を忘れ、地域の農業の存在を見失い、伝統的な食べ物が次々に姿を消しているだけではなく、食品添加物、農薬汚染、化学薬品汚染による食の危険性を指摘できる。

　私たち消費者は旬を忘れ、ほしいときにほしい食材を求めるようになっ

た。野菜に旬がなくなり、輸入野菜が急増し、外国産、施設ものと合わせ、季節に関係なく入手できるようになった。温室・ハウスなど施設による生産も、一年中、入手できる点で消費者にとって好都合で、農家にとっても高付加価値化につながっている。しかし施設では高温多湿となり、農薬使用量は増加する。ハウスで１kgのキュウリを生産するには加湿する場合、5054kcalのエネルギーを必要とする。露地栽培の場合には996kcalで十分である[12]。

　ハウス栽培の野菜や果物は値段も高く、これこそエネルギーの無駄遣いではないか。季節外れのものを入手するには、その対価があまりにも大きいことを知ることが必要である。飽食の時代とはいえ、季節外れの野菜をありがたがるのはやめたいものである。

　「野菜でも魚でも、できるだけ地場のものを買い、旬のものを買う」ことである。旬のものは味が良く、栄養も十分で大量に収穫されるため値段も安いからである（表５－６、表５－７）。遠くから運ばれてきたものは、エネルギーの浪費も大きく、一層大気を汚染する。

表５－６：旬の食べ物

野菜	旬（月）	魚類	旬（月）
アスパラガス	4〜6	アジ	5〜7
カリフラワー	22〜3	アンコウ	12〜2
キュウリ	6〜8	イワシ	6〜10
サツマイモ	9〜12	カツオ	5、6、9〜10
サヤエンドウ	4〜6	サバ	10〜12
シイタケ	3〜5、9〜11	サワラ	10〜6
大根	11〜2	タイ	2〜4
タケノコ	4、5	タラ	12、1
トマト	6〜8	ブリ	12、1
白菜	11〜2		
ピーマン	6〜8		
ホウレンソウ	11〜2		
レンコン	11〜2		

（旬の食材カレンダー HP）

表5－7：栄養価が変わる野菜

ビタミンC（mg）			
	品名	最大	最小
夏に多い	トマト	18 （ 7月）	9 （ 1月）
	キュウリ	18 （ 7月）	7 （ 1月）
	ジャガイモ	38 （ 7月）	8 （ 4月）
	シシトウ	128 （ 9月）	85 （12月）
冬に多い	ホウレンソウ	73 （ 2月）	9 （ 7月）
	ブロッコリー	167 （ 2月）	86 (8.10月)
	キャベツ	69 （ 2月）	29 （11月）
	シュンギク	29 （12月）	7 （ 5月）
ベータカロチン（μg）			
夏に多い	トマト	586 （ 9月）	194 （ 2月）
	キュウリ	281 （ 8月）	62 （ 3月）
	ニンジン	14672 （ 6月）	5897 （ 1月）
	チンゲンサイ	823 （ 8月）	154 （11月）
冬に多い	ブロッコリー	1595 （ 3月）	389 （ 8月）
	キャベツ	109 （ 3月）	30 (7.8月)

食べられる部分 100g 当たり（辻村卓教授による）

（「朝日新聞」平成 12 年 5 月 29 日付朝刊）

　フード・マイレージの値が小さいほど環境負荷が少なく、自給率が高いことを意味する。日本のフード・マイレージはアメリカやヨーロッパ諸国に比べて高く、食料供給体制の歪みを明確に示している。
　食料の供給を遠く海外に依存すれば輸送や貯蔵にエネルギーを必要とする。アメリカの穀物はニューオーリンズ港からパナマを通過して 4 週間かけて日本に運ばれる。フード・マイレージ試算によれば、国民 1 人当たりでは約 7100 トン・km で、アメリカの約 6.7 倍、イギリスの約 2.2 倍、ドイツの約 3.4 倍にもなっている（表 5 － 8）。

表5－8：輸入食料のフード・マイレージ（品目別、輸入相手国別）

		日　本	韓　国	アメリカ	イギリス	フランス	ドイツ
総計量（百万トン・km）		900208	317169	295821	187986	104407	171751
品目別	畜産物（第1,2,4類）	37013	7956	19707	7343	3251	6963
	水産物（第3類）	34502	6921	15453	1914	2858	3308
	野菜・果実（第7,8,20類）	51679	9480	103234	52871	16654	30921
	穀物（第10,11,19類）	479328	174831	28595	15404	5825	4668
	油糧種子（第12類）	189570	39654	10422	13409	10391	42237
	砂糖類（第17類）	16782	26585	12906	20687	4141	1989
	コーヒー、茶、ココア（第9,18類）	9753	1547	24538	5586	5548	13576
	飲料（第22類）	17621	3578	36211	10853	3838	4899
	大豆ミールなど（第23類）	42497	36965	6002	36903	44587	36935
	その他	21463	9651	38751	23016	7314	26254
1人当たり計（トン・km／人）		7093	6637	1051	3195	1738	2090
輸入相手国別	1位（国名）	4178（アメリカ）	2902（アメリカ）	76（タイ）	404（アメリカ）	690（ブラジル）	416（ブラジル）
	2位（国名）	843（カナダ）	1053（ブラジル）	71（オーストラリア）	339（ブラジル）	117（アメリカ）	252（アメリカ）
	3位（国名）	335（オーストラリア）	583（アルゼンチン）	70（フィリピン）	332（イタリア）	107（アルゼンチン）	168（中国）
	その他	1717	2099	834	2120	824	1253

（中田哲也『フード・マイレージ』116ページ）

※中田のフード・マイレージの数値は、同著2〜11ページに記載

　作物の栽培や輸送に要したエネルギーの消費量を国産と輸入品とで比較すれば、コメや小麦では輸入品は約1.5倍、ジャガイモでは3倍も消費エネルギーが多い。さらに輸入食品への依存は化学物質の使用の増加、残留量の増加、安全情報の入手が困難になるというマイナスの要因を増やすことにつながる。

　「大地を守る会」は、2005（平成17）年4月から「フード・マイレージ・キャンペーン」を開始し、poco（1ポコ＝100g）という単位を考案し、ひとつひとつの食材を外国産から国産にかえるとどれくらいの輸送距離を節

約でき、どれだけ炭酸ガスを削減できるかという調査を70品目について行なっている。この調査では、東京に住む平均的な親子3人家族がすべての食事に国産食材を使えば、炭酸ガスの排出量を1年間で300kg近く減らすことができることを示している（表5−9）。

表5−9：フード・マイレージ・キャンペーン

- poco とは、新しい単位。CO2 100g を1poco と設定した。
- 日本の家庭と国際輸送をあわせると、現在1日1人66poco 出していて、京都議定書達成には 15poco 減らす必要。
- ただ、国際輸送ででる CO2 は、京都議定書では対象外。
- この「フードマイレージ・キャンペーン」は、国産のものを食べて、京都議定書以降の目標も 一気にクリアしてしまおう、というキャンペーン。
- 66poco 中、23poco 減らせば、「post 2012」は達成可能。

食材	(g)	量備考	節約できる poco	産地	CO_2排出量 (g-CO_2)	最大輸入相手国	CO_2排出量 (g-CO_2)	輸入対国産 (倍)	輸入-国産 (g-CO_2)	備考
食パン	250	1斤	1.5	北海道	34.69	米国	184.53	5.3	149.8	
白米	100	茶碗1杯	0.4	福島県福島市	1.95	オーストラリア	42.47	21.8	40.5	
うどん	100	1人分	0.6	香川県+北海道	13.88	米国	73.81	5.3	59.9	
中華麺	100	1人分	0.6	北海道	13.88	米国	73.81	5.3	59.9	
牛肉	200	1P(3人分)	0.5	岩手県九戸郡	17.47	オーストラリア	64.41	3.7	46.9	
あじ干物	120	1切	0.3	神奈川県伊東市	1.90	中国	32.26	16.9	30.4	
ハム	150	1袋	1.1	神奈川県愛甲郡	0.85	米国	110.72	130.0	109.9	
豆腐	300	1丁	2.0	秋田県北秋田郡	25.00	米国	221.44	8.9	196.4	
じゃがいも	150	1個	0.7	北海道江別市	6.32	米国	77.95	12.3	71.6	
キャベツ	1200	1個	2.2	神奈川県三浦市	12.42	中国	230.03	18.5	217.6	
きゅうり	100	1本	0.1	福島県福島市	4.02	韓国	9.91	2.5	5.9	
ほうれん草	300	1把	0.5	群馬県群馬郡	4.81	中国	57.51	12.0	52.7	
アスパラ	30	1本	4.1	香川県木田郡	2.63	オーストラリア	414.46	157.6	411.8	空輸
レタス	500	1個	3.6	茨城県岩井市	4.09	米国	369.06	90.2	365.0	
ねぎ	100	1本	0.2	茨城県土浦市	1.09	中国	19.17	17.7	18.1	
トマト	170	1個	0.1	福島県福島市	6.84	韓国	16.85	2.5	10.0	
竹の子	180	1袋	0.3	静岡県藤枝市	4.69	中国	34.50	7.4	29.8	
戻しわかめ	30	1P	0.0	岩手県重茂半島	2.42	中国	5.75	2.4	3.3	
みそ	15	みそ汁1杯分	0.1	佐賀県小城郡	2.26	米国	11.07	4.9	8.8	

（「大地を守る会」提供資料、2005年）

　ただフード・マイレージは食料の輸送面のみに着目したものであることに留意する必要がある。つまり生産や消費、廃棄にかかる環境負荷は含まれて

いない。したがって全体として環境負荷の小さな食生活を実現するためには地産地消に心がけるだけではなく、なるべく旬のものを選び、食事はできるだけ家族いっしょにとり、食べ残しはしないといった心配りが必要である。

IV）食品ロス大国日本

　日本には古くから、「もったいない」という言葉とともに食べ物を粗末にせず、物を大切にするという考え方が浸透していた。しかし 1 年間の食品ゴミは 643 万トンで、うち企業の厨房から出るものが 352 万トン、家庭から出る台所食品ゴミが 291 万トンである[13]。日本中で出る野菜と果物の食べ残しの量が年間約 390 万トン、学校給食で出る残飯の量が生徒 1 人当たり 1 日 69g などとなっている[14]。

　2010（平成 23）年度の主な食品の輸入量は約 1500 万トン、2009 年度の世界食料援助量は 570 万トンであった。世界中から食料を入手する一方で大量の食材を捨てている。この膨大な無駄が豊かさと便利さのシステムの陰で生み出され、その処理にもさらにエネルギーが消費されている。資源とエネルギーを二重に浪費している、というこのロスの問題は消費者に危機意識が欠如していることを表している。

　食は満たされ、季節を問わず、一年中、必要な野菜や果物が購入できるようになった反面、季節感、旬の美味しさは失われた。食の家庭内生産にかかる時間、手間は大幅に減ったが、食事から「ゆとり」が、食卓から「家庭あるいは共食感」が不足するようになった。朝食の欠食が増え、家族がいっしょに食卓を囲むことが減るなど食の貧困化が進んでいる。家族皆で食卓を囲む、楽しく待ち遠しかった食事の時間は昔の光景になろうとしている。また飽食で肥満や生活習慣病で苦しむ人も多くなっている。

　世界各地で飢餓に苦しむ人々が多いという現状を考えるとき、飽食は考え直す必要がある。廃棄された食べ物をリサイクルすることも重要であるが、無駄な摂取をなくす視点から食べ残しを減らすことが必要である。年間 500 万人以上もの子供が餓死しているという悲惨な状況、日本の資源・エネル

ギーを多用した食生活や食べ残しの問題、国が進める自国農業の切り捨て政策、国民の飽食のライフスタイルのあり方は、近い将来に予測される飢餓社会の到来を目前にして、あまりに楽天的すぎるのではないか。大量の食料を輸入し、食べ物を捨ててまで美味しさと便利さという「快適さ」を追求する飽食社会を維持することは食倫理上、許されない。

1962 年にはタマネギ、ニンニク、乾燥シイタケが、1963 年にはバナナが、1964 年にはレモン、イグサ、1971 年にはブドウ、リンゴ、グレープフルーツが、1986 年にはグレープフルーツジュースが、1990 年にはパイナップル缶詰が、1991 年には牛肉、オレンジ、オレンジジュースが輸入自由化された[15]。

グレープフルーツやオレンジの輸入自由化によってミカンの価格が暴落し、多くの農家が廃園した。バナナやパイナップルなど果物の輸入自由化でリンゴやブドウなどの生産者も打撃を受けた。果実の自給率は 1965 年の 90％から 2016 年には 41％にまで低下した。1991 年の牛肉の輸入自由化では牛の肥育農家や酪農家が大きな打撃を受けた。

コメ[16] は 1960 年頃まで国内生産だけでは不足がちで、不作の年には輸入して補っていた。しかし品種改良と生産技術の進歩によって単位面積当たりの収量が大幅に増加し、1945 ～ 1954 年の平均収量は 10a 当たり 308kg であったものが、1995 年には 509kg になった。しかしコメの需要は、戦前には 1 人当たり年間 135kg であったものが、1960 年には 114kg、2017 （平成 29）年には 54kg まで激減した。これはパン食が普及したことなどが大きく影響している。こうした需給のアンバランスの是正のため、農林水産省はコメの「減反」政策を打ち出した。

コメの過剰に苦慮しているなか、GATT の農業交渉でコメの最低輸入量（ミニマム・アクセス。初年度は国内消費量の 3％、2000 年には 5％の輸入義務＝ 68 万トン以下）を受け入れた。1999 年 4 月にはコメの輸入を自由化して、関税を払えばいくらでも（日本へ）輸入できるようになった。一方で日本は減反を強化し 101 万 ha に拡大した。

　唯一自給可能だったコメを、減反を強制しながら輸入を拡大するという矛盾した農業政策のために、日本の稲作農業が壊滅の危機に瀕している。食料を過度に海外に依存することは食料の量的確保を放棄することになり、非常に危険である。

　国際的に有事が起きた際、国民はその日から飢えることになる。食料自給率を高め、自国の農業生産を守る政策こそ、まず食料消費大国日本がとるべき道である。食料自給率を１％あげるには、消費面で考えると、日本人全員が一食につき、ご飯をあと一口ずつ食べれば達成できると試算されている。今こそもう一度原点にかえり、世界の先頭に立って「もったいない」の精神を大切にし、実行すれば世界の食料事情を改善し、環境を保全することになる。

　学校給食に関していえば、生徒たちの好みは極端に異なる。また料理の見た目、舌ざわりにも敏感で、これが食べ残しにも影響していると考えられ、家庭での食習慣が給食にも反映しているように思われる。

　安部司は、その著『食品の裏側』の中で、子供たちには食に対する感謝の気持ちが生まれる状況にはないと、おおよそ次のように述べている[17]。

　　牧場に放牧されてのんびり草をはむ牛と、スーパーでパックになって並んでいる牛肉。子供たちはその「中間」を知らずにいる。－食べ物はさまざまな過程を経て、やっと私たちの口に入る。どの食べ物も簡単に手に入るものではない。——なんでもかんでも食べたいときに食べたいものが好きなだけ手に入る——そこには食に対する「感謝」の気持ちは生まれはしない。食べ物のありがたさ、手に入れることの難しさ——そういうことを、いまこそ子供たちに教えていかなければいけない。

　この見解はポイントをついていることはもちろんである。「食に関する教育」については、後に詳しく述べる。

5−3．TPP と農薬・ポストハーベストと安全性

　TPP とは何でしょうか。日本にとってどのような影響があるのでしょうか。

　残留農薬検査は厳正に行なわれているのでしょうか。

　どんな食品から、どんな農薬が検出されているのでしょうか。

　ポストハーベストとは何でしょうか。なぜ行なわれるのでしょう。

　農協が作成している防除暦は、どのような役割をはたしているのでしょうか。

1．TPP（環太平洋連携協定）とは、FTA（自由貿易協定）のひとつで、農産物を含む貿易の徹底した自由化をめざす協定であり、例外のない関税の撤廃をめざしたものです。TPP のような取り決めで関税が撤廃されて農産物輸入が完全に自由化されると、現在以上に安価な農産物が海外から日本国内に流通することになります。

2．現在、ポストハーベスト、残留農薬、食品添加物などによって汚染された食品が世界をかけめぐり、食の安全は二の次になっています。この流れは農産物貿易自由化の結果であり、人類の生存に大きな危機をもたらしています。TPP への参加は、これに一層拍車をかけるものではないでしょうか。

3．アメリカから穀物を日本まで運ぶのに約 30 日かかります。その間、船底の穀物は大丈夫でしょうか。日本まで新鮮なまま到着するのでしょうか。もし着かないとすると、どのような工夫が必要でしょうか。

4．ポストハーベストの問題は重大です。輸入食品にはどのような検査が行なわれているのでしょうか。

5．食品として安全性を保証できない「食品」があふれています。安全であってこそ、「食品」であり、「商品」といえるのではないでしょうか。

6. 法定監視そのものを骨抜きにして、「必要に応じて」立ち入り検査や指導を行なうことになっています。まず規制緩和ありきという行政改革は食の安全にとって危険ではないでしょうか。

7. 外国産のものが輸入されるとサンプルを取り出し、検査しますが、その結果は早くても数週間後になります。したがって数万トンが先に市場へ流されてしまいます。基準値を超えた毒性が検出されると回収作業に入りますが、ほとんどが消費者の胃袋におさまった後になります。大量に食べてしまった人は運が悪いということなのでしょうか。

8. 欠陥だらけの輸入食品検査体制、輸入食品の安全性は90%が守られていないといわれています。

9. 防除暦に記載された農薬を販売しているのは農協です。そして防除暦を作成しているのも農協です。農協は農薬を売れば売るほどマージンが入ります。その収入が農協経営の柱となってきました。農協が農薬の使用を減らすように指導することは自分で自分の首をしめることになります。

10. 消費者は野菜や果物を見た目だけで選ばないようにすることが必要です。形や色の良いものは、それだけ農薬が使われているということです。農家と消費者が少しずつ状況を変えていく以外、方法はないのでしょうか。

V）輸入農産物とポストハーベスト

　TPP は FTA よりもさらに徹底した自由化を進める協定である。日本の代表的作物であり、自給率100%のコメでさえ、その生産量は90%減少して輸入品に置き換わる可能性がある。日本のコメの消費量の相当部分を占める外食・中食産業ではほとんどが輸入米になるであろう。日本産で残るのはコシヒカリのような銘柄米や有機米だけになるといわれている。

　小麦などを大量に収穫・貯蔵し、長距離を長時間かけて相手国に運ぶ間には、途中で害虫やカビが発生して商品価値が低下する。そのため収穫後に農

薬が散布される。これが「ポストハーベスト・アプリケーション（収穫後の農薬散布）」で、殺虫剤のマラチオンやクロルピリホスなどが使用されている。収穫後に農薬を散布すれば小麦粉や小麦製品に、当然、農薬が残留する。なぜ残留するような農薬の使用が認められているのであろうか（図5－3）。

図5－3：ポストハーベスト・アプリケーションの概念

【アメリカ】	除草剤・殺虫剤		殺虫剤・防カビ剤等を散布
	播種・栽培 ──→ 開花・結実 ──→ 収穫・貯蔵 ──→ 食品・加工		
【日　　本】	除草剤・殺虫剤	（休薬期間）	（収穫後の農薬散布は原則禁止）

（山口英昌他編『食環境問題Q＆A』25ページ』）

　マラチオンなどによるポストハーベストを施すと、確実に小麦粉に農薬が残留する。たとえばこの小麦粉を使用した給食用パンにも農薬が残留していると考えられる。ふつう、パンに使用される小麦粉は特等粉と一等粉であるが、学校給食のパンは価格を抑えるために一等粉に二等粉を混ぜたものが使用されている[18]（穀粒の中心部から外側へいくほどランクが下がり、ランクの低い小麦粉ほど残留農薬の量が多くなる）からである。せめて給食用のパンはという考えは通用しない。

　ふつう、商品を一般消費者に売る場合、後に詳述するJAS（日本農林規格）法が適用される。しかし学校給食会は同法の対象外になっている。「学校給食会は、一般消費者ではない」というのがその理由である。子供たちは一般消費者ではない、特別な消費者なので偽装食品を食べさせても良いということになっている。学校給食はいわば「無法地帯」である[19]。最近、マラチオンも環境ホルモンのひとつであるという研究報告が出されている。成長期の子供たちが学校給食によって、将来の幸福や健康が損なわれることは絶対にあってはならない。

　日本に輸入されるバナナは殺菌剤が使われなくなり、かなり安全になって

いる。しかし国際的にはポストハーベスト農薬が禁止されているわけではないので、日本向けでないバナナが輸入されると農薬が検出されることになる。このようなバナナは成熟前の緑色の状態で殺菌剤のベノミルなどが噴霧され、八百屋に出回った頃、ちょうど黄色になるように出荷される。すでに日本で販売が禁止されている農薬、たとえばホリドールは主要農薬のひとつとして現在も使用されており、カンボジアでは市販されている。傷まないバナナは農薬が含まれている可能性が高い。

オレンジなどのかんきつ類は、実が青いうちに収穫し、2,4－Dなどの除草剤を加え、低温で貯蔵した上、防カビ剤をかけ、ワックスを塗って輸出するのが一般的なパターンである。果実に残っている軸をヘタというが、ヘタがあれば果実が新鮮にみえる。そのヘタが落ちるのを防ぐために除草剤を使用して農薬が逃げるのを防ぎ、ワックスが果実に光沢を与える[20]。

アメリカ産オレンジは残留農薬の"常習犯"で、1993（平成5）年から毎年のように検出されている。オレンジだけでなく、"アメリカ産かんきつ類の御三家"のあとのふたつ、レモンとグレープフルーツもクロルピリホスが検出される"常習犯[21]"である。貯蔵・運送中にカビや害虫の発生などで品質が低下するのを防ぐためのポストハーベストは、収穫前にかけるプレハーベストに比べて時期が遅いだけに農薬が作物に残留しやすい。

日本では国内でのポストハーベストの使用を禁じている。したがって防カビ剤は検出されない。小麦などに使われる2,4－Dのような防虫剤や臭素の検出も少ない。本来、使わなくとも良い農薬が輸入食料に使われ、残留している。しかし海外では多くの国が使用を認めているため輸入される農産物にはポストハーベストが残留していると考えたほうが自然である。

大豆、トウモロコシ、カリフォルニア米、小麦などの輸入穀物類にはすべて燻蒸用としてEDB（二臭化エチレン）、臭化メチルなどの発ガンあるいは催奇形性の恐れのある物質が、ジャガイモ、サクランボ、オレンジ、グレープフルーツ、バナナ、レモンなどあらゆる輸入野菜や果物にも、発芽抑制、殺虫、カビ防止、殺菌、燻蒸などの目的で発ガンあるいは催奇形性物質が使

用されている。

　特に問題なのは防カビ剤[22]である。貯蔵・運送中はカビが生えやすい。防カビ剤の"御三家"であるOPPとTBZ（チアベンダゾール）、IMZ（イマザリル）は分解しにくいためオレンジなどのかんきつ類には大量に残留する。したがって梅雨時でもカビが生えることはない。なかでもIMZは男性用の経口避妊薬（殺精子剤）として特許を得ている物質で、日本では最悪の添加物である。

　OPPは日本では農薬ではなく、1975（昭和50）年、急に防カビ用食品添加物として認可されている。発ガンの危険性があるにもかかわらず、使用することを認め続けている。TBZも防カビ用食品添加物で、OPPとの併用で発ガン率が高まる。IMZも防カビ用食品添加物である。少なくともアメリカ産"かんきつ類御三家"のすべてにクロルピリホスと"防カビ剤御三家"がかけられていると考えられる。アメリカではいずれも食品添加物ではなく、農薬として扱われている防カビ剤であるが、日本は国民の健康よりもアメリカとの貿易摩擦を避けるため食品添加物として指定したと考えられる（表5 - 10）。

　たとえばレモンそのものは健康に良いが、使用している農薬に毒性があるため食べないほうが健康に良いということになる。

　ポストハーベスト処理する農薬の使い方は消費者が望んだものではなく、あくまでも穀物を供給する企業や生産者の都合によるものであり、食料を大量に輸入するようになってはじめて生じた問題である。遠く離れた大陸から海を越えて食料を運ぶ必要があるという理由で、農薬をふりかけて輸送する現状は異常である。消費者は安価な輸入食料が手に入ると喜んでいる場合ではない。農薬は程度の差はあるが有害である。農薬の点で国産かんきつ類のすべてが安全だとはいえないが、アメリカ産など輸入ものに比べれば安心である。

　しかし近年、経済のグローバル化の名のもとに自由貿易が叫ばれ、安全であってこそ「食品」のはずなのに、国民の生命と健康を守るための農産物が

表5－10：残留農薬基準の見直し

農産物名	農薬の成分	改正前　ppm	改正後　ppm
トウモロコシ	グリホサート	0.1	1.0
エンドウ	エチオフェンカルプ	1.0	2.0
	クロロプロファム	0.05	0.30
	ジクロフルアニド	0.20	3.0
大豆	グリホサート	6.0	20
上記以外の豆類	エチオフェンカルプ	1.0	2.0
	ジクロフルアニド	0.20	5.0
スイカ	グリホサート	0.2	0.5
メロン類果実	グリホサート	0.2	0.5
上記以外の果実	エチオフェンカルプ	5.0	7.0
ユリ科野菜	シベルメトリン	5.0	6.0
サトウギビ	グリホサート	0.2	2.0
上記以外の野菜	エチオフェンカルプ	5.0	7.0
オイルシード、綿実	グリホサート	0.5	10
ナッツ類			
クリ	グリホサート	0.2	1.0
クルミ	グリホサート	0.2	1.0
ペカン	グリホサート	0.2	1.0
上記以外のナッツ類	グリホサート	0.2	1.0
茶	グリホサート	0.5	1.0

クロロプロファムはその後一部基準値を低くされた。他の2農薬は基準値のまま。

（日本食品化学研究振興財団ＨＰ）

もうけの道具、単なる商品になってしまっている。今こそ安全で新鮮な農産物を生産する日本農業を推進し、農産物の安全を保証するシステムを確立することが必要である。

　日本では収穫した果物をまず選別し、生食用を出荷・貯蔵し、加工用は水洗いしてジュースにする。外国の大産地では、まず農薬をかけ、それから選別してジュース原料にしている。アレルギーの研究をしようとする研究者は、以前は患者の多いアメリカに行かなければ研究できなかった。しかし現在は日本に患者が多数いるので、皮肉にも自国での研究が可能となった。

　アメリカの小麦のポストハーベストは22品目であるにもかかわらず、日

本はそのうち BHC、DDT、マラチオン、ディルドリン、エンドリン、臭素など 8 農薬を規制しているにすぎない[23]。たとえばマラチオンのコメ（玄米）への基準は 0.1ppm である。小麦への基準は新たに 8ppm となり、コメと比較して 80 倍も緩い基準となった。日本人の小麦消費量がコメの80 分の 1 なら納得できる。しかし 2010 年における 1 人 1 日当たりの小麦消費量は 90.4g で、コメ 163g の 55％にすぎない。小麦への残留農薬基準の 8ppm には説得力がない。輸入エビにも多くの薬剤が使用されているが、日本はエビの養殖には薬剤使用基準すらもうけていない。これらは一例にすぎない。大量生産、低価格化の実現は薬への全面的な依存のおかげである。

厚生労働省の定めている食品ごとの残留農薬基準には整合性がみられない[24]。たとえばクロルピリホスの場合、ホウレンソウなら 0.01ppm、白菜なら 1.0ppm、大根類なら 2.0ppm であり、有機リン酸殺虫剤スミチオンの場合、コメ（玄米）なら 0.2ppm、小麦なら 10ppm（コメの 50 倍も緩い）、小麦粉なら 1.0ppm（コメの 5 倍も緩い）である。このような整合性の無さは貿易促進のためアメリカやオーストラリアの基準あるいは国際基準などとの整合性を優先させたためである。国民の健康のためではない（表 5 ‒11）。

日本の残留農薬基準は WTO（世界貿易機関）と密接に関連している。従来の評価方法のままでは WTO 協定に抵触する可能性があり、アメリカ流の計算方法を採用し、日本独自の安全評価データは取り入れていない。したがって国民の健康への配慮は二義的、三義的になっていると考えるべきであろう。アメリカは WTO 基準にそろえながら、同時により厳しい基準の決め方をしている。たとえば毒性の作用が同じ農薬の場合、まとめて摂取量を計算したり、子供への安全を配慮して基準を大人の 10 倍厳しくしている[25]。日本はこれらの点を無視している。

表5－11：今日の残留農薬基準とコーデックス基準　　単位：ppm

農薬（殺虫剤）	対象農産物	残留農薬基準	コーデックス基準
マラチオン	コメ	0.1	8
	小麦	8	8
	大豆	0.5	8
	ジャガイモ	0.5	8
	オレンジ	4	4
	リンゴ	0.5	2
クロルピリホス	コメ	0.1	0.1
	小麦	0.5	
	大豆	0.3	
	ホウレンソウ	0.01	
	ジャガイモ	0.05	0.05
	白菜	1	
	大根類	2	
	オレンジ	1	1
	リンゴ	1	1
フェニトロチオン（スミチオン）	コメ	0.2	10
	小麦	2	2
	大豆	0.2	0.1
	ホウレンソウ	0.2	
	ジャガイモ	0.05	0.05
	白菜	0.5	
	大根類	0.5	0.5
	オレンジ	2	2
	リンゴ	0.2	0.2

（日本食品化学研究振興財団HP）

VI）中国からの食料輸入の増加

　2010（平成22）年の統計によると、日本の食料輸入相手国は輸入額ベースでみて、農林水産物全体で、中国が21.5％でアメリカを抜いて第1位となっている。

　クリ、落花生、モヤシ豆、ネギ類、タマネギ、冷凍品のゴボウ、ゼンマイ、乾しシイタケ、生鮮品のマツタケ、生鮮ショウガ、ニンニク、生シイタケ、乾燥野菜のタケノコ、キクラゲ、小豆、緑茶、コンニャク、野菜缶詰のアスパラガス缶、サクランボ缶詰、ソバ、モモ缶詰、タケノコ缶、ラッキョウ、リンゴジュース、加工ウナギ＋活ウナギ、イカ、ハマグリ、海藻のワカ

メなど、これらすべてが中国から日本へ輸入量が第1位の産品である[26]。

　中国からの非常に安価な農産物に大量の残留農薬が検出され問題となった。2002（平成14）年、冷凍ホウレンソウから基準をはるかに超える農薬（殺虫剤クロルピリホスなど）が検出された。中国産野菜の残留農薬問題は日本社会をゆるがす大事件となった。これは輸入された野菜に日本政府が定めた基準値を超える農薬が残留しているため、これを長期にわたって食べ続けた場合、健康に害をおよぼす可能性が大きいからである。

　冷凍野菜については加工食品の扱いであったため、残留農薬検査の対象になっていなかった。2003年、輸入禁止ができるよう緊急に食品衛生法が改正された。農薬の検出の多くは市民団体が独自に検査し、公表したものであることは注目に値する。輸入食品の安全を求めようとしても、輸出国の食環境は消費者の目や手の届かないところにあることを認識しておくことが必要である。

　食卓には欠かせないのがブロッコリーにシュンギク、レタスである。輸入中国野菜はほとんど日本の管理下で栽培されており、違反農薬の使用は少なくなると思われていた。しかし冷凍野菜の違反の多さが目立っており、品目別ではホウレンソウなどの葉茎菜類の野菜に違反が多い。葉茎菜類の野菜は食べる部分に、栽培時に直接農薬を噴霧するため、土のなかで生育する根菜類に比べて農薬が残留しやすいと考えられる。また生鮮果菜類（ナス、キュウリなど）は中国から輸入されていないため違反はなかった。

　冷凍ホウレンソウについては、2002年6月に輸入自粛（事実上の輸入禁止）となり、2003年2月に輸入自粛は一旦解除された。しかしその後再び違反が発覚したため再自粛となり、2004年6月に再び解禁となるという経緯があった。こうした事実は、この残留農薬問題が中国では一過性の問題ではなく、かなり根深い問題であることを消費者に教えている。

　2008（平成20）年の「冷凍ぎょうざ事件（農薬成分メタミドホスが検出された）」に限らず、中国から輸入された食品に規定以上の農薬が残留していたり、使用禁止の薬品が検出されるなど、食品の安全性を疑うような事件

は事欠かない[27]。

　いうまでもなく、野菜の残留農薬問題など、中国食品の安全性の問題は日本向けの野菜にのみ発生しているのではない。むしろ残留農薬の問題は中国社会に広範に存在している食品公害問題の氷山の一角にすぎず、1980年代以降の中国では、これまでも食品の安全性について様々な問題が発生している。こうしたことから、日本だけではなく、中国国内でも食品の安全性について国民の関心が高まっている。

　なぜこのような事件が起こるのであろうか[28]。改革・開放政策以後、中国経済・社会は全般的に大きく変化した。農産物の生産・流通面でも非常に大きな変化がみられる。たとえば野菜の流通についても、1980年代には都市近郊農家が自家菜園で生産した野菜を自分で市街地まで自転車で運び、自ら「自由市場」で都市市民に直接販売するシステムが主流であった。しかし近年では遠隔地の大規模野菜産地で大量に生産された野菜を産地仲買人が買いつけ、トラックで都市へ運び、都市の卸売市場で小売商や量販店に販売し、さらに小売商や量販店から都市市民に販売されるシステムに変わろうとしている。

　このような農産物の生産・流通の商業化、大規模化、遠隔化の中で、これまでそれほど重視されていなかった鮮度の維持や見栄えなどが新たに重視されてきている。中国経済の新たな農産物の生産・流通システムに農家や企業が適応できず、その結果、誤った農薬散布や食品公害などを頻発させていると考えられる。具体的には農薬や化学肥料の使用量が激増しているにもかかわらず、その使用法を農家が熟知していないということである。

　その意味では、かつて1950～60（昭和25～35）年代に、日本が経験した食品公害なども同じで、中国の場合は時代の変化の速度が当時の日本よりも急速なために、問題が一層深刻だと考えられる。

　この問題に対する消費者・当局・製造流通業者・農民の対応も徐々に変化し、農産物の残留農薬を検査する態勢も整いつつあることから考えて、このような食品の安全性をめぐる問題は、今後、改善されることを期待したい。

中国からの輸入農産物の調達は具体的にどのように行なわれている[29]のであろうか。中国系会社による輸出用生鮮野菜の供給は、①日本の商社からの受注生産方式、②受注に備えた見込み生産方式、に分かれる。

　①は、日本の商社と事前に生鮮野菜の価格、生産高、規格を契約し、その契約にもとづいて供給する方式である（全供給量の30％）。この取引の場合、日本の商社は供給量を確保し、規格にあった野菜を生産・取得するために、日本の種子を中国系会社に提供する。

　②は、中国系会社が顧客からの受注後、なるべく早期に出荷する目的で整える方式である（全供給量の70％）。この場合、生産高や下限価格は中国系会社が独自に決定する。どちらの方式でも、規格外の野菜や過剰生産となった野菜は中国の国内市場に出荷される。

　いずれの方式も約150人の産地仲買人を介して生鮮野菜を調達する。産地仲買人の活用による短所は農業管理が困難なため残留農薬問題を起こしやすいことである。会社は栽培に直接関与せず、産地仲買人を介して取引を行なうため農家へのきめ細かな技術指導は難しいと考えられる。

　冷凍食品、お菓子、全国銘菓にも注意が必要である。冷凍食品は中国産が非常に多い。日本では禁止されている酸化防止剤、人工甘味料、大腸菌、残留農薬がよく検出される。輸入菓子は中国産のものが最も多く、添加物や大腸菌の違反が多くみられる。旅先で買うみやげには「京の銘菓」、「金沢銘菓」などとあるだけで原産国表示義務はない。これらは中国などからの輸入原料の宝庫で、特に「あん」には注意が必要である。中国加工のものが多く、チクロや大腸菌がたびたび検出されている[30]。

　中国産食品への不安や不信が激増にするに伴い、スーパーマーケットや百貨店の店頭から中国産表示が消えるという現象が起きた。しかし店頭から消えたからといって中国産食品が売り場からなくなったわけではない。消えた「中国産」は巧妙に姿を隠し、食卓にのぼっている[31]。

　日本の輸入相手国第1位はアメリカであるが、トウモロコシや大豆、小麦、果物が非常に多く、中国からは生鮮野菜、冷凍野菜、乾燥野菜、水産物

（ウナギ、エビ、イカなど）、各種加工品（ウナギ、イカ、エビ、カニ、鶏肉、ソーセージ類、タケノコの缶詰など）が多く輸入されている。このように中国からはそのまま食べるものが非常に多く、したがってより安全なものが要求される。

　後述のように、原産地表示が義務づけられているのは生鮮食品と一部の加工食品だけである。加工食品は裸売りにすれば産地や原材料、添加物などの表示義務はなくなる。レストラン、ファストフード、宅配ピザ、バイキング方式やデパ地下の対面販売になると販売されている食品の原材料はほとんど表示されない。

　表示義務のないカロリー表示をしている店やテナントはあっても、原産地や添加物などを表示しているところは皆無に近い。消費者に知られたくない、売る側に都合の悪い情報は一切表示しない。したがって知らないうちに中国産食品を大量に食べているということになる。

　食の安全に関しては、「中国産は安いのだから、多少は目をつむるしかない」という考えは通用しない。日本と同じ安全基準のものを輸出するのが当然で、「安いには安い理由がある。その理由は必ずしも私たちの想定内のこととは限らない」のである。厳しい検査が不可欠である。

Ⅶ）食品の薬品汚染

　国内産の農産物にはポストハーベストは少ない。農薬出荷量は 1980（昭和 55）年以降、特に稲作用の除草剤や殺虫剤の使用量は減り、2019（平成 31）年は約 18 万トンとなっている。しかし耕地 1 ha 当たりの化学肥料投入量は 208kg にもなり、減少してきているとはいえ、今なお大量に使用されている[32] ことを示している（表 5 − 12）。

　農薬は環境を以前ほどに傷つけることはなくなったが、農薬を扱う者におよぼす危険性は増大している。実際、今日使用されている一部の農薬であればわずか 100g 以下で、1945 年の時点で 2kg の DDT を使っていたのと同程度の殺虫効果が得られるからである。新しい農薬を開発するのに平均

10年を要するだけでなく、新たな農薬の開発に要した費用は1956年には120万ドルであったが、今後、2000〜4500万ドルを要する[33]と推計されている。

　国内産食品の青ジソには殺虫剤、モヤシ、レンコン、ゴボウ、ナガイモには次亜塩素酸ナトリウムあるいはリン酸塩溶液などの漂白剤が使用されている（表5−13）。

　農作物の価格を決定する第一の要素は形態（見栄え）であった。そのことが安全性を二義的なものにしてきた。たとえばまっすぐなキュウリをA級とすれば、少し湾曲したキュウリはB級に、わずかのキズでもあればC級以下で、日本の市場ではA級のもの[34]しか取引されない。外見は悪くとも別の価値を認めることが必要である。形や色の良いものはそれだけ農薬が使われているということである。目にはみえないので食べるのに抵抗がないだけのことで、品質が悪くてまずいものをおいしそうにみせている場合が多いことに注意を要する。

　野菜、穀物だけではなく、魚介類では全漁獲高に占める養殖の割合は、たとえばブリ類は56.8%、マダイは72.8%（2016年）である。また畜舎では、たとえばブロイラーは畳1枚の広さに30〜40羽も飼われている（生き物の飼育ではない）。この薬品汚染もすべて大規模密飼い方式、非常に不自然な環境で育てることから起こっている。近年の魚介類の養殖や畜産の現場では大規模な施設で密集飼育し、生産効率を優先した生産体系ができあがっている。

　ブロイラーは品種ではなく、ふ化後3ヵ月未満の食用の若鶏のことである。また地鶏と銘柄鶏の自主的なガイドラインが業界団体によって定められ、2003（平成15）年から実施されている。たとえば地鶏とは在来種の血統が50%以上入り、ふ化から80日以上飼育するなどの条件が定められている。また銘柄鶏の比内鶏は国の天然記念物に指定されており、一般の市場には流通していない。消費者が一般に食べている比内鶏は比内鶏とロードア

表 5 - 12：農薬生産量（2019 年）

単位：トンまたは kℓ、百万円

	数量	金額
殺虫剤	58,247	95,957
殺菌剤	37,643	747
殺虫殺菌剤	16,474	33,576
除草剤	66,371	127,038
殺そ剤	30	44
植物成長調整剤	1,468	5,199
補助剤	3,449	304
その他	51	754
計	184,008	340,310

（農薬工業会 HP）

表 5 - 13：生野菜にもこんな添加物

野菜名	食品添加物名	効果
サツマイモ	リン酸、リン酸塩の溶液につける	表面の色素が化学変化し赤みを増して美味しそうに見える
・洗いサトイモ ・ヤマトイモ	リン酸、リン酸塩の溶液につけておく	変色を防ぎ白さを長持ちさせる
・レンコン ・ゴボウ ・洗い新ジャガイモ	次亜塩素酸ナトリウムの溶液につける	色を白くさせる
ショウガなど	リン酸、リン酸塩の溶液につける	赤みを増しつやもよくなる
・モヤシ ・きざみキンピラゴボウ ・きざみミックス野菜など	リン酸、リン酸塩の溶液につける	変色を防ぐ

（増尾清『新・食品添加物とつきあう法 ― なくす日までの自己防衛』健康双書、1994 年、185 ページ）

イランドレッドをかけ合わせた秋田比内地鶏とよばれる一代雑種である。特定 JAS マーク（特別な製造方法や特色ある原材料でつくられた食品で、特定 JAS 規格に合格したものにつけるマークで、対象品は地鶏肉、熟成ハム類、手延べ干し麺など[35]）、ガイドラインも、すべての食鶏の表示に強制力があるわけではなく、また特定 JAS はあくまで任意の表示である[36] ことに

注意が必要である。

　もし1羽（匹）でも伝染性の病気になると瞬時に全滅する恐れがあるためエサに抗生物質を混ぜて与えるが、病気の発生を恐れるあまり、過剰投与になりがちになる。抗生物質の乱用は突然変異で耐性を獲得した菌の出現を促進し、「家畜に抗生物質を与えることで生まれた耐性菌が、食品などを通じて人に感染する」危険性が懸念される。

　政府は鶏肉輸出国にアボパルシンの使用禁止を要請しているが、この薬品には肥育促進作用があり、養鶏業者には手放せない薬品であるためか、日本のこうした要請も当該国政府の禁止措置も、実際には現場では守られていない。

　大衆魚であるサバ、イワシ、サンマなどの消費は減少し、高級魚マグロ、ブリなどの消費が増加した。サバは生産高と消費量の差が大きいが、これは多くはタイやハマチなどの養殖用飼料として使われるためである。サバなどの飼料を8.6kg使っても1kgのハマチしか生産できない。タイの場合には1kgを得るのに12kgのエサを必要とする。最も汚染の激しいのは養殖魚である。密集飼いのため環境が悪化し、生産効率は年々低下、生産効率を上げるためエサだけではなく、水への抗生物質の使用が増加し、人間の健康への被害が心配されている[37]。

　トラフグ、ヒラメ、マダイ、ブリ、ギンザケ、シマアジなどの高級魚が養殖されている。大きな生け簀で養殖されており、大量の魚を飼うことによって奇形になったり、様々な病気にかかりやすいため、その対策として抗生物質＝合成抗菌剤などを大量に使用している。これらの高級魚は刺身として生で食べられている。見た目は立派な鮮魚であるが、実際には薬漬けの魚である。国民が病気になると抗生物質が効かなくなる恐れがある。最近では海では魚が絶対に食べることのない脱脂粉乳、コメぬか、大豆レシチン、植物油などの配合飼料が使用されようとしている。

　日本では年間256万トンの鶏卵が生産されている（年間1人当たり消費量337個で世界2位）が、卵用の養鶏は安い卵を生産するために満員すし

詰めにされ、卵を24時間産むだけである。感染症を予防するために大量の
サルファ剤あるいはテトラサイクリンなどの抗生物質が投与されている。鶏
卵には抗生物質が蓄積され、栄養価は逆にますます下がることになる。運動
不足と卵の産みすぎの母体から健康な卵が産まれるわけがない。また不必要
な栄養成分強化の卵？　ブランド卵が売られている。高価格ブランド卵を産
む鶏たちは飼料の食べこぼしを減らすため尖ったくちばしの先をちょん切ら
れる。食べたくもないエサを食べさせられ、卵を産み続けている。自然養鶏
では4年以上も卵を産むが、狭いところに押し込め集中的に卵を産ませる
と2年で用済みとなる[38]。

　卵黄色が濃いことも高く売る手段となっている。エサに着色剤を加え、色
づけされているにすぎない。殻の色に関しても褐色、白色、ピンク色とあ
り、色のついているほうが高く売られている。しかし栄養的には差があるわ
けではなく（色素は体の中でつくられるので、エサを変えても殻の色は変わ
らない）、鶏の品種の差にすぎない。「地玉子」には表示基準制度はない。根
拠は不明である。しかもスーパーマーケットなどで手にする鶏卵は消費者が
殻の汚れている卵を嫌うため非常にきれいであるが、洗剤として発ガン性の
疑いのある次亜塩素酸ナトリウムが使用されている[39]。牛も鶏などと同様に
大量生産が可能になっているが、病気予防を目的とした抗生物質の投与が人
への投与量の2倍近くに達し、成長ホルモンによる早期育成が行なわれて
いる。

　地球上で私たちが食用とするものに自然のものはほとんど残されていな
い。その責任は生産者あるいは食品メーカーだけにあるのではなく、本来の
自然農業を捨てて大量生産、低価格食品を求めた国民の責任でもある。

　生産者と消費者が切り離されている。農民はつくった農産物がどこへ運ば
れ、だれが買うのか知らない。消費者もだれがどのように苦労してつくった
のか知らない。加工食品についても同じである。

　農業、漁業はいかに近代化が進んでも、収穫高の豊凶は常に自然にゆだね
られている。食物を自動車からCDに至るほかの家庭用品と同じ視点でとら

えることをやめない限り、一年中食べたい物をしかも安価で供給することを要求し、価格が高ければ輸入ものを購入するという態度を改めない限り、生鮮食品が人工化し、加工食品が薬漬けになり、ビタミンやミネラル、食物繊維不足の食品が氾濫するのは当然である。

Ⅷ）農協ルート

　農薬は製剤メーカー⟹全農⟹県経済連⟹農協⟹農家という農協ルートによって、くまなく農家の手に渡っている。農協は農薬カレンダー（防除暦）を作成して農家に配り、農家は防除暦[40]に記された農薬を農協などに注文する。この農薬カレンダーが、今の農薬漬け農業の元凶のひとつである。農家にとっては、この“防除暦”こそが頼りで、たとえばイネの収量をあげるために、農家は窒素肥料を大量に使用する。そうすればイネが弱くなり、稲熱病にかかりやすくなる。そのため農薬をさらに大量に使用する。使わなければ雑草取りというつらい作業をしなければならず、害虫や病気によって作物が被害を受けるかもしれない。こうしてさらに農薬使用量は増えていく。

　たとえば水田除草剤 2,4－D の開発普及は除草のための重労働からの解放に役立った。水田除草剤が開発されるまでは回転除草機を 2〜3 回押してから手取り除草を 1 回というように、10a 当たりの除草に要する労力は約 36 時間であったが、除草剤を使えば 0.5 時間ですむようになった。こうして稲作だけではなく、野菜や果樹などの病害虫防除にも農薬が普及した。しかしこの間、農薬のマイナス面（農業従事者の健康被害や食品としての安全性、環境悪化、自然生態系の攪乱など）については深く考えられることなく軽視されたままである。

　食の荒廃をとめるためには農家と消費者とが協力して農薬を減らすこと、特に危険性や残留性の高い農薬を使わないことが必要である。農薬の使用量を大幅に削減することは不可能ではない。害虫が発生すればいつでも農薬を使用するのではなく、それが経済的な脅威になったときに限り使用する。畑

一面に散布するのではなく、部分的に使用することも農薬使用量の大幅な削減には有効である。

　発ガンリスクがあったとしても、影響がわずかで食品添加物や農薬を使用することの有用性が優るときには、その使用を許せば良いとする考え方がネガティブリスト論である。無視できるわずかなリスクとは、その物質を一生涯摂取し続けた場合、100万人に1人が新たに発ガンするリスクである。食品衛生法改正によって、この制度に代わり、2006（平成18）年5月29日からポジティブリスト制度が導入された。5月30日からの新制度で、輸入食品の残留農薬が基準を超えて検出されると輸入を禁止できるようになった。

　しかし問題点も多い。規制の対象となる物質は農薬、動物用医薬品、飼料添加物であり、規制対象の食品は加工食品を含むすべての食品となった。日本では使われておらず海外でしか使われていない農薬が輸入食料に含まれていても輸入されてしまう。また人の健康を損なう恐れがないとはいえ、残留農薬の一律基準（0.01ppm）を導入したことで、日本では許可されておらず、海外でしか使われていない農薬の残留を一括して認めることになってしまい、日本独自の決定の権利を放棄してしまった。残留基準を国際基準に合わせたり、一律基準を認めることは、この制度が食品添加物にも導入されることにつながるのではないか。貿易を第一に考えるのではなく、国民の食の安全を第一に考えるべきである。

IX）放射線照射

　化学薬品を用いる代わりにセシウム、コバルトなどの放射線を照射することによって、防腐・殺菌・発芽防止が行なわれているものもある。現在のところ検査できず、申告や表示で判断する以外に方法はない。申告のないものはフリーパスで輸入される。1998年、アメリカではO157の集団発生、サルモネラ菌による食中毒事件が多発したため、食品の殺菌や殺虫、発芽防止を目的に生肉、生鮮食品、果物、香辛料などに対する放射線照射を認めた。

放射線が照射されると食品中の水と反応して活性酸素が生じるために、食品に付着している細菌など微生物が死滅する。この際、微生物だけに影響があるのではなく、食品自体にも同じ反応が起こる。タマネギやジャガイモは芽が出なくなり、栄養価も低下する。本来行なうべき衛生対策がとられずに、安易な放射線照射を認めて輸出している[41] ということである。外国では多くの国で放射線照射が認められており、その多くが日本に輸入され、流通していると思われる。

　現在、放射線照射大国は中国で、北京、上海、南京、成都、天津などに大規模な照射施設をもち、ニンニク、タマネギの発芽抑制、コメや香辛料の殺菌などの目的で、年間十数万トンもの作物に対し、放射線が照射されている。最近、日本でも輸入業者が香辛料への放射線照射の認可を国に要請している。

　食品衛生法では食品照射は原則禁止になっており、日本ではジャガイモの発芽防止のためにだけ、例外的に照射が許可されている。生産されるジャガイモの 77％は北海道産である。北海道士幌に照射施設があり、年間 1 ～ 2 万トンのジャガイモに対し照射されている。北海道では 8 月中旬～ 10 月中旬に収穫したジャガイモを貯蔵しておき、春先まで出荷している。遅い時期に出荷するジャガイモの中には発芽させないため放射線を照射したジャガイモもある[42]。放射線によって食品が変化し、安全性が損なわれる可能性があり、体内に取り込まれると遺伝子を傷つけ、発ガンの原因となる。北海道産には要注意である。日本では放射線照射されたジャガイモは段ボール箱に入れられる際には表示が義務づけられている[43]。しかしスーパーマーケットなどで小分けされ、ビニール袋などに入れられる際には、そのマークはない。消費者には選択できないようになっている。

　WHO は食品の安全上問題ないといっているが、危険性を指摘する研究者もいる。しかし、最近、放射線照射した食品を判別する方法が東京都で開発され、フリーパスで輸入されていた現状を改善できる見通しがたったことは大きな進歩である。

― 註 ―

1　総務省『家計調査年報』各年版。

2　日本消費者連盟編『飽食日本とアジア』家の光協会、1993 年、12 ページ。肥満度は日本肥満学会の肥満指数 BMI（Body Mass Index）によって測定される。これは体重 kg ÷（身長 m の 2 乗）で計算され、25 以上は肥満と判定される。1999（平成 11）年の調査では男性は 40 歳代がピークで 35.3％が肥満となっている。女性は 70 歳代で男性を超えてピークに達し、27％が肥満となっている（生命保険文化センター、2017 年）。

3　矢野恒太記念会編『日本国勢図会　2012 ／ 13』矢野恒太記念会、2012 年、447 ページ。

4　堀口健治ほか『食料輸入大国への警鐘』農山漁村文化協会、1992 年、119 ページ。

5　農林水産省 HP。

6　『アグロトレードハンドブック 2012』日本貿易振興会、2012 年、各該当ページ。

7　同上。

8　同上。

9　同上。

10　どこからどこへ研究会編『地球買いモノ白書』コモンズ、2003 年、26 ～ 30 ページ。

11　中田哲也『フード・マイレージ』日本評論社、2007 年。山下惣一ほか編『食べ方で地球が変わる』創森社、2007 年。

12　環境総合研究所編『新台所からの地球環境』ぎょうせい、1998 年、44 ～ 45 ページ。

13　朝日放送 TV。高月 HP。

14　アースディ日本編『ゆがむ世界ゆらぐ地球』学陽書房、1994 年、22 ページ。

15　農林水産省 HP、環境形成基礎論 HP。

16　農林水産省 HP。

17　安部司『食品の裏側』東洋経済新報社、2005 年、208、210 ページ。

18　山口英昌ほか編『食環境問題 Q & A』ミネルヴァ書房、2003 年、76 ページ。

19　石堂徹生『「食べてはいけない」の基礎知識』主婦の友社、2003 年、141 ページ。

20　同上、136 ページ。

21　同上、135 ページ。

22　小若順一『新・食べるな、危険！』講談社、2005 年、192 ～ 193 ページ。

23　小若順一『気をつけよう輸入食品』学陽書房、1993 年、194 ページ。

24　日本食品化学研究振興財団 HP。

25　同上。

26　前掲『アグロトレードハンドブック 2012』各該当ページ。

27　食料問題研究会『図解　日本食料マップ』ダイヤモンド社、2012 年、56 ページ。

28　滝井宏臣『食卓に毒菜がやってきた』コモンズ、2002 年、33 ～ 36 ページ。大島
　　一二『中国野菜と日本の食卓』芦書房、2007 年、141 ページ。

29　前掲 大島『中国野菜と日本の食卓』161 ～ 162 ページ。

30　『知らずに食べるな「中国産」』別冊宝島、2007 年、36 ページ。

31　垣田達哉『あなたも食べてる中国産』リヨン社、2007 年、2 ページ。

32　前掲 矢野恒太記念会編『日本国勢図会　2012 ／ 13』151 ページ。

33　レスター・ブラウン邦訳『地球白書　1996 － 1997』ダイヤモンド社、1996 年、
　　152 ページ。

34　増尾清監修『食べてはいけない！　危険な食品添加物』徳間書店、2004 年、130
　　ページ。

35　くらし・生活・MylifeHP。

36　武末高裕『食品表示の読みかた〈基礎編〉』日本セルフ・サービス協会、2006 年、
　　106 ～ 107 ページ。

37　前掲 小若『新・食べるな、危険！』51、57 ページ。

38　同上、27 ページ。

39　前掲 馬場『地球は逆襲する』91 ページ。

40　農協 HP。

41　　前掲 レスター・ブラウン邦訳『地球白書　1996 － 1997』154 ページ。

42　　前掲 左巻『話題の化学物質 100 の知識』126 ページ。前掲 山口『食環境問題 Q & A』8 ～ 9 ページ。

43　　前掲 小若『新・食べるな、危険！』82 ～ 83 ページ。

第6章　食品表示と消費者

6−1．食品表示の実態

　食品表示からどのような情報を得ることができるのでしょうか。

『食品衛生法』と『JAS法』との関係は？　違いは？

　JAS法では生鮮食品・加工食品について、どのように定められているのでしょうか。

　あなたの知りたい表示は何ですか。

　表示は信用できるのでしょうか？

1．食品表示は法律により表示すべき項目や表示方法が決まっています。食品表示は一応「JAS（日本農林規格）法」のほかに「食品衛生法」の2つの法律がわかっていれば正しい表示を理解できます（食品偽装は「景品表示法」によります）。

2．何が生鮮食品で、何が加工食品か非常に紛らわしく、この違いを理解するのが最も悩ましいといわれています。しかし悩ましいといっているだけで良いのでしょうか。自分の命がかかっているのです（表6−1、表6−2）。

3．食品衛生法とJAS法とでは「生鮮食品」と「加工食品」の定義が異なります。当然、表示内容が違います。これが食品表示を紛らわしくしている理由のひとつです。

4．原則として食品衛生法では、「生鮮食品の場合は表示義務がなく、加

工食品の場合には表示しなければなりません」[1]。

5. 食品衛生法では、「形を変えただけで加工食品」となります。したがって「カット（切断）しただけでも加工食品」で、（パック売りの）かんきつ類やバナナ、魚、肉などの生鮮食品を切ったものや貝のむき身も加工食品です。

6. JAS法では、「カットしただけ」では加工食品にならず、「品質が変化しない」と加工食品にはなりません[2]。したがって食品衛生法と違って、生鮮食品をカット（切断）やむき身、冷凍しただけでは生鮮食品ということになります。

7. 食品衛生法では、「カット」したものは加工食品ですが、「乾燥」は生鮮食品です。したがって乾燥バナナは生鮮食品になります。

8. 塩干・塩蔵魚介類（軽度の撒き塩、合塩などをしたもので、生鮮または生干しのもの）や乾燥した野菜、果実、魚介類、海藻類などはJAS法では加工食品になるので表示義務はありますが、食品衛生法では生鮮食品になり、表示義務はありません。

9. JAS法も食品衛生法も販売方法が裸売り（ばら売り）か、パック（容器包装）売りか、店内加工か店外加工かで表示の内容が変わります。

10. 食品衛生法では、「野菜と果物（かんきつ類・バナナを除く）のカット物」や「加熱用の切り身むき身の鮮魚介類」は生鮮食品扱いで、パック（容器包装）しても生鮮食品には表示義務はありません。

11. 生鮮食品なのに、食品衛生法で表示が義務づけられている食品があります[3]。

① かんきつ類・バナナ

② 鶏の殻つき卵

③ 放射線照射食品（例：ジャガイモ）

④ シアン化合物を含有する豆類

⑤ 大豆、トウモロコシ、ジャガイモ、なたね、綿実、テンサイ、アルファルファの遺伝子組み換え作物の可能性のある作物は、少なくと

も「名称」、「遺伝子組み換え作物である表示の旨等」の表示が必要。

12. 食品衛生法では、「かんきつ類・バナナ」は生鮮食品ですが、切断前の丸ごとでも、カットされていても、容器包装（パック）すればカットされた加工食品と同じ扱いとなり、一定の表示が必要です。

13. JAS法では「生鮮食品」でも、食品衛生法では「加工食品」のものがあります[4]。

　① 食肉

　② 生カキ

　③ 生食用の切り身またはむき身の鮮魚介類

　④ 冷凍の切り身またはむき身の鮮魚介類

　複雑なのはJAS法では「生鮮食品」になることです（JAS法では「生鮮食品」でも、食品衛生法では「加工食品」のものがあるということです）。食品衛生法とJAS法両方の法律を満たす表示をしなければならない食品があることになります。

14. JAS法も食品衛生法も、生鮮食品と加工食品を混合したものは加工食品になります。

15. JAS法の改正で、すべての飲食料品に品質表示が義務づけられました。

16. 生鮮食品は農産物・畜産物・水産物の3つに分類されます。いずれも「名称」と「原産地」が表示されます。

17. 農産物に関しては、裸売りの場合、「名称」と「原産地」が〔たとえば国産品の場合：お米、新潟産（都道府県名）、輸入品の場合：バナナ、台湾産（原産国名）〕、容器または包装して販売する場合、名称、原産地、内容量、販売業者が表示されます。

18. 畜産物は、肉類と食用鳥卵に分類され、原則的に農産物の表示事項と同じです。ただ容器または包装して販売される場合、「食品衛生法」により、消費期限が表示されます。

19. 水産物は、魚類、水産動物類（タコ、エビ類など）、海産ほ乳動物類、貝類、海藻類の5つに分類され、原則的に農産物の表示事項と同じです。

ただ冷凍された水産物を解凍したものには「解凍」、養殖された水産物には「養殖」と表示されます。

20. 加工食品は25種類に分類されます（表6－5）。
　　　①名称（品名）、②原材料名、③内容量、④消費期限または賞味期限、
　　　⑤保存方法、⑥製造業者（輸入品は輸入者）
　　　の6つの事項が表示されます。

21. 国内で製造された加工食品のうち、表6－6に示されている4品目＋22、食品群については原料原産地名が表示されます（重量の割合が50％以上を占める農畜産物に限られます）。

22. 原材料、添加物ともに、重量の多い順に表示します（JAS法）。またアレルギー物質は個々の原材料ごとに表示しても良いですが、まとめて最後に表示して良いことになっています（食品衛生法）。

Ｉ）食品衛生法・JAS法と品質表示

　食をめぐっては消費者を不信・不安にさせる様々な報道がなされている。そのため食品につけられている表示がますます重要になってきている。しかしその食べ物に正しい表示をせよといっても、おとぎ話であるという説もある。ごまかそうとする人は決していなくならないからである。そのような現実から目をそらしてゼロリスクを求めるのはないものねだりかもしれない。

　表示偽装の多発は企業と行政の間の長い馴れ合いの関係に帰結するのではないか。不正表示に対する消費者の批判は厳しく、返品や不買運動による在庫の山や焼却処分につながり、莫大な損失をもたらした。食品企業は倒産し、生産農家では自ら命を絶つ人も出た。消費者は生命の危機にさらされた。しかし唯一行政だけは責任をとっていない。表示偽装は日常茶飯事になっている。企業倫理の欠如が明確になり、消費者の信頼を失っただけでなく、監督する行政の姿勢まで疑われている。しかし国民は表示に頼らざるを得ない。食品の表示はわかりにくいという声をよく耳にするのも事実である。

表6－1：生鮮食品と加工食品の違い

食品衛生法では、生鮮食品の場合、パックしていても表示義務はない。

		JAS法	食品衛生法
青果	カットキャベツ	生鮮（1種類）	生鮮
	カットフルーツミックス	加工（複数種類）	生鮮
	炒め物用野菜カットミックス	加工（複数種類）	生鮮
	野菜	生鮮（切断前）	生鮮
	キャベツ千切りとコーン（加工品）のセット	加工（加工食品との混合）	加工（加工品との混合）
鮮魚	アジのたたき	生鮮（火を通さず）	加工（生食用の切り身）
	カツオのたたき	加工（火を通す）	加工（火を通している）
	生サケ	生鮮	生鮮（加熱用の切り身）
	塩サケ	加工（調味）	生鮮（加熱用の切り身、軽度の塩）
	刺し身（マグロ一品）	生鮮（1種類）	加工（生食用の切り身）
	刺し身（クロマグロとキハダマグロ盛り合わせ）	生鮮（同種混合）	加工（生食用の切り身）
	刺し身（マグロとイカ盛り合わせ）	加工（異種類）	加工（生食用の切り身）
	鍋物セット（生鮮食品のみ）	加工（異種混合）	生鮮（生鮮食品の集まり）
	西京漬	加工（調味）	加工（調味）
	生干しの塩干し、塩蔵	加工（調味）	生鮮（軽度の塩）
	マグロとゆでタコセット	加工（加工品との混合）	加工（加工品との混合）
精肉	合挽肉	加工（異種）	加工
	牛ロースと牛タンセット	生鮮（同種混合）	加工
	牛カルビと豚ロースセット	加工（異種混合）	加工
	筋切り牛肉	生鮮（カットと同じ）	加工
	たれ付き肉	加工（調味）	加工
	牛肉のたたき	加工（火を通す）	加工

青果はすべて生鮮。食肉はすべて加工食品。

1：食品衛生法では、生鮮食品の場合、パックしていても表示義務はない。
2：生鮮とは生鮮食品を、加工とは加工食品を表す。

（垣田達哉『わかる食品表示』商業界、47ページ、筆者一部修正）

表6-2：JAS法による生鮮食品と加工食品の分類

	生鮮食品		加工食品	
	単品の 生鮮食品の切断	生鮮食品の 同種混合	生鮮食品の 異種混合	生鮮食品と 加工食品の混合
農産物	単品の野菜の切断	同一種類の野菜の 組合せ	複数種類の野菜の 組合せ	キャベツの千切り ＋ ゆでたブロッコリー
農産物	キャベツの千切り	キャベツの千切り ＋ 赤キャベツの千切り	キャベツの千切り ＋ カットトマト	キャベツの千切り ＋ ゆでたブロッコリー
畜産物	単品の食肉の切断	同一種類の食肉の 組合せ	複数種類の食肉の 組合せ	牛ロース ＋ 牛塩タン
畜産物	牛ロース	牛ロース ＋ 牛もも	牛ロース ＋ 豚ロース	牛ロース ＋ 牛塩タン
水産物	単品の水産物の 切断	同一種類の水産物の 組合せ	複数種類の水産物の 組合せ	キハダマグロ赤身 ＋ 蒸しダコ
水産物	キハダマグロ赤身	キハダマグロ赤身 ＋ メバチマグロトロ	キハダマグロ赤身 ＋ 甘エビ	キハダマグロ赤身 ＋ 蒸しダコ

（『食品表示ハンドブック　第4版』18ページ）

　食品表示の目的[5]は、消費者が食品を購入するとき、内容を正しく理解して選択の目安とするために必要な情報を提供することである。食品衛生法とJAS（日本農林規格）法を含む法律の表示内容などは、表6-3のとおりである。

　JAS法は、消費者の商品選択の目安となる情報を提供するなど、消費者の経済的な利益を保護することを目的としている。一般消費者向けに販売されるすべての飲食料品について原材料名、原産地、消費期限などの適正な表示、遺伝子組み換え食品、有機食品などに関する表示を行なう（農林水産省の管轄）。最近の違反例であるみやげ菓子「白い恋人」は賞味期限改ざんに当たる。表6-4、表6-5は、食品衛生法・JAS法の生鮮食品・加工食品表示に必要な事項を示したものである。

表6－3：食品表示と関係法・所轄官庁

関係省庁	法　律	規格・制度	表示内容
厚生労働省	食品衛生法		牛乳・乳製品 包装した加工食品 　食品添加物 　期限表示 　　（消費期限・賞味期限） 　アレルギー原因物質 　遺伝子組み換え食品
	健康増進法		栄養表示 特定保健用食品
農林水産省	ＪＡＳ法	ＪＡＳ規格 （ＪＡＳマーク）	品質の保証 　飲食料品73品目 特定ＪＡＳ規格（生産の方法） 　有機ＪＡＳ規格 　　（有機農産物・加工食品） 　熟成ハム、地鶏肉など
		品質表示基準制度	生鮮食品 　原産地・原産国表示 加工食品 　期限表示（賞味期限） 遺伝子組み換え農産物・加工食品
消費者庁	不当景品類及び 不当表示防止法	不当表示等の防止	飲用乳、蜂蜜、酒類

期限表示や遺伝子組み換え食品の表示は、消費者庁と農林水産省のものが並列し、消費者は混乱し、わかりにくい。

表6－4：生鮮食品の表示事項

生鮮 食品	（JAS法のみの規定） 「名称（品名）」、「原産地」
加工 食品	（食品衛生法） <u>「名称（品名）」</u>、<u>「消費（賞味）期限」</u>、<u>「製造者」</u>、「食品添加物」、 「アレルギー原因物質」、<u>「保存方法」</u>、「遺伝子組み換え食品」
	（JAS法） <u>「名称（品名）」</u>、「原材料名」、「内容量」、<u>「消費（賞味）期限」</u>、<u>「保存方法」</u>、 <u>「製造者」</u>、「（国内で製造された4品目＋22食品群については）主な原材料の 原産地」、「（輸入食品については）原産国名」

下線は重複している事項を示す。

（東京都福祉保健局HP「食品衛生の窓」）

表6−5：JAS法における生鮮食品・加工食品の定義（生鮮食品・加工食品の分類）

生鮮食品 （容器包装入りでなくても適用）	加工食品 （容器包装入りのものに適用）	
基準	生鮮食品品質表示基準 （平成12年3月31日 農林水産省告示第514号）	加工食品品質表示基準 （平成12年3月31日農林水産省告示第513号）
定義	加工食品以外の飲食料品のうち、「生鮮食品品質表示基準第2条」で定めるもの	製造又は加工された飲食料品のうち、「加工食品品質表示基準第2条」で定めるもの
表示事項	(1) 名称 (2) 原産地名 (3) 水産物の場合…解凍したものは「解凍」、養殖したものは「養殖」と表示 (4) しいたけの場合、栽培方法（原木、菌床）	(1) 名称、(2) 原材料名、 (3) 内容量、 (4) 消費期限又は賞味期限、 (5) 保存方法、 (6) 原産国名（輸入品のみ）、 (7) 製造業者等の氏名又は名称及び住所、 (8) 原料原産地名、その他、個別の加工食品に義務づけられた事項
対象品目	1. 農産物（きのこ類、山菜類、たけのこを含む）米穀、雑穀、豆類、野菜、果実…収穫後調整・選別・水洗いを行なったもの、単に切断したもの、野菜及び果実は単に冷凍したもの、を含む。 2. 畜産物 肉類…単に切断・薄切りしたもの、単に冷蔵・冷凍したもの、を含む。 食用鳥卵…殻付きのものに限る。 3. 水産物 魚類、貝類、水産動物類、海産ほ乳動物類、海草類…内臓等を取り除く処理をしたもの、切り身・刺身（複数種類を盛り合わせを除く）・むき身、単に冷凍及び解凍したもの、生きたもの、を含む。	1. 麦類（精麦） 2. 粉類（米粉、小麦粉、豆粉等） 3. でん粉（小麦でん粉、とうもろこしでん粉等） 4. 野菜加工品（野菜冷凍食品、乾燥野菜、野菜漬物等） 5. 果実加工品（ジャム、果実冷凍食品、乾燥果実等） 6. 茶、コーヒー及びココアの調整品（茶、コーヒー製品、ココア製品 7. 香辛料（ブラックペッパー、ローレル・カレー粉、わさび粉等 8. めん・パン類（めん類・パン類） 9. 穀類加工品（アルファー化穀類・パン粉・ふ・麦茶等） 10. 菓子類（米菓・焼き菓子・和生菓子・洋生菓子・チョコレート類 11. 豆類の調整品（あん、煮豆、豆腐、納豆、きなこ、ピーナッ製品等） 12. 砂糖類（砂糖、糖みつ、糖類） 13. その他の農産加工品（こんにゃく、1～12以外の農産加工品 14. 食肉製品（加工食肉製品、鳥獣肉の缶詰・瓶詰等） 15. 酪農製品（牛乳、加工乳、バター、チーズ、アイスクリーム類等 16. 加工卵製品（鶏卵の加工製品等） 17. その他の畜産加工品（はちみつ、14～16以外の畜産加工品 18. 加工魚介類（煮干魚介類、塩干魚介類、塩蔵魚介類、加工水物冷凍食品等） 19. 加工海藻類（こんぶ、こんぶ加工品、干のり、寒天等） 20. その他の水産加工食品（18・19以外の水産加工食品） 21. 調味料及びスープ（食塩、みそ、しょうゆ、索子、食酢、スープ等 22. 食用油脂（食用植物油脂、食用動物油脂等） 23. 調理食品（調理冷凍食品、チルド食品、レトルトパウチ食品そうざい等） 24. その他の加工食品（イースト及びふくらし粉、21～23以外加工食品） 25. 飲料等（飲料水、清涼飲料、氷等）

（「食品表示の基礎」HP）

　食品衛生法は飲食に起因する衛生上の危害を防止（食品の安全確保＝食品の安全性を確認する）するのが目的で、容器に入れられ、包装された加工食品が対象である。名称、食品添加物、消費期限または賞味期限、製造者名などの表示、遺伝子組み換え食品、アレルギー食品などに関する表示も行なう（消費者庁の管轄）。先年の赤福の「赤福餅」の違反は消費期限の偽装表示に当たる。

　不当景品類及び不当表示防止法は、公正な競争の確保を目的としており、ウソ、大げさな表示を禁止している（消費者庁の管轄）。かつて山形屋が地鶏と称してブロイラーを販売していたことは、これに抵触する。

　食品衛生法は消費者庁の管轄なのに対して、JAS法の品質表示基準は農林水産省の管轄である。それぞれ法律の目的が異なるからという理由で、同じ表示項目を2つの別々の官庁が異なる法律で管轄するのは混乱を招くことになる。表示をわかりにくくし、消費者にとってメリットにならないことは明らかである。

　1999（平成11）年のJAS法改正によって、すべての飲食料品に品質表示が義務づけられた。すべての生鮮食品に（生鮮食品だけに）「名称」と「原産地」表示が義務づけられている。品目によって生産の実態が異なるため農産物、畜産物、水産物ごとに、事実に即した原産地を表示することになっている。

　加工食品の表示方法は、JAS法と食品衛生法では幾分異なっている。この両法のいずれの対象にもなる加工食品は、これらの法が定めているすべてを容器包装に記載しなければならない。いずれか一方を満たせば良いということではない。

　塩蔵サバ、塩干サバ、乾燥させたワカメ・野菜・果実などは、JAS法のみが対象となっており、食品衛生法の対象にはなっておらず、このためJAS法の表示内容を満たせば良いということになる。また、たとえば店舗内の調理場でつくったサンドウィッチを容器包装に入れて陳列販売する場合は、食品衛生法のみが適用され、同法の項目だけ表示すれば良い。

23. 生鮮食品の表示を確認するための手順[6]
　① 裸売りかパック売りかを確認する。
　② 丸ごと、カット単品、カット同種混合、カット異種混合、のどれに該当するかを確認する。
　③ パック売りのカット異種混合の場合、店内加工か店外加工かを確認する。
　④ 同種混合と異種混合とでは何が違うのかを把握する。
　⑤ 最終的に、その商品が生鮮品か加工品かを確認し、法律に沿った表示の確認をする。
24. 加工食品の表示を確認するための手順[7]
　① 店外加工か小分け包装か店内加工かを確認する。
　② 店内加工と小分けの場合、裸売りかパック売りかを確認する。
　③ JAS 法と食品衛生法の義務表示項目の違いはどこかを把握する。
　④ 小分けと店内加工でパック売りの場合、それぞれ法律に沿った表示の確認をする。
25. コメの表示はどうなっているのでしょう。ご飯になった場合はどのように表示されるのでしょうか。
26. ようやく有機農産物が信じられるようになったのか、有機 JAS マークが表示されるようになりました。
27. 偽装表示事件が多発しています。表示は信用できるのでしょうか。しかし実際には表示に頼らざるを得ないのです。本来なら、消費者に選別させるのではなく、「どれも安心ですよ」と提供すべきではないでしょうか。

II）JAS 法と品質表示

（1）農産物の表示[8]（野菜・果物・豆類・雑穀・量り売りの米穀）

　たとえばぶどうの場合、「ぶどう」でも良いし、「デラウェア」「巨峰」など、一般に知られている品種名で記載しても良い。原産地は、国産品の場合

は「宮崎県産」などと都道府県名を、輸入品の場合は「アメリカ産」または「米国産」などと原産国名を記載する。ただし国産品は都道府県名の代わりに「市町村名その他一般に知られている地名あるいはブランド名」を、また輸入品は原産国名の代わりに「一般に知られている地名」を原産地として表示することも可能である。したがって「紀州産」、「カリフォルニア産」、「夕張メロン」、「カリフォルニアオレンジ」のような表示も可能である。

　同じ種類の生鮮食品で、複数の原産地のものを混合した場合には当該生鮮食品の製品に占める重量の割合の多いものから順に、生産者が直接、名称と原産地を併記する。ただし原料原産地が３ヵ所以上ある場合は、３ヵ所目以降の地名は「その他」と表示できる。加工食品のうち、生鮮食品に近い場合も原産地表示が必要である。図６−１は農産物の表示例である。

図６−１：農産物の表示

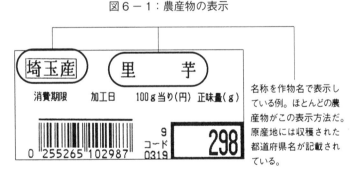

（正木英子監修『食べちゃダメ？』13ページ）

　なお、「カット野菜ミックス」のように、異種の生鮮野菜が混合している食品でも、生鮮食品に近いものは重量比50％以上の原材料がある場合には50％以上の原材料について原産地名が表示される。重量比50％以上の原材料がない場合は、後述のように原産地の表示義務はない（図６−２）。

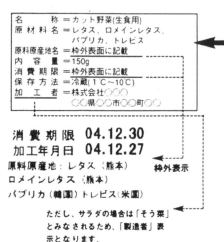

図6－2：カット野菜ミックスの例

```
名      称＝カット野菜(生食用)
原材料名＝レタス、ロメインレタス、
         パプリカ、トレビス
原料原産地名＝枠外表面に記載
内  容  量＝150g
消費期限＝枠外表面に記載
保存方法＝冷蔵(1℃～10℃)
加 工 者＝株式会社○○○
         ○○県○○市○○町○○
```

消費期限 04.12.30
加工年月日 04.12.27
原料原産地：レタス（熊本）   枠外表示
ロメインレタス（熊本）
パプリカ（韓国）トレビス（米国）

ただし、サラダの場合は「そう菜」
とみなされるため、「製造者」表
示となります。

●原料原産地名の表示について

■異種混合品の原料原産地名の表示
　カット野菜ミックスなど、異種の生
鮮野菜が混合している食品では、重量
比50％以上の原材料がある場合に、そ
の50％以上の原材料について原料原産
地名が表示されます。
　なお、重量比50％以上の原材料がな
い場合は、原料原産地名の表示義務は
ありません。
　表示例では、重量比50％以上の原材
料として、「レタス」の原料原産地名が
表示されます。その他の原料原産地名
の表示は任意の表示となります。

（『食品表示ハンドブック　第4版』23ページ）

　カットして混ぜたり、熱を加えたり、干したものは生鮮食品には該当せ
ず、「加工食品」とみなし、大部分は原産地表示が不要である。消費者の注
目度の高い一部分の「加工食品」に限り、原産地表示が必要である。しかし
原産地表示が不要な食品に輸入農産物が多く使用されており、消費者には原
産地表示がぜひとも必要である。消費者にわけのわからない理由で表示義務
の例外をつくるのではなく、品質表示基準の目的にそって、消費者に商品選
択の目安となる情報を提供するため、すべてに原産地表示すべきではない
か。

　加工（年月）日の表示は法律で義務づけられていない。加工日は消費者
に、今、つくられたかのようにみせかけるためのものにすぎない。加工日が
明記されていても、それはあくまでもパックされた日のことで、加工処理さ
れた日ではない。たとえば弁当の場合は、最後のおかずを入れてふたをした
ときが加工日で、個々のおかずがいつつくられたか消費者にはわからない。
魚を市場から仕入れてそのままパックすればパックした日が加工年月日であ

る。もしその日に売れ残ったので、翌日切り身にすれば、その日が加工日となる。

　「カットメロン」、「1/2 カット大根」のようなものは、単に農産物を切断したものなので生鮮食品、また単品の野菜や果物を水洗い後、単に切断し、オゾン水や次亜塩素酸ナトリウム水による殺菌洗浄した場合も食品の内容を実質的に変更し、新しい特性を付与する行為には当たらないと考えられるため生鮮食品になる。したがってこれらには、名称、原産地表示が必要である。

　生鮮食品は消費者に内容を誤認させるような表示をしないこと、またはそのほかの表示事項と矛盾する用語などを用いることを禁止している。なお出荷年月日、賞味期限、食べ頃、保存方法、調理方法などは書いても書かなくてもよい（任意表示）。加工食品についても産地名の意味を誤認させる表示は禁止されている（図 6 － 3）。

図 6 － 3 ：アジの開きの例

●産地名の意味を誤認させる表示は禁止（例：あじの開き）
　食品のＰＲ表示などで、「Ａ県産あじの開き」のように産地を表示する場合は、Ａ県が加工地なのか原料原産地なのかを明確にしなければなりません。
　例えばＡ県が加工地で原料原産地がＢ国産の場合、一括表示欄での原料原産地表示のほかに、該当表示箇所にＡ県が加工地である旨を表示します。

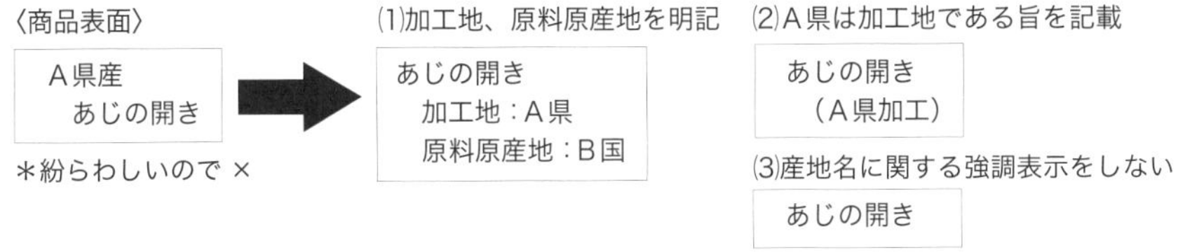

〈商品表面〉

```
A県産
あじの開き
```
＊紛らわしいので ×

(1)加工地、原料原産地を明記
```
あじの開き
　加工地：A県
　原料原産地：B国
```

(2)A県は加工地である旨を記載
```
あじの開き
　（A県加工）
```
(3)産地名に関する強調表示をしない
```
あじの開き
```

（『食品表示ハンドブック　第 4 版』23 ページ）

　冷凍品でも単に冷凍した場合は生鮮食品に該当するため、原産地表示が必要だが、ブランチング（短時間の加熱）した上で冷凍した場合は加工食品になる。加工食品は、名称、原材料名、消費期限または賞味期限、保存方法、内容量、製造業者の氏名および住所などを表示することになり、原産地表示

は不要である（輸入品は原産国名も表示する）。

（2）畜産物（肉類と食用鳥卵に分類される）の表示[9]

　名称と原産地を表示する。生鮮食品にも原産地の意味がわかりにくいものがある。それは生きているものが移動する水産物と畜産物である。生鮮食肉で、単品のものをスライス、ブロック、挽き肉などにした場合には、その内容を表す一般的な名称を記載する。原産地は国産品には国産である旨、主たる飼養地が属する都道府県名、市町村名、そのほか一般に知られている地名を原産地として表示しても良く、この場合は国産である旨の記載を省略できる。

　たとえば「松阪牛」（三重県の松坂地域で「500日以上飼育された黒毛和種の未出産メス牛」と地元の協会で決めて出荷）と表示すれば、国産である旨の記載を省略できる。輸入品は原産国名（例：鶏肉／中国）を記載する。「オージービーフ」や「USA産」などの表記、アメリカの州名などの表記はできない。

　なお畜産物は生まれた場所、育った場所、と畜された場所がそれぞれ異なり、国内であったり、海外であったりと、いくつかの場合が考えられる。複数の原産地のものを混ぜた場合、全体の重量に占める割合の多いものから順に記載する（例：「国産・アメリカ産牛挽肉」）。牛肉の表示は最も長い飼育場所を原産国として表示することになり、国内で飼育されているほかの家畜に対する原産地表示と同じ扱いとなった。原産地が正しく表示されていても、消費者は正確に理解することは難しい。その上、残念ながら産地を科学的に証明できないものが多いため最も偽装が多い。

　最も長く飼育された場所が日本の場合、「国産」になるという規定は消費者に誤認させる表示である。消費者は「国産」とあれば、当然、国内で生まれ育ったものと理解すると考えられるからである。国内基準とは違う飼料や薬剤によって、日本とは異なる病気因子をもつ可能性もあり、一定期間、国内で飼育すれば、それらの違いがすべて解消されるとは限らない。「生体輸

入（国名）」の表示も必要であろう。

　原産地や原産国などの偽装表示で失われた信頼を回復するため、2003（平成15）年、牛肉トレーサビリティ法が施行された。国内で生まれた牛と生きたまま輸入された牛に10桁の個体識別番号を記した耳標を付し、様々な情報が記録され、履歴を遡及することが可能となった。偽装防止の有効な手段になるものと考えられる。しかし致命的な欠陥は肝心の輸入肉が除外されていること、肉骨粉など飼料を含めた追跡システムが欠けていることである。トレーサビリティ制度に反対しているアメリカに対する配慮で国産牛肉に限定され、ミンチ肉、加工食品が除かれたため、実際に表示される量は流通量の25％にすぎない[10]（EUはすべての牛肉にトレーサビリティを義務化している）。この制度は責任の所在を明確化し、食の安全を確保する上で有効な手段であると考えられるので、他の食品にも適用していくことが必要である。

　畜産物の場合についても農産物と同様で、「単に切断したブロック肉やスライス肉」、「牛挽き肉」も単品をミンチにしたものなので生鮮食品とみなされ、名称と原産地表示が必要となる。しかし「合挽き肉」は複数の種類の家畜、家禽などを組み合わせたものなので、それ自体がひとつの調理された食品とみなされ、加工食品となる。

　また同じ種類の食肉の複数の部位を切断した上で、ひとつのパックに包装したもの（焼き肉用盛り合わせ）などは生鮮食品に、味つけしてひとつのパックに包装したもの（焼き肉セット）やスパイスをふりかけた食肉、たたき牛肉、パン粉をつけた豚カツ用の豚肉などは、いずれも加工食品となる。

　消費量がほぼ一定の豚肉の場合、自給率は49％（2017年度）で、供給量の半分が輸入品である。しかし店では、輸入表示の豚肉を多くみかけることはない。原産地表示のいらないソーセージ・ハムなどの加工食品の原料用に消費されているものと思われる。原産地表示が不要であるこれらの食品には主として原料価格が安い輸入肉が使用されている可能性があることを、消費者は知っておくことが必要である（図6－4、図6－5）。

図6－4：畜産物の表示

保存温度4℃以下
[85] (茨城産) DHAポーク豚切り落とし (モモ)

加工日　消費期限
03. 1. 6　03. 1. 9
100gあたり (円)　98　　327
正味量 (g)　359　　351

0　285327　803514

原産地に都道府県名を表示している例。国産だけの表示でもよいが、飼育場のある都道府県名を記す場合も少なくない。この場合は、国産である旨の表示は省略できる。

（前掲正木『食べちゃダメ？』15 ページ）

畜産物の表示における「消費期限」は食品衛生法の規定による。

図6－5：鶏卵の例

鶏卵、アヒルの卵、うずらの卵、その他の食用鶏卵名を記載。

国産品には国産である旨、輸入品には原産国名を記載。

名　　　称	鶏　卵
原　産　地	国　産
選別包装者	○○養鶏場株式会社 ○○県△△市□□××－××－××
賞味期限	21.3.31
保存方法	10℃以下で保存
使用方法	生食の場合は賞味期限内に使用し、賞味期限後は十分加熱調理してください

賞味期限を経過した後、食する際の注意事項を記載。

鶏卵の表示は、JAS 法と食品衛生法で規定されており、次の事項が必要である。
①名称（例えば「鶏卵」）
②消費期限または賞味期限
③保存方法
④使用方法（例えば「生食の場合は賞味期限内に使用し、賞味期限経過後は充分加熱調理してください」）
⑤採卵又は選別包装を行った施設の所在地
⑥採卵又は選別包装を行った者の氏名（法人の場合は法人名）
⑦原産地（国産または都道府県名等、養鶏場の名称・住所の表示により原産地表示に代えられる）
※②～⑥は食品衛生法　⑦は JAS 法による。

（農林水産省HP　21 ページ）

（3）水産物（魚類、タコ・エビ類などの水産動物類、海産ほ乳動物類、貝
　　類、海藻類の 5 つに分類される）の表示[11]

　名称・原産地・解凍・養殖を表示する。水産物の場合は分類上、たとえば
イカ科に区分されていても、「ヤリイカ」、「スルメイカ」、「アカイカ」、「モ
ンゴウイカ」など種類が多い。したがって一般的な名称として「イカ」と表
示しても良いし、消費者にとよく知られている種類別名称を記載しても良
い。

　原産地については国産品の場合は漁獲した水域名、養殖ものについては養
殖場が属する都道府県名を記載する。輸入品の場合は国際ルールにもとづ
いて漁労活動が行なわれた国および漁獲した船舶が属する国が原産国とな
る。したがって国産品は「釧路沖」、「三陸沖」、輸入品は「カナダ」、「ノル
ウェー」などと記載する。

　またマグロのように広範囲に回遊する魚は「インド洋」、「太平洋」などと
漁獲した水域名を表示する。水域名の記載が困難な場合は「焼津漁港」など
と水揚げした漁港名、または「静岡県」などと漁港が属する都道府県名を表
示することができる。なお国産品は水域名だけではなく、水揚げした漁港ま
たは水揚げした港が属する都道府県名を併記し、輸入品は原産国名に水域名
を併記することもできる。

　どこでとれたのか判断できない場合は水揚げされた港の名前や、その港が
ある都道府県でも良いことになっているのでイメージの良い地名をつけて売
られている。アジが静岡県沖でとれたものでなくても、焼津港に水揚げされ
れば、「焼津のアジ」と表示できる。日本近海産にこだわろうとしても、店
頭の表示だけでははっきりしない。輸入魚は水域ではなく、原産国が表示さ
れる。水産物は加工食品でなくとも輸入品でないものはすべて国産品と考え
る立場に立っている。

　したがって南氷洋でとれても日本国籍の船がとったものは日本が原産国と
なる。むしろ○○沖など水域が書かれているもののほうが表示は信頼でき
る。魚類が 2 ヵ所以上で畜養された場合、原産地は最も長く育ったところ

になる。たとえば韓国でずっと育ち輸入されたアサリが国内で砂抜きされても原産地は韓国である（図6－6）。

図6－6：水産物の表示例

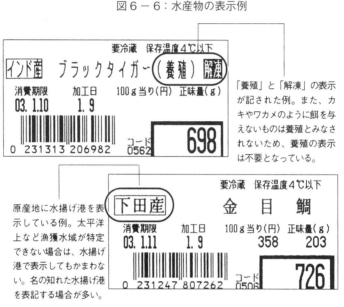

（前掲 正木『食べちゃダメ？』14ページ）

　さらに冷凍したものを解凍して販売する場合は「解凍」と表示しなければならない。ただし魚を冷凍のまま販売する場合は凍結されていることが明白なので「冷凍」という表示は不要である。養殖された魚介類にはすべて「養殖」という表示が必要である（例：ブリ／鹿児島・養殖）。ただし海藻や貝類など給餌を行なっていないものは養殖の表示は不要である。
　水産物ではラウンド（1尾丸ごと）、セミドレス（えら、内臓を取り除いたもの）、ドレス（内臓、頭を除いたもの）、フィレー（三枚おろし）、切り身、刺身、むき身などはすべて生鮮食品となり、名称と原産地表示が必要となる。しかしマグロとイカのように違う種類の刺身を盛り合わせたものは加

工食品となる。たとえばインド洋で中国船がとってきたマグロを単品で出すと「中国産」であるが、韓国産のイカと二点盛りのパック品にすれば漁獲水域や原産国の表示義務はなくなる。つまり刺身は「単品の場合」は生鮮食品、「2種類以上の刺身を盛り合わせにした場合」には加工食品とみなされ、原産地の表示は不要となるのである。マグロとイカの盛り合わせの場合には、「刺身（マグロ、イカ）」だけで良い。加工食品なので解凍マグロであっても、「解凍」の表示は不要である。シーフードのなべ物セットも同様で、「単品であれば、生鮮食品」、「複数（異種）であれば、加工食品」という線引きになる。

　加熱処理、塩蔵、乾燥させた場合、酢などで加工した場合は加工食品になる。火を通した「カツオのたたき」は加工食品で、切ったり、冷凍しただけのものは生鮮食品となる。また塩、酢、しょう油などの調味料をかけたり、まぜたり、火を通したものは加工食品になる。イクラ、干物、しめサバなども加工食品である。完全に火が通っていないものや塩漬けなど簡単な加工のみのものは生鮮食品となる。

　牛たたきはまわりに火を通しただけで中心部まで火が通っていない。ローストビーフは中まで火が通っている。したがって牛たたきは生鮮食品だが、ローストビーフは加工食品となる。ハンバーグは合挽き肉に塩をしてこねただけのものなら生鮮食品となり、タマネギ、卵、パン粉などつなぎを加えれば簡単な加工とはいえないので加工食品となる。このように消費者の感覚では理解できない、覚えきれないほど多くの「抜け穴」がある。生鮮食品と加工食品を区別する必要があるのは義務づけられている表示が異なるためである。

　「天然」のタイは一点盛りにして売り、「養殖」のタイはほかの刺身と合わせて二点盛りにして「養殖」の表示をしないで売る。マグロの刺身もイメージの良い三崎産のマグロなら一点盛りで生鮮食品として売り、台湾産ならイカといっしょに二点盛りにして加工食品として原産地を表示しないで売る。消費者にはすべての水産食品について生鮮魚介類と同様、原産地表示や解

凍・養殖表示が情報として必要である。

　生の野菜、果物、魚などの生鮮食品は原産地の表示は義務づけられているが、添加物の表示は義務づけられていない。ただし生鮮食品でもかんきつ類とバナナに限り、防カビ剤の使用を認めているので、それを使用した場合は防カビ剤（イマザリル、TBZ、OPP、OPP-Na、DP）を使用している旨、食品添加物としての表示が必要である。

　また鶏卵やパック詰めにされた切り身またはむき身にした鮮魚介類、食肉、生カキは食品衛生法で添加物の表示が義務づけられている。ソーセージ、ジャム、ケチャップなどの加工食品の場合、原産地表示は国内で加工された場合には不要である。海外で加工された場合は原産国を表示する。

　輸入された加工食品のうち、原産国名を表示する必要がある加工食品[12]は、①容器包装され、そのままの形態で消費者に販売される製品（製品輸入）（原産国の表示義務は輸入者）、②バルク（最終製品として包装されていない製品）の状態で輸入されたものを国内で小分けし容器包装した製品（原則として表示義務は小分け包装業者。販売業者が表示義務者になることもできる）、③製品輸入されたものを国内で詰め合わせた製品、④その他、輸入された製品について国内で「商品の内容について実質的な変更をもたらす行為」が施されていない製品（たとえば商品にラベルをつけただけのものや商品を容器に詰め、または包装するだけ、商品を単に詰め合わせ組み合わせるだけ、単に切断、混合するだけ、輸送または保存のために乾燥、冷凍、塩水づけにするなど）、である。

　原産国の表示義務は製品輸入したものについては輸入者に表示義務があり、バルクで輸入されたものを国内で小分け包装や詰め合わせした場合は小分け包装業者に表示義務がある。

　次の食品についての原産国の解釈[13]は、①緑茶および紅茶については「荒茶の製造」が行なわれた国、②インスタントコーヒーについては、コーヒー豆の粉砕、抽出濃縮後の乾燥が行なわれた国、ただしレギュラーコーヒーとともに生豆生産国も併せて表示する、③清涼飲料・果汁飲料については希釈

した場合は希釈した国、④詰め合わせ商品については、その容器に詰め合わされた個々の商品の原産国、となっている。

ソーセージに使われている肉など、加工食品の原材料の原産地表示は義務づけられていない。加工食品の原産地は、「その質が変えられた場所」を表示する。モロッコから輸入した冷凍タコを日本でゆでて加工すれば国産品となる。あるいは輸入カツオを高知でたたきにして「高知のカツオのたたき」、輸入たらこを北海道で塩漬けにして「北海道のたらこ」などと、加工食品は、このようなイメージ戦略で売られているものが多い。だまされないようにするには表示のからくりを正確に覚えるしかない。

しかし加工食品のなかで消費者の注目度の高い、①梅干し、ラッキョウ漬け、その他の農産物漬物、②ウナギ加工品、③カツオ削り節、④野菜冷凍食品の4品目＋生鮮食品に近い加工食品22品目群は例外で、原材料のうち重量の割合が50％以上を占める単一の農畜水産物（主な原材料）について原産地表示が義務づけられている（豆腐、納豆、緑茶飲料は除外されている）。原料原産地の表示対象は「すべての原材料のうち重量割合で50％以上占める原材料」と規定されている。合挽き肉のように、2種類の原材料しか含まれていない場合は必ずどちらかの原材料が50％以上になるので最低1種類の原料原産地が表示されることになる。たとえば3種類の野菜ミックスで「キャベツ 4：モヤシ 3：ニンジン 3」の場合であると、どの原材料も50％に達しないので原料原産地表示をする必要はない。5：3：2なら、50％のものだけ表示すれば良い[14]。完全な抜け穴である。本来は部分的な是正ではなく、加工食品全般について原料の原産国表示を1日も早く実現することが必要である（表6－6、図6－7、図6－8）。

表6－6：生鮮食品に近い加工食品の原料の原産地表示

		食品群	具体例
農産加工食品	1	乾燥きのこ類、乾燥野菜及び乾燥果実（フレーク状又は粉末状にしたものを除く）	乾燥しいたけ、乾燥スイートコーン、かんぴょう、切り干し大根、干し柿、干しぶどう等
	2	塩蔵したきのこ類、塩蔵野菜及び塩蔵果実	塩蔵きのこ等
	3	ゆで、又は蒸したきのこ類、野菜及び豆類並びにあん（缶詰、瓶詰及びレトルトパウチ食品に該当するものを除く）	ゆでたけのこ、ゆでたぜんまい、ゆでたごぼう、ゆでた小豆、ふかしたさつまいも、生あん等
	4	異種混合したカット野菜、異種混合したカット果実その他野菜、果実及びきのこ類を異種混合したもの（切断せずに詰め合わせたものを除く）	カット野菜ミックス、カットフルーツミックス等
	5	緑茶及び緑茶飲料	普通煎茶、玉露茶、抹茶、番茶、ほうじ茶、緑茶飲料等
	6	もち	まるもち、のしもち、切りもち等
	7	いりさや落花生、いり落花生、あげ落花生及びいり豆類	いりさや落花生、あげ落花生、バターピーナッツ（油で揚げて味付けしたもの）等
	8	黒糖及び黒糖加工品	黒糖みつ、加工黒糖等
	9	こんにゃく	板こんにゃく、玉こんにゃく、糸こんにゃく等
畜産加工食品	10	調味した食肉（加熱調理したもの及び調理冷凍食品に該当するものを除く）	塩こしょうした牛肉、タレ漬けした牛肉、みそ漬けした豚肉等
	11	ゆで、又は蒸した食肉及び食用鳥卵（缶詰、瓶詰及びレトルトパウチ食品に該当するものを除く）	ゆでた牛もつ、ゆで卵、温泉卵、蒸し鶏等
	12	表面をあぶった食肉	鶏ささみのたたき等
	13	フライ種として衣をつけた食肉（加熱調理したもの及び調理冷凍食品に該当するものを除く）	衣をつけた豚カツ用の豚肉、衣をまぶした鶏の唐揚げ用の鶏肉等
	14	合挽肉その他異種混合した食肉（肉塊又は挽肉を容器に詰め、成形したものを含む）	合挽肉、成形肉（サイコロステーキ）、焼肉セット（異種の肉を盛り合わせたもので生鮮食品のみで構成されたものに限る）等
水産加工食品	15	素干魚介類、塩干魚介類、煮干魚介類及びこんぶ、干しのり、焼きのりその他干した海藻類（細切若しくは細刻したもの又は粉末状にしたものを除く）	みがきにしん、あじ開き干し、しらす干し、だしこんぶ、板のり、ひじき等
	16	塩蔵魚介類及び塩蔵海藻類	塩さんま、塩さば、塩かずのこ、塩たらこ、塩いくら、すじこ（塩漬け）、塩うに、塩蔵わかめ等
	17	調味した魚介類及び海藻類（加熱調理したもの及び調理冷凍食品に該当するもの並びに缶詰、瓶詰及びレトルトパウチ食品に該当するものを除く）	まぐろしょうゆ漬け、甘鯛の味噌漬け、もずく酢等
	18	こんぶ巻	こんぶ巻
	19	ゆで、又は蒸した魚介類及び海藻類（缶詰、瓶詰及びレトルトパウチ食品に該当するものを除く）	ゆでだこ、ゆでがに、ゆでしゃこ、ゆでほたて、釜揚げさくらえび、釜揚げしらす、ふぐ皮の湯引き、蒸しだこ等
	20	表面をあぶった魚介類	かつおのたたき等
	21	フライ種として衣をつけた魚介類（加熱調理したもの及び調理冷凍食品に該当するものを除く）	衣をつけたかきフライ用のかき、衣をつけたムニエル用のしたびらめ等
その他	22	4又は14に掲げるもののほか、生鮮食品を異種混合したもの(切断せず詰め合わせたものを除く)	ねぎま串（加熱調理を行なっていないもの）、焼肉セット（生鮮食品のみで構成されるもの）鍋物セット（生鮮食品のみで構成されるもの）等

（消費者庁食品表示課HP）

図6－7：ウナギのかば焼きの表示例　　　図6－8：梅干しの表示例

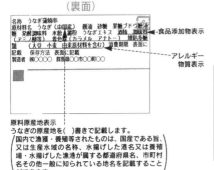

（裏面）

食品添加物表示

アレルギー
物質表示

原料原産地表示
うなぎの原産地を（　）書きで記載します。
国内で漁獲・養殖等されたものは、国産である旨、
又は生産水域の名称、水揚げした港名又は養殖
場・水揚げした漁港が属する都道府県名、市町村
名その他一般に知られている地名を記載すること
ができます。

（『食品表示ハンドブック　第4版』21ページ）

名　　　称	調味梅干
原材料名	梅、漬け汁原材料(食塩、還元水あめ、たんぱく加水分解物、醸造酢)、酸味料、調味料(アミノ酸等)
原料原産地名	中国
内　容　量	120g
賞味期限	平成15年12月31日
保存方法	10℃以下で保存すること
製　造　者	○○食品株式会社
	○○○○県○○市○○町○○○

中国産の梅を原料に使い、国内で製造した場合の表示例。

（前掲正木『食べちゃダメ？』21ページ）

　エビチャーハンのエビなど加工食品に使われている水産品が養殖か冷凍か
の表示は必要でない。ただし加工食品はハムの発色剤など添加物については
表示義務がある。添加物は重量の多い順に記載する。

　加工食品の場合、原材料の欄には使用した素材食品と食品添加物が表示さ
れている。表示に関しては食品と添加物を分けて書くこと、使用量の多い順
に書くことが定められている（2種類以上の原材料からなる複合原材料——
具体的には調味料や弁当、総菜の具など——の製品原料に占める割合が5%
未満のときは、カッコ内は省略できる。また弁当などでは複合原材料の原材
料が4種類以上となる場合は、カッコ内には重量順に3種類の名称を記載
し、そのほかのものは「その他」と記載できる[15]（例：煮物—レンコン、ニ
ンジン、シイタケ）。原材料のなかにアレルギー物質を含む食品が使用され
ている場合には後述のとおり、その旨記載される。

　おいしいものを選びたい、安心なものを選びたいと思うなら、表示の意味
を知り、活用することが重要である。表示を正しく理解するために覚えなけ
ればならないことは生鮮食品と加工食品の見分け方である。愛媛のミカン、
青森のリンゴ、岡山のモモなど、産地で食品を選ぶ人は多い。原産地表示は
売る側がよく売れるようにイメージ戦略のひとつとして使う表示でもあるこ

と、イメージ戦略にだまされないようにするには生鮮食品か加工食品かによって原産地の表示が異なることを覚え、農産物、畜産物、水産物ごとに、どこまでが生鮮食品の範囲なのか知っておく必要がある。生鮮食品に原産地表示規定をもうけても、表示がなくても認められる例外規定が必ず用意されているように思われる。生鮮食品なのに混ぜ合わせれば加工食品とみなし、特定のものを除き、表示不要というのでは消費者の理解は得られないのではないか。

　農家が直接販売する野菜、縁日の綿菓子、店内製造のパンやケーキ、打ち立てのそば、デパ地下のお惣菜など、生鮮食品・加工食品に関係なく、まったく表示がない。店内で処理されたもので、店内で販売する限り、表示は不要である。

　表示の大きな欠点はバラ売りのものには表示の義務がないことである。たとえばバラで売られている（スーパーマーケットで独自にパックしたものも同じ）スライスハムやソーセージ、簡易包装（ラップで包んでホチキスでとめたようなもの）したもの、対面販売で無包装のものを注文に応じて販売する場合なども表示の義務はない。販売者から直接情報が得られる場合は表示が免除される。疑問があれば直接店員に聞くのが建前となっている[16]。またサツマイモ、モヤシなどの野菜を品質保持のためにリン酸液につけた場合なども表示されない。

　生鮮食品と加工商品の区別は簡単そうにみえて、実はあまり簡単ではない。ミカン、リンゴ、ホウレンソウなどの生鮮食品はその食品がとれた場所、また国産農産物の場合は都道府県名、輸入農産物は原産国が表示されている。缶詰やビン詰、味つけされた食べ物など加工食品のうち海外で加工した食品が日本で売られる場合は原産国が表示され、多くの国産の加工食品には表示の義務はない。産地が書かれていなければ国内で加工されているということになる。加工食品の多くは製造場所しかわからず、原材料がどこのものかわからない。

184

Ⅲ）消費者には不十分な表示

　ドイツのソーセージも肉はイギリスのものかもしれないし、日本のしょう油も大豆はアメリカ産のものが多い。これは安心できる食品を選びたい消費者にとって大きな問題といえる。かんきつ類のポストハーベスト農薬を避けようと思い、国産のマーマレードを買ったとしてもポストハーベスト農薬が使われたアメリカ産のオレンジを原材料としてつくられているかもしれない。安全なマーマレードを楽しみたいのなら、国産かんきつ類使用と書かれているものを購入することである。

　冷凍野菜の輸入量は年々増加（89 万トン：2017 年）している。主として外食産業の食材として需要が伸びてきた。生鮮野菜は残留農薬基準にもとづき検疫検査が行なわれているものの、冷凍野菜はほとんど検査されることはなかった。2002（平成 14）年、市民団体が市販の中国産冷凍ホウレンソウの残留農薬検査を行なったところ、禁止農薬や基準値を大幅に上回る残留農薬が次々と検出されたことはすでに述べたとおりである。

　冷凍野菜は中国だけでなく、アメリカやアジアの国々からも輸入されている。国の検査でアメリカ産の冷凍ホウレンソウからも生鮮野菜の基準をはるかに超えた農薬が検出された。政府は慌てて冷凍野菜にも農薬残留検査を行なうことを決めた。また、従来、下ゆで・塩ゆでされた冷凍野菜は加工食品として原産地表示はされていなかったが、2003（平成 15）年から原産地表示が義務づけられた。

　こうして店頭売りの冷凍野菜に原産地表示が行なわれるようになったが、最も多く冷凍野菜を使用するレストランメニューには表示義務がないままである。外食産業で使用する食材は野菜、魚介類、畜産物いずれもほとんどが輸入品である。イギリスでは遺伝子組み換えの原料使用の場合、レストランメニューに表示義務が課せられている[17]。日本でもレストランメニューに表示制度を適用することが必要である。

　以前は魚介類をはじめ野菜、果実など生鮮食品についてはまったく表示義務はなく、ウナギのかば焼きに使われているウナギが国産か中国産か、「紀

州の梅」の梅が国産か中国産かわからなかったが、現在ははっきりとわかるようになっている。冷凍ベジタブルミックスなど冷凍野菜加工品の原産地も、消費者の強い要望によって表示されることになった。

　しかし外国の濃縮ジュースを日本で薄め、ビン詰めした場合には日本原産と表示されるなど、外国食品を簡単に国産食品にできる表示制度となっている。最終的に実質的な変更をもたらす行為を行なった国（場所）が原産国とされるからである。したがって国内で行なわれておれば、製品（商品）そのものの原産地は国内となることから「国産」、「○○県産」と表示できる。ただ原材料が国産であると誤認させるような表示はできない。

　輸入食品の日付表示は製造年月日が不明なら輸入年月日でも良いことになっている。賞味期限は保存テストなどを実施して、製造業者、輸入業者が独自に決めている。その商品が「いつ・だれが・どこで・何を使ってつくったか」をわかりやすく表示するのが生産者・輸出業者の最低限の義務であり、表示を義務づけるのが政府の責任である。

　学校給食の献立表をみせられても、どれが国産で、どれが輸入食品か見分けることは困難である。むしろすべて輸入食品と考えたほうが正しいであろう。学校給食といえども特別な検査は行なわれない。価格だけを重視して輸入品に頼るのは危険である。

Ⅳ）コメの表示 [18]

　コメをみただけでコシヒカリであると判断できるのはよほどの専門家だけである。消費者がコメを選択する拠り所は食品表示しかない。玄米および精米に関してコメ袋に表示が必要なのは、「品名」、「産地・品種・産年・使用割合」、「正味重量」、「精米年月日」、「販売者」である。袋表示は「産地・品種・産年」の３点セットの記載が基本である。さらに消費者が品質を判断する際に重要な「使用割合」を明示することが定められている。産地（どこでとれたか）・品種（銘柄）・産年（いつとれたか）の３つの要素とブレンドの割合がポイントである。新米と表示できるのは生産された当該年の12

月31日までに精米し、袋に詰められたものに限られる。輸入米の場合、精米（または玄米調整─乾燥した籾を擦って玄米を取り出し選別する）年月日が不明なものは輸入年月日の記載でも良いことになっている（図6−9）。

図6−9：新制度における一括表示の例

例①「産地・品種・産年」が一種類の場合

食糧庁精米表示基準に基づく表示				
品　名	精　米			
原料玄米	産地	品種	産年	使用割合
	A県産	はえぬき	○年産	100%
正味重量	○			
精米年月日	○○.○○.○○			
販売者	○○米穀卸株式会社 ○○県○○市○○町○○-○○ 電話番号○○○（○○○）○○○			

例㈢　外国産米を使用する場合

食糧庁精米表示基準に基づく表示				
品　名	精　米			
原料玄米	産地	品種	産年	使用割合
	C県産	コシヒカリ	○年産	60%
	その他			40%
	うちアメリカ産カリフォルニア米 　　　　　　　　　　○年産　30%			
正味重量	○			
精米年月日	○○.○○.○○			
販売者	○○米穀卸株式会社 ○○県○○市○○町○○-○○ 電話番号○○○（○○○）○○○			

例②　未検査米を使用する場合

食糧庁精米表示基準に基づく表示				
品　名	精　米			
原料玄米	産地	品種	産年	使用割合
	A県産	ササニシキ	○年産	50%
	B県産	初　星	○年産	10%
	その他			40%
	（うち未検査米　10%）			
正味重量	○			
精米年月日	○○.○○.○○			
販売者	○○米穀卸株式会社 ○○県○○市○○町○○-○○ 電話番号○○○（○○○）○○○			

例㈣　ブレンド米の場合

食糧庁精米表示基準に基づく表示				
品　名	精　米			
原料玄米	産地	品種	産年	使用割合
	ブレンド米			
正味重量	○			
精米年月日	○○.○○.○○			
販売者	○○米穀卸株式会社 ○○県○○市○○町○○-○○ 電話番号○○○（○○○）○○○			

（安田節子『食品表示の読み方』21ページ）

　名称については「玄米」、「もち精米」、「胚芽精米」、「うるち精米（または精米）」の中から、その内容を表す名称を記載する。また原料玄米については、国産品は都道府県名、市町村名、その他一般に知られている地名を、輸入品は原産国名または原産国名および一般に知られている地名を記載し、使用割合は「100%」と記載する。「複数原料米」については、産地・使用割合は、国産品の場合、「国産△△%」と、また輸入品は、原産国ごとに「○○（国名）産△△%」と、国産品および原産国ごとの使用割合の多いものか

ら順に記載することになっている。

　しかも使用割合が50％未満の原料米の強調表示を禁止した。たとえば、「新潟産コシヒカリ」を10％、「○○県産××ヒカリ」を90％ブレンドしたコメの場合、パッケージの表などの目立つ部分に「新潟県産コシヒカリブレンド」との表示はできない。割合の多い「○○県産××ヒカリブレンド」あるいは「新潟県産コシヒカリ10％」なら認められる。「ブレンド」の文字を産地や品種の文字より小さくするのも禁止された。消費者は強調表示にまどわされてはならないということである。

Ⅴ）有機農産物

　ようやく有機食品が信じられるようになった。しかし有機農産物の生産高が少ないのも事実である。2009年の有機農産物の生産高は国内の農産物全体の0.20％にすぎず、2016年においても約0.26％であった（表6－7）。

表6－7：国内の総生産高と有機農産物の格付数量（2016年度）

区分	総生産量（t）	格付数量（国内）（t）	有機の割合（％）
野菜	11,633,000	40,683	0.35
コメ	8,550,000	9,250	0.11
ムギ	961,000	938	0.10
大豆	238,000	238	0.40
緑茶（荒茶）	77,100	3,533	4.58

（農林水産省生産極農業環境対策課「有機農業をめぐる我が国の現状について」2020年、7ページ）

　多年生作物（果樹など）を生産する場合は3年以上、それ以外の場合は2年以上、化学肥料や農薬を使用していない田畑で栽培された農産物を有機農産物といっている。

　「有機（オーガニック）」という表示は農林水産大臣から認可を受けた第三者機関が生産工程を検査し、厳しい規格に合格した農産物だけに認められるもので、有機JASマークをつけることができる。有機農産物加工食品の場

合も食塩と水を除いた原材料のうち有機農産物材料が95％以上を占め、農産物と同様に第三者認定機関の厳しい規格に合格した加工食品だけに有機JASマークをつけることができ、同時に有機、オーガニックという表現が許される[19]（図6 - 10）。有機食品だけが独自の有機JASマークをもち、表示に厳しい規制があるのは、かつてニセ有機食品がはびこり、消費者を混乱させたためである。

図6 - 10：有機農産物、有機農産物加工食品に表示される「有機JASマーク」

（武末高裕『食品表示の読み方』328 ページ）

有機JASマークの認証を得るには有機であること以外に、次の3つの条件に合致しなければならない。①遺伝子組み換えではないことが保証されること。遺伝子組み換え作物やそれを使った加工食品には、有機JASマークをつけられないこと、②「放射線照射食品」には有機JASマークはつけられないこと、③食品添加物の使用が製造や加工に必要最小限度なものであることを示していること、である。したがって有機JASマークつきの食品を買えば、遺伝子組み換えではない、放射線照射食品ではない、食品添加物が最小限度であるという3つの安心を同時に手にすることができる[20]。

有機農業は現在の農政の中ではきちんとした位置づけがなされていない。現在の青果物流通の仕組みでは大量流通を可能にするため品質が均一で病害虫のまったくない品物が求められ、また規格を定めて農家に厳しく選別を要求する。こうした流通資本の戦略に慣らされて、消費者も完全無欠な野菜や果物を求める傾向が定着している。しかし有機農業では病気や虫喰いのため外観上の品質が落ちたり、品質が不揃いになることがしばしばあり、みかけ

が悪いために安く買いたたかれている。

　そのため有機栽培農家は市場に出荷することは少なく、生産した有機農産物を特定の消費者または消費者グループに直接販売することが多い。むしろ農家と消費者が相互理解を深め、両者が統一的な運動を起こすことが望まれる。

　手に入りやすいのなら多少値段が高くても有機食品を活用したいものである。健康、安全以外に環境問題まで視野に入れて考えるとベターである。「有機JASマーク」がついているものが有機食品であり、有機JASマークの下に認定機関名が付されている。しかし認定機関の格付けリストはまだつくられていない。

　食料の輸入を増やしたために化学物質汚染の危険性が増したり、「快適さ」のために食料生産に使用した化学物質が食料や環境を汚染するという愚かさを再考しなければならない。生命を守り、健康な生活を送ることが国民の倫理基準であり、今後の課題でもある。

　表示は信頼の上に成り立つものである。消費者は表示の当事者を信頼するからこそ表示に注目する。しかしひとたび事件が起これば、信頼は一瞬にして失墜する。当然のことである。

　ここ数年にわたり、消費者の信頼を失わせる不祥事が連続して起きた。これらの事件は確かに企業による不正であり、すべての責任は企業にあることは明らかである。社会に対する責任をはたしてこそ企業の存在意義がある。しかし現在の経済システムは何よりも企業の利益を優先し、必然的に安全が二の次になっている。

　食の安全にかかわる不祥事は企業ばかりを責めてすむ問題ではない。企業倫理をここまで荒廃させた原因のひとつは行政倫理の荒廃にあるからである。食の安全に関して行政が行なったことは、①市場原理の徹底による規制緩和であり、②それに伴う安全管理の民間企業への移管、であった。しかし行政の犯した過ちは公正な競争を企業に課したにもかかわらず、ルールに違反したときの措置が不明確なことである。

　消費者だけが被害者ではなかった。企業は自らも莫大な損害を被った。しかし行政だけは何ら傷を負わなかった。行政倫理の荒廃は三菱自動車の欠陥隠し、アスベスト公害、耐震計算偽装事件、C型肝炎患者の放置などにみられ、共通してすべて無責任であった。

　厚生労働省は常に「情報は出している。選択は消費者がすれば良い。消費者に選ばれない食品企業は淘汰される」と主張してきた。しかし企業が淘汰されるまでに起こったリスクや被害はだれが責任をもつのか。その無責任な政府・行政を選択したのは、私たち消費者であることも肝に銘じておくべきである。

　消費者が毎日口にしているあらゆる食べ物は、多かれ少なかれ有害物質に汚染されている。食品の大量生産、大量消費、つまり食の工業化には食品添加物が大きな役割をはたした。大量・広域の食料供給を可能にした最も重要な条件のひとつとなった。添加物の使用が認められていなければ、食品の大量生産、長距離輸送、大量消費は不可能であった。食品添加物を使用する機会が増え、健康に対する危険性も増大することになった。健康教室やエアロビクス、ジャズダンス教室も必要なかったかもしれない。これについて渡辺雄二はその著『食品汚染』の中で次のように述べている。

　　保存料や殺菌剤によって、食品は腐らなくなり、何カ月間も店頭に並べたり、倉庫に保管することが可能になった。品質改良剤や乳化剤などによって、また機械によって容易に大量生産することができるようになった。着色料や着香料、調味料などによって、何とか食べるのに耐えうるものに変えることができた。例えば、パンは、臭素酸カリウムなどの品質改良剤によって、ふっくらとしたものが、機械によって大量に生産できるようになった。肥料にしかならないような魚肉でも、着色料や着香料、化学調味料によって、ソーセージにすることができるようになった[21]。

ファミリーレストランなどの外食産業では原価を低く抑えるために、しば

しば古米や古古米を使用している。そのまま炊くと特有のにおいがしておいしくないため、炊くときにデキストリンやサイクロデキストリンなどの炊飯用品質改良剤を加える。これで古米特有のにおいを消し、風味も良くしている。

　企業が添加物を使用するのは主として経済的理由である。安価でおいしく、保存性が良く、使い勝手の良い、競争力のある商品をつくり出すためである。安く、おいしく、手軽に食べられる食品を消費者は望んでいるという美名のもとに、安全性の軽視という消費者にとって好ましくない使われ方がなされている危険性がある。添加物は企業の大量生産、大量販売のための手段として使用されており、消費者にとっては有害でまったく必要のないものである。

　生鮮、加工食品中に含まれる多数の食品添加物も摂取量が微量なら人体には影響がないという、いわば保証なき保証のもとで使用されており、国民の身体を蝕んでいることを忘れてはならない。まず食べ物に対する意識を根本的に変え、自然に育てられたものをできるだけ自然な形で摂取できる状況に変えることが必要である。今までのところ、消費者自身が注意する以外に方法はない。危険性の高い添加物はできるだけ体内に取り込まないようにする必要がある。

6－2．新しい食材の代表、遺伝子組み換え作物の安全性

遺伝子組み換え作物はどのようにしてつくられるのでしょうか。
遺伝子を組み込んだ作物は安全なのでしょうか。
どこが問題なのでしょうか。
なぜ遺伝子組み換えに関する表示が必要なのでしょうか。

1．遺伝子組み換え食品は本当に必要なのでしょうか。組み換え作物に頼る以前になすべきことがあるのではないでしょうか。自給率をもっと高めるのもそのひとつです。

2．遺伝子組み換え食品はどのようにしてつくられるのでしょうか。大豆・トウモロコシ・ジャガイモなど輸入が認められている遺伝子組み換えによる新食品は完全に安全と言い切れるのでしょうか。急性毒性はなくとも、食品を食べ続けた後にどのようになるかはまったくわかっていません。現在の安全性はあくまで現在の科学で想定される範囲での安全性です。現在、世界中で遺伝子組み換え食品を一番たくさん食べているのは日本人です。

3．「遺伝子組み換えでない」と表示されているもの、「飼料に遺伝子組み換えコーン・大豆を与えていません」などの表示のあるものを選ぶことです。ファストフードやその場で包んでくれるお弁当屋などには遺伝子組み換え食品に限らず、原材料の表示義務はありません。消費者はどんな材料が使われているか知ることはできません。

VI）遺伝子組み換え食品と表示の現状 [22]

　最初に消費者が口にした遺伝子組み換え作物はアメリカで1995（平成7）年に販売された日持ちトマト「フレーバー・セイバー」だった（後に申請が取り下げられ、アメリカでも市場から姿を消している）。遺伝子組み換え食品とは「遺伝子組み換え技術」を応用して品種改良した農産物またはそれを原材料とした食品のことである。ある生物にほかの生物の遺伝子を導入し、新しい形や性質をつけ加え、その結果、つくられた作物が遺伝子組み換え作物、それを原材料にした食品が遺伝子組み換え食品である。わかりやすくいえば、有用な利用したい性質をもった生物の遺伝子―― DNA（デオキシリボ核酸からできている）――を切り取って、別の植物に入れ、新しい性質をもたせるものである。

　昔から行なわれてきた品種改良やかけ合わせは同種の生物同士の交配なの

に対して、遺伝子組み換え技術は生物の種を超えたかけ合わせである。種を超えるのでどんな可能性でも考えられる（図6-11）。

図6-11：遺伝子組み換えと従来交配の育種の違い

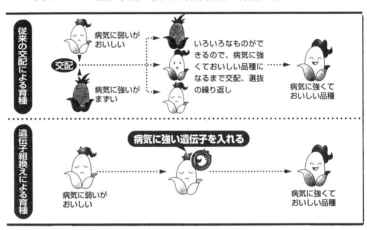

（食生活情報サービスセンター『遺伝子組換え食品』1ページ）

　しかし遺伝子組み換え作物をつくるときに、一体いくつの外来遺伝子が導入されるのか、作物が本来もっている遺伝情報の中のどこに組み込まれるのか、などの詳細は予測できない。現在のところ目的遺伝子の導入はセットで導入されるが、組み換え操作の結果、まるごと1セット入るのか、何セットも入るのか、物理的に切断された断片が入るのか予測できず、偶然に左右されており、研究者の力ではコントロールできない。再現性に欠ける未熟な技術である。その結果、栄養価が損なわれ、望ましくない成分の含有量が増加する可能性が生じると考えられる。たとえば現在、ジャガイモの芽の部分だけに存在する有害成分ソラニンがあらゆる組織で合成されるようになる可能性も否定できない。可能性は非常に低くとも起こる可能性がある以上、厳しい安全性検査が必要である。
　除草剤をまいても枯れないように遺伝子を操作してある除草剤耐性作物

と、虫が食べると死ぬ毒素が出る遺伝子を組み込んだ殺虫性作物の 2 種類が主流である（ほとんどの場合、抗生物質耐性遺伝子〈DNA〉も同時に組み込まれている。これまでにつくられたほとんどの組み換え作物には抗生物質耐性遺伝子が入っている）。1996 〜 2018 年の栽培面積は約 110 倍に拡大し、26 ヵ国で栽培されている。2018（平成 30）年における世界の遺伝子組み換え作物作付面積は約 1 億 9170 万 ha と日本の国土の数倍にまで拡大している。栽培面積の多い国は上位よりアメリカ（7500 万 ha）、ブラジル（5130 万 ha）、アルゼンチン、カナダ、インドで、その面積はいずれも 1000 万 ha を超える[23]。

　1996（平成 8）年 8 月、日本ではじめて遺伝子組み換え作物の輸入が認められた。遺伝子組み換え技術は最初、大腸内で C 型肝炎などに効くインターフェロンを合成するなど医薬品分野で実用化され、その後、農業の効率化をはかるために導入された。農業分野への応用は 1980 年代の後半からである。外国企業が開発した大豆（エダマメ、大豆モヤシを含む）、トウモロコシ、なたね、綿実、ジャガイモの 5 種類（テンサイも安全性が確認されているが、食品として輸入されていない）での遺伝子の導入が認可されている。農産物では 5 年後の 2001（平成 13）年になってようやく本格的に、この 5 品目の表示が義務づけられた。その後、アルファルファ、テンサイが表示対象に追加され、2019（令和元）年 8 月現在、8 作物 320 品種となっている。（表 6 − 8）。

　トウモロコシ、大豆、ワタは主としてアメリカから、なたねは主としてカナダから、輸入される。日本の年間輸入量のうち遺伝子組み換え食品の割合は、2017（平成 29）年の推計値で、トウモロコシが 92％、大豆が 94％、なたねが 89％、ワタが 92％で、この 4 作物はほとんど日本で栽培されていない。輸入される遺伝子組み換え作物の大半は表示義務のない食用油や飼料として利用されるため、多くの人が現状に対して実感がわかない。しかし飼料を輸入穀物に依存している日本ではこの作物の輸入が途絶えれば、畜産業は直ちに立ち行かなくなるのも事実である[24]。食料自給を放棄した結果がこ

の数値である。しかし多くの消費者にはそれほど多く食べているという実感
はないのではないか。

表６−８：安全性審査の手続きを経た遺伝子組み換え食品および添加物

遺伝子組み換え食品

作物	品種数	特徴
トウモロコシ	206	害虫抵抗性等
大豆	28	除草剤耐性等
なたね	21	害虫抵抗性等
ジャガイモ	9	害虫抵抗性等
テンサイ	3	除草剤耐性
綿実	47	除草剤耐性等
アルファルファ	5	除草剤耐性
パパイヤ	1	ウイルス抵抗性

遺伝子組み換え添加物

添加物	役割	品目	特　　　徴
α - アミラーゼ	酵素	11	生産性向上等
キモシン	酵素	3	生産性向上等
ブルラナーゼ	酵素	3	生産性向上
リパーゼ	酵素	3	生産性向上
リボフラビン	ビタミン	2	生産性向上
グルコアミラーゼ	酵素	3	生産性向上
α - グルコシルトランスフェラーゼ	酵素	3	生産性向上等

（食品安全委員会 HP「特集　リスク評価」3 ページ）

　加工食品では加工後も組み換えられた遺伝子またはこれによって生じたた
んぱく質が残る可能性のあるものだけに表示義務がある。表６−９に示さ
れているわずか８つの農産物とその加工品 33 食品群である。組み換え農産
物は、図６−12 のように使われている。

表6－9：遺伝子組み換え農産物＆その加工食品の表示制度

【農産物　8作物】大豆（枝豆、大豆もやしを含む）、とうもろこし、ばれいしょ、なたね、綿実、
　　　　　　　　　アルファルファ、てん菜、パパイヤ

【加工食品　33食品群】	対象農産物
1. 豆腐・油揚げ類	大豆
2. 凍豆腐、おから及びゆば	大豆
3. 納豆	大豆
4. 豆乳類	大豆
5. みそ	大豆
6. 大豆煮豆	大豆
7. 大豆缶詰及び大豆瓶詰	大豆
8. きな粉	大豆
9. 大豆いり豆	大豆
10. 1から9を主な原材料とするもの	大豆
11. 大豆（調理用）を主な原材料とするもの	大豆
12. 大豆粉を主な原材料とするもの	大豆
13. 大豆たん白を主な原材料とするもの	大豆
14. 枝豆を主な原材料とするもの	大豆
15. 大豆もやしを主な原材料とするもの	大豆もやし
16. コーンスナック菓子	とうもろこし
17. コーンスターチ	とうもろこし
18. ポップコーン	とうもろこし
19. 冷凍とうもろこし	とうもろこし
20. とうもろこし缶詰及びとうもろこし瓶詰	とうもろこし
21. コーンフラワーを主な原材料とするもの	とうもろこし
22. コーングリッツを主な原材料とするもの（コーンフレークを除く）	とうもろこし
23. とうもろこし（調理用）を主な原材料とするもの	とうもろこし
24. 16から20を主な原材料とするもの	とうもろこし
25. 冷凍ばれいしょ	ばれいしょ
26. 乾燥ばれいしょ	ばれいしょ
27. ばれいしょでん粉	ばれいしょ
28. ポテトスナック菓子	ばれいしょ
29. 25から28を主な原材料とするもの	ばれいしょ
30. ばれいしょ（調理用）を主な原材料とするもの	ばれいしょ
31. アルファルファを主な原材料とするもの	アルファルファ
32. てん菜（調理用）を主な原材料とするもの	てん菜
33. パパイヤを主な原材料とするもの	パパイヤ

●加工食品については、その主な原材料（全原材料に占める重量の割合が上位3位までのもので、
かつ原材料に占める重量の割合が5％以上のもの）について表示が義務づけられています。

（消費者庁・農林水産省HP「JAS法に基づく食品品質表示の早わかり　平成23年12月版」2ページ）

[表示の禁止事項]
組み換えDNA技術を用いて生産された農産物の属する作目以外の作目及びそれを原材料とする加工食品
にあっては、当該農作物に関し遺伝子組み換えでないことを示す用語を表示してはいけません。
すなわち本表に掲載されている農作物以外、たとえばキュウリに「遺伝子組み換えでない」と表示する
ことはできません。
[表示の省略]
次にあげる食品については、表示を省略することができます。
1. 表に掲げる農作物又はこれを原材料とする加工食品を主な原材料としない加工食品（主な原材料とは、
　全原材料中重量が上位3品目以内で、かつ、食品中に占める重量から5％以上のものを示します。）
2. 表に掲げる加工食品以外の加工食品（醤油、大豆油、コーンフレーク、砂糖等）
3. 製品に近接した掲示その他の見やすい場所に区分等が表示されている、表に掲げる農作物
4. 非遺伝子組換え食品である表に掲げる加工食品のうち、表に掲げる農作物1種類を原材料としている
　場合の原材料名
5. 直接一般消費者に販売されない食品

（『食品表示ハンドブック　第4版』60-61ページ）

図 6 − 12：どんなものに使われますか？

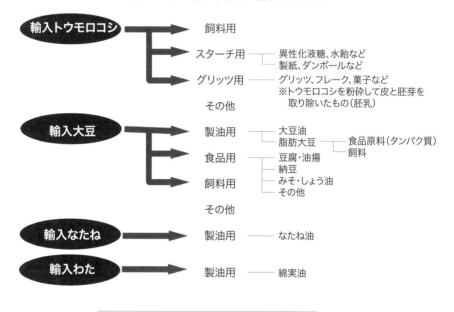

輸入トウモロコシの多くは主に加工用に用いられます。
大豆、なたねも油を絞る品種が主流になっています。

（厚生労働省ＨＰ）

　遺伝子組み換えの場合、農産物と加工食品については図 6 − 13 のように
表示される。「遺伝子組み換え食品」、「遺伝子組み換え不分別」と書いてあ
るものは避ける必要がある。「不分別」とは遺伝子組み換えと非遺伝子組み
換えのものを分けて生産・輸送・保管していない、つまり遺伝子組み換え作
物が混じっていると考えたほうが賢明である。流通している遺伝子組み換え
食品はすべて輸入品である（図 6 − 14 は食品の表示例）。

図6－13：表示制度

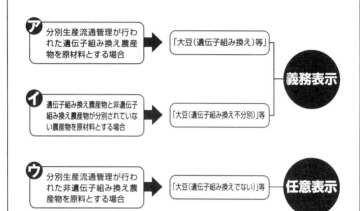

表示制度

❶ 従来のものと組成、栄養価等が同等のもの
（除草剤の影響を受けないようにした大豆、害虫に強いトウモロコシなど）

① 農産物及びこれを原材料とする加工食品であって、加工後も組み換えられたDNAまたはこれによって生じたたんぱく質が残存するもの

ア 分別生産流通管理が行われた遺伝子組み換え農産物を原材料とする場合 → 「大豆（遺伝子組み換え）等」 ┐
イ 遺伝子組み換え農産物と非遺伝子組み換え農産物が分別されていない農産物を原材料とする場合 → 「大豆（遺伝子組み換え不分別）」等 ┘ **義務表示**

ウ 分別生産流通管理が行われた非遺伝子組み換え農産物を原料とする場合 → 「大豆（遺伝子組み換えでない）」等 **任意表示**

② 組み換えられたDNA及びこれらによって生じたたんぱく質が、加工後に残存しない加工食品（大豆油・しょう油・コーン油・異性化液糖等）

「大豆（遺伝子組み換えでない）」
「大豆（遺伝子組み換え不分別）」 **任意表示**

❷ 従来のものと組成、栄養価等が著しく異なるもの
（高オレイン酸大豆、高リシンとうもろこし）

→ 「大豆（高オレイン酸遺伝子組換え）」
「とうもろこし（高リシン遺伝子組換え）」等の義務表示

（注）分別生産流通管理とは、遺伝子組み換え農産物または非遺伝子組み換え農産物を農場から食品製造業者まで生産、流通及び加工の各段階で相互に混入が起こらないように管理し、そのことが書類により証明されていることをいいます。

（田島眞他『安全な食品の選び方・食べ方事典』243ページ）

図6-14：遺伝子組み換えに関する表示の例

①従来のものと組成、栄養価等が著しく異なるもの
（高オレイン酸大豆を主な原材料とした食品の例）

●高オレイン酸大豆を原材料としている場合＜義務表示＞

名　　称　　食用大豆油
原材料名　　食用大豆油（大豆（高オレイン酸遺伝子組換え））
内 容 量　　300g
賞味期限　　○年△月×日
保存方法　　直射日光を避け常温で保存
製 造 者　　○○食品株式会社
　　　　　　東京都千代田区○○○

②従来のものと組成、栄養価等が同等なもの
（大豆を主な原材料とした食品の例）

●遺伝子組換え大豆と遺伝子組換えでない大豆が分別されていないものを原材料としている場合＜義務表示＞

名　　称　　○○○
原材料名　　大豆（遺伝子組換え不分別）、○○、△△
内 容 量　　○○g
賞味期限　　○年△月×日
保存方法　　10℃以下で保存
製 造 者　　○○食品株式会社
　　　　　　東京都千代田区○○○

●遺伝子組換えでない大豆を原材料としている場合＜任意表示＞

名　　称　　食用大豆油
原材料名　　大豆、○○、△△
内 容 量　　○○g
賞味期限　　○年△月×日
保存方法　　直射日光を避け常温で保存
製 造 者　　○○食品株式会社
　　　　　　東京都千代田区○○○

名　　称　　食用大豆油
原材料名　　大豆（遺伝子組換えでない）
内 容 量　　○○、△△
　　　　　　○○g
賞味期限　　○年△月×日
保存方法　　直射日光を避け常温で保存
製 造 者　　○○食品株式会社
　　　　　　東京都千代田区○○○

（前掲 山口『食環境問題Q＆A』191 ページ）

　納豆を例に原材料となる大豆についてみてみると、それぞれの表示の意味は次のようになる[25]。

『遺伝子組み換えでないものを分別』『遺伝子組み換えでない』
　　→遺伝子組み換えが行なわれていない大豆を遺伝子組み換えが行なわれた大豆と混ざらないように管理して使用している。
『遺伝子組み換えのものを分別』『遺伝子組み換え』
　　→遺伝子組み換えが行なわれた大豆だけを取り分けて使用している。
『遺伝子組み換え不分別』
　　→遺伝子組み換えが行なわれた大豆が混ざらないように管理していない。

「遺伝子組み換えのものを分別」、「遺伝子組み換え」、「遺伝子組み換え不

分別」は表示義務があるが、「遺伝子組み換えでないものを分別」、「遺伝子組み換えでない」の表示は任意のものにすぎない。したがってスーパーマーケットに並ぶ納豆にも「遺伝子組み換えでない」という表示があるものと、何の表示もないものがある。どちらも遺伝子組み換えが行なわれていない食品である。

遺伝子組み換え加工食品でも表示が免除されている[26]ものがある。それは、①しょう油（発酵食品）、②大豆油、コーン油、なたね油、綿実油（以上、油を抽出して精製したもの）、③水あめ、異性化液糖、デキストリン（以上、でんぷんを抽出して加工したもの）、④コーンフレーク（加熱してつくったもの）、⑤ビール、酒、ウイスキーなどの酒類、である。

つまり表示されていない食品で遺伝子操作した疑いのある食品が存在するということである。輸入される組み換え大豆、トウモロコシの90％は飼料、油、しょう油になり、ほとんどは表示されないまま流通している。製造・加工の段階で原料に使われた農産物中の組み換えDNAや酸性たんぱく質が分解されたり、除去されるために、組み換え農産物が使われたかどうかの判定が困難になり、表示の意味がないものや、技術的、経済的にも困難なことなどが農林水産省の判断の根拠となっている。

上記の加工食品の対象農産物は表6－9の1～15大豆、16～24トウモロコシ、25～30ジャガイモ、31アルファルファ、32テンサイ、33パパイヤである。遺伝子組み換え食品の中には加熱すると組み換え遺伝子やそれから生じたたんぱく質が検出できなくなるものがあり、製品になれば遺伝子組み換えかどうかの判別が困難なものは表示が免除されている。

たとえば大豆の場合、大豆そのものは表示義務がある。エダマメ、煮豆も当然である。豆腐も大豆のたんぱく質を固めたものであり、たんぱく質が残っているので表示義務がある。みそはたんぱく質が残っているので表示されるが、しょう油はコウジ菌でたんぱく質が分解されているので表示義務はないことになる。さらに組み換え技術を利用して生産された食品添加物も対象とならない。しかも表示義務のある食品（たとえば豆腐）では、「表示な

し」は不使用を意味し、表示義務のない食用油では「表示なし」は使用を意味する。消費者は表示義務のある商品をすべて知っていなければ選べないことになる。

　消費者の知りたいことは組み換え農産物が食品に使われたかどうかである。そのためにも組み換え農産物が原料として使われたかどうかを生産・流通段階から表示義務を課すべきではないか。なぜメーカーも堂々と「使用」あるいは「不使用」と表示できないのか（2003〈平成15〉年、EUは日本の農水省とは異なり、たんぱく質が最終製品中に存在するかどうかにかかわらず、遺伝子組み換え食品〈および飼料〉に表示を義務づけた）。

　さらに日本では加工食品の「遺伝子組み換えの原材料」が重量の5％以下、原材料表示の順位が4番目以下の場合も表示が免除されている（重量の5％以上、重量の上位3番目までは表示義務がある）。日本が海外から大豆を輸入した場合、農家の倉庫⟹外国の港の倉庫⟹輸送船の倉庫⟹日本の港の倉庫⇒食品メーカーの倉庫と、いくつもの段階を経るので、いくら厳密にチェックしても混入をゼロにすることは困難[27]であるという理由による。EUは2000（平成12）年4月から0.9％以上の組み換え農産物が混入した場合はすべての加工食品、食品用原材料、添加物などに表示を義務づけている。5％まで意図せざる混入を認める日本の姿勢は非常に甘いといわざるを得ない。この5％という数字は農産物の多くをアメリカから輸入していることと関係がある。

　日本が輸入する大豆の約73％はアメリカ産で、アメリカで栽培される大豆の作付面積の約85％が遺伝子操作大豆である。外見から遺伝子組み換え作物と従来の作物とを区別できない。しかもアメリカでは多くの農家がこの両者を同時に栽培し、収穫後も分けて貯蔵していない。したがって輸入作物の中にどれくらいの組み換え作物が入っているかわからない[28]。

　アメリカを最大の輸入相手国とする以上、意図せざる混入の規制基準を甘くしておかなければ表示を実現できないという問題がある。日本の遺伝子組み換えに関する表示制度の甘さを象徴している。

重要な加工食品にもかかわらず、高オレイン酸大豆油以外については表示が免除された。これは「天然製品に遺伝子操作の痕跡が残らない」という理由による。高オレイン酸大豆については、その加工品を含め、「高オレイン酸遺伝子組み換え」との表示が義務づけられている。遺伝子とたんぱく質が残れば表示義務がある。トウモロコシや脱脂後の大豆、なたね、綿実は家畜の飼料となるが飼料も表示対象外である（図6－14）。

農林水産省の表示方法では約90％の遺伝子組み換え食品は表示の対象外になると試算されている。その結果、表示された組み換え食品と表示のない組み換え食品が流通しており、消費者は事実上、選択困難な状況にある。すべての組み換え食品に表示されはじめて一般の食品と区別でき選択する意味がある。また表示が任意だと商品に対する責任が曖昧になり、事故が起きた際の原因究明や責任追及が不可能になる。

厚生労働省は、「情報は提供しているので、あとは消費者の選択の問題である。消費者の支持が得られないブランドや企業は淘汰される」と言い切る。問題がないと思えば受け入れれば良いし、不安なら避ければ良い、お好きにどうぞということであろう。

JAS法で定められた表示は原材料表示の欄などに小さく「遺伝子組み換え」などと書かれているだけでわかりくにくいため、東京都は独自のマークをつくった。「組換え」、「非組換え」、「不分別」のどれに相当するのか、▼印でマークがつけられる。残念ながらこのわかりやすいマークに使用義務はない。日本では「国産100％」などの表示があれば、遺伝子組み換え農作物は混入していないと考えられる。ファストフードやその場で包んでくれるお弁当屋などには遺伝子組み換えに限らず、原材料の表示義務はない。消費者にはどのような材料が使われているかまったくわからない。EUでは外食産業も対象でメニューに表示しなければならない。

表6－10は遺伝子組み換えかどうか見分けようのない原材料を使っている食品であるが、バター、脱脂粉乳、全粉乳、卵黄、果糖、ぶどう糖、アミノ酸など、植物性たんぱく、でんぷん、レシチンなどは遺伝子組み換えのも

のが入っているか見分ける方法はなく、しかもこれらを使っていない食品はほとんどない。そこでこれらの原材料がなるべく少ない食品を選ぶしか方法がない（表6－10、表6－11）。

表6－10：遺伝子組み換えの見分けようのない原材料とその理由

見分けようのない原材料名	疑わしい理由
植物性たんぱく	原料に遺伝子組み換えの大豆が使われているかもしれないから
たんぱく　　　加水分解物	原料に遺伝子組み換えの大豆たんぱくが使われているかもしれないから
レシチン	原料に遺伝子組み換えの大豆，卵黄が使われているかもしれないから
でんぷん	原料に遺伝子組み換えのコーン，ジャガイモが使われているかもしれないから
デキストリン	原料に遺伝子組み換えのでんぷんが使われているかもしれないから
フラワーペースト	
ぶどう糖	
果糖ぶどう糖液糖	
ぶどう糖果糖液糖	
水あめ	
果糖	原料に遺伝子組み換えのぶどう糖が使われているかもしれないから
調味料(アミノ酸等)	グルタミン酸ナトリウムをつくるときの原料のコーンに遺伝子組み換えの不安があるから
醸造用アルコール	原料のでんぷんに遺伝子組み換えの不安があるから
醸造酢	原料のアルコールをつくるときに使うでんぷんが遺伝子組み換えかもしれないから
みりん風調味料	原料の水あめに遺伝子組み換えの不安があるから
バター	遺伝子組み換え飼料（コーン，大豆）で成育した牛からの乳製品でつくられたかもしれないから
脱脂粉乳	
全粉乳	
生クリーム	
生乳	
乳たんぱく	
カゼインナトリウム	
牛エキス	遺伝子組み換え飼料（コーン，大豆）で成育した牛からの製品かもしれないから
ビーフパウダー	
ヘット・ラード	遺伝子組み換え飼料（コーン，大豆）で成育した牛，豚からの製品かもしれないから
卵黄・卵白	遺伝子組み換え飼料（コーン，大豆）で育てられた卵からの製品かもしれないから

（増尾清『食品表示の見方・生かし方』14ページ）

表6－11：こんなにある「疑わしい原材料」

表示 品名	食品表示（原材料名） 市販食品
コロッケ	野菜（トウモロコシ・たまねぎ），デキストリン，濃縮乳，でんぷん，植物油脂，小麦粉，バター，クリーム，食塩，たんぱく加水分解物，衣（パン粉，植物性油脂），でんぷん，米粉，小麦粉，粉末状植物たんぱく，卵白粉，食塩），揚げ油（大豆油，ナタネ油），増粘多糖類，調味料（アミノ酸），セルロース，アトナー色素
カレー	食用油脂，小麦粉，食塩，砂糖，カレーパウダー，香辛料，粉乳，トマトパウダー，チーズ，肉エキス（ビーフ，ポーク），ピーナッツバター，はちみつ，フルーツペースト，チャツネ，りんごペースト，調味料（アミノ酸等），着色料（カラメル，パプリカ色素），乳化剤，炭酸Ca，酸味料，その他
揚げさつま	魚肉（タラ），でんぷん，食塩，砂糖，ぶどう糖，みりん，植物性たんぱく，調味料（アミノ酸等），甘味料（ステビア・甘草），保存料（ソルビン酸），PH調整剤
ポークソーセージ（ウインナー）	豚肉，結着材料（植物性たんぱく・でんぷん），食塩，ぶどう糖，ビーフエキス，香辛料，調味料（アミノ酸等），保存料（ソルビン酸K），リン酸塩（Na・K），PH調整剤，酸化防止剤（ビタミンC），発色剤（亜硝酸Na）
福神漬	だいこん，きゅうり，なす，れんこん，しょうが，なたまめ，しそ，ごま，漬け込み原材料〔しょう油・アミノ酸液・糖類（砂糖，ぶどう糖果糖液糖）醸造酢，食塩，香辛料〕，調味料（アミノ酸等），酸味料，保存料（ソルビン酸K），増粘剤（キサンタン），着色料（黄4，赤102，赤色106），香料
生中華めん	めん，小麦粉，でんぷん，卵白粉末，酒精，植物性油脂，食塩，かんすい，卵殻カルシウム，キサンタンガム（増粘剤），クチナシ色素，添付調味料，しょう油，動植物性油脂，食塩，調味料（アミノ酸等），糖類，肉エキス，香辛料，野菜パウダー，醸造調味料，酸味料，カラメル色素，香料
アイスキャンディー類	砂糖，ぶどう糖果糖液糖，脱脂粉乳，殺菌乳酸菌飲料，香料，酸味料，安定剤（CMC），保存料（安息香酸Na，パラオキシ安息香酸），着色料（赤102，黄4，黄5，青1）

注　下線つきは疑わしい原材料。

（増尾清『食品表示の見方・生かし方』16ページ）

遺伝子組み換え不安の大きい食品の選び方（ワンポイント[29]）は、

　　◎しょう油　　有機大豆使用のものを選ぶ
　　◎食用油　　　紅花油、オリーブ油、ごま油、米油、ひまわり油、
　　　　　　　　　しそ油を選ぶ
　　◎マヨネーズ　紅花油のものを選ぶ
　　◎マーガリン　紅花油のものを選ぶ
　　◎フレーク　　カボチャ、サツマイモ、玄米のものを選ぶ
　　◎酢　　　　　純米酢を選ぶ
　　◎酒　　　　　純米酒、純米吟醸酒を選ぶ
　　◎ビール　　　麦芽 100％のものを選ぶ
　　◎ウイスキー　モルトのものを選ぶ

などである。

VII) 遺伝子組み換え作物の問題点

　遺伝子組み換え作物のうち最も数多く開発されている品種は除草剤耐性作物である。従来、作物を残して雑草だけを完全に枯らすことのできる除草剤がなかったため、雑草の種類ごとに除草剤を使い分けてきた。しかし組み換え技術の導入により、その作物以外の雑草をひとつの除草剤で根こそぎ枯らすことができるため、大きな省力効果によるコストダウンが実現し、作付面積を拡大できるようになった。

　除草剤耐性作物（大豆、なたね、トウモロコシ、ジャガイモ、綿実など）には除草剤のグリホサートが使用されている。アメリカでは最近、グリホサートの基準値が大幅に緩和された。トウモロコシで 10 倍、綿実は 20 倍に変更された。遺伝子組み換え作物に除草剤のグリホサートを使用している限り、雑草だけが枯れて作物には影響がない性質が組み込まれ続け、こうして栽培されたトウモロコシや大豆、綿実などがアメリカから大量に輸入され

ている。この農薬は酵素の働きを阻害し、植物がアミノ酸を合成できなくなり、枯死するという仕組みになっている。また殺虫性作物（ジャガイモ、トウモロコシ、綿実など）は殺虫性たんぱく質、BT 毒素の遺伝子を組み込んだ作物でチョウ、ガ、蚊、ハエ、カブト虫、クワガタ、テントウ虫などに対して強い毒性を示すが、人間はこの毒素に対する受容体をもたないため経口摂取しても健康への影響はない[30]といわれている。

　アメリカではより厳しい基準を決めている。毒性の作用が同じ農薬についてはまとめて摂取量を計算することや子供への安全を配慮して基準を大人の10 倍も厳しくしていることである。一方で、日本はアメリカ流の計算方法を採用しながら重要な点は取り入れていないのが現状で、国民の健康には配慮していない。その後、クローン牛が食品として出回っている事実も明らかになった（ヨーロッパではこうした生命を操作してつくる食品をフランケンシュタイン食品とよんでいる）。

　遺伝子組み換え作物の作付面積は、2017（平成 29）年に 1 億 9000 万ha となり、大豆の栽培面積は 9410 万 ha、トウモロコシは 5970 万 ha、綿実は 2410 万 ha、なたねは 1020 万 ha となっている。日本国内の大学や研究機関でも野外での試験栽培がはじまっている[31]。

　作付面積が拡大するにつれて問題点も顕在化してきた。害虫の耐性化を引き起こす、チョウを殺す、ミツバチやテントウ虫などの益虫を短命化させる、など生態系に影響を与えている。一生食べ続けた場合の「慢性毒性」は調べられていない。この遺伝子組み換え食品の登場によって新たな不安が増したことになる。遺伝子組み換えの何が危険なのであろうか。

　かつて「遺伝子組み換え」は積木と同じで、遺伝子の一部を取り外し、ほかの遺伝子につける単なるパーツの交換と考えられがちであった。しかし生物はほかの遺伝子が組み込まれると、それに抵抗しようとする保護機能が働く。そこで遺伝子組み換えをする場合、その保護機能を抑えるために病気を起こす力をなくした上で、病気のウィルスをいっしょに遺伝子の中に組み込ませる。病気のウィルスがほかの遺伝子に対してどんな働きをするのか、ま

た最初に遺伝子組み換えをするときにほかの遺伝子に対してどんな連鎖反応を起こすのか、ほとんどわかっていない[32]。安全の面からも、生態系の面からも未解決である。動物の遺伝子が植物に組み入れられる危険性の問題にも答えが出ていない。

　安全の面からも、生命倫理の面からも決着がついておらず、本来なら食の分野では世に出せるほど成熟した技術ではない。遺伝子1個を作物に導入すれば目的が達成できるほど単純ではない。

　DNAそのものを摂取した場合にも問題がある。食べ物として摂取したDNAが必ずしも完全に消化分解されているとは限らないこと、DNAの水平方向（異種生物）への伝達が起こりうるということである。また生きている人間の体内で人間の細胞にDNAが組み換わった場合にどのようなことになるのか[33]わかっていない。

　高オレイン酸大豆はOECD（経済協力開発機構）が提起した「実質的同等性」（新しい食品を人間が消費するときの安全性を評価する場合、既存の食品を比較の基準として使用できる）という概念にもとづき、日本政府によって認可された。しかしこれは従来の大豆とは成分も栄養価も異なる「実質的に」異質なもので安全の前提が崩れてしまっているにもかかわらず、政府は安全性チェックすら行なっていない。今後、様々な生理機能をもつ遺伝子組み換え作物を開発する道を開いてしまったことになる。

　残留農薬や成長ホルモン剤、抗生物質などの場合、悪影響があるとしてもせいぜい次世代までである。しかし遺伝子組み換えでは何世代も続き、しかも途中で危険であるとわかっても元の状態に戻すことができない。まさに"悪魔の手品[34]"である。本当に遺伝子組み換え作物は21世紀の世界の食糧難を回避するためのものであろうか。増産された遺伝子組み換え作物が発展途上国に送られたということは聞いたことがない。世界の飢餓は先進国がつくり出した富の分配の問題であって増産すれば解決する問題ではない。他にすべきことがあるのではないか。

　遺伝子組み換え食品は作物だけでなく、家畜や魚などでも開発されてい

る。ホウレンソウの遺伝子を導入した豚がつくられている。健康な豚肉を供
給するのが目的であるということである。アメリカでは３倍の大きさのサ
ケが開発され市場化を待っている。しかし遺伝子組み換え魚は一度環境中に
放たれると、他の生物種を駆逐するなど生態系に取り返しのつかないダメー
ジを与える可能性がある [35]。

― 註 ―

1　垣田達哉『わかる食品表示　基礎と Q & A』商業界、2005 年、44 ページ。

2　同上、45 ページ。

3　同上、43 ページ。

4　同上、134 ページ。

5　前掲 安田『消費者のための食品表示の読み方』2 〜 5 ページ、前掲 武末『食品表、
示の読みかた〈基礎編〉』。

6　安田節子『消費者のための食品表示の読み方』岩波書店、2003 年、2 〜 5 ページ、
前掲 武末『食品表示の読みかた〈基礎編〉』7 〜 13 ページ。

7　農林水産省 HP、前掲 武末『食品表示の読みかた〈基礎編〉』。

8　同上。

9　同上。

10　吉田利宏『食べても平気？』集英社、2005 年、149 〜 150 ページ。

11　農林水産省 HP、前掲 武末『食品表示の読みかた〈基礎編〉』。

12　『食品表示ハンドブック　第 4 版』全国食品安全自治ネットワーク、2011 年、66
ページ。

13　同上。

14　前掲 垣田『わかる食品表示　基礎と Q & A』60 ページ。

15　前掲『食品表示ハンドブック　第 4 版』57 ページ。

16 前掲 武末『食品表示の読みかた〈基礎編〉』176 〜 177 ページ。

17 吉田利宏『新食品表示制度』一橋出版、2002 年、118 〜 119 ページ、前掲 吉田『食べても平気？』74 ページ。

18 農林水産省 HP、前掲 武末『食品表示の読みかた〈基礎編〉』。

19 同上。

20 前掲 吉田『食べても平気？』113 ページ。

21 前掲 渡辺『食品汚染』25 〜 26 ページ。

22 前掲 山口『食環境問題 Q ＆ A』176 〜 183 ページ、田嶋真ほか『安全な食品の選び方・食べ方事典』成美堂出版、2004 年、15 ページ、前掲 左巻『話題の化学物質100 の知識』124 〜 125 ページ。

23 前掲 安田『消費者のための食品表示の読み方』38 〜 39 ページ、前掲 吉田『食べても平気？』105 〜 106 ページ、バイテク情報普及協会 HP。

24 辻啓介監修『食べもの安心事典』法研、2001 年、202 〜 203 ページ、バイテク情報普及協会 HP。

25 前掲『食品表示ハンドブック 第 4 版』60 〜 61 ページ、前掲 吉田『食べても平気？』100 〜 101 ページ。

26 前掲 武末『食品表示の読みかた〈基礎編〉』316 〜 317 ページ、前掲『食品表示ハンドブック 第 4 版』61 ページ。

27 前掲 安田『消費者のための食品表示の読み方』38 〜 39 ページ、前掲 吉田『食べても平気？』105 〜 106 ページ。

28 前掲 辻『食べもの安心事典』202 〜 203 ページ。

29 増尾清『食品表示の見方・生かし方』農林統計文化協会、2001 年、210 ページ。

30 前掲 山口『食環境問題 Q ＆ A』222 〜 223 ページ。

31 バイテク情報普及協会 HP。

32 前掲 石堂『「食べてはいけない」の基礎知識』271 〜 272 ページ。

33 前掲 山口『食環境問題 Q ＆ A』201 ページ。

34 前掲 石堂『「食べてはいけない」の基礎知識』272 ページ。

35 天笠啓祐『危険な食品・安全な食べ方』緑風出版、2008 年、93 〜 94、108 ページ。

第7章　食品添加物天国日本

7−1．食品添加物と不安な食品環境

食品添加物とはどのようなものでしょうか。

なぜ使われるのでしょうか。

毎日どのくらい摂取しているのでしょう。

安全なのでしょうか。

1．美しくおいしそうな食品が並んでいます。自然のままのものでしょうか。もしそうでなければ、何を使って色づけしているのでしょう。赤ちゃんのようなつやつやの肌にして、不自然なほど鮮やかなピンクに染めたタラコが本当に必要でしょうか。

2．食品添加物は食品ではありません。ほとんどの添加物は栄養になりません。原則として食品に化学物質を加えることは禁止されています。しかし添加物は食品衛生法で「食品の製造の過程においてまたは食品の加工もしくは保存の目的で、食品に添加、混和、浸潤その他の方法によって使用するもの」と定義されています。製造、加工、保有（保存）のために食品に補助剤的に加えられるもののことです。例外として認められたものが食品添加物です。

3．「子どものいる主婦に対する食生活の実態調査」によると、主婦の約90％が「食の安全」について関心をもっており、特に50代の人は91.4％と強い関心を示しています。「食品添加物」、「BSE」、「遺伝子組み換え食品」については、全世代とも関心が高くなっています。しかし

乳化剤、着色料、保存料によって、今日の「豊かな」食生活が成り立っているのも事実で、外食や加工食品に依存した生活をすればするほど食品添加物を大量に摂取することになります。グルタミン酸ナトリウムが10.5万トンで最も大量に生産されています。なぜこんなに多くのグルタミン酸ナトリウムが必要なのでしょうか。

4．消費者の食生活は、現在、加工食品や外食に大いに依存しており、市販されている食品には家庭の手づくりの食品に比べて食品添加物が大量に使用されています。1人1日当たり約11g摂取しています。これは1日の食塩の摂取量とほぼ同じになります。毎日、食品添加物を取り続けて問題はないのでしょうか。成長期にある子供たちの健康に影響はないのでしょうか。国民に食品添加物に関する真相は知らされているのでしょうか。

5．食品添加物に関する現状や食品がどのようにつくられているかなどの情報は十分に公開されていません。したがって消費者は何も知ることができません。

6．消費者は代金を払って商品を購入するお客です。消費者には安全な食品を手に入れる権利はあっても、安全性を確保する義務はないはずです。消費者には知識や理解を深める義務など、本来ないのではないでしょうか。

7．表示は本当に信用できるのでしょうか。しかし頼らざるを得ないのが「表示」です。

8．食品の表示をみることもせず、生産者から出されたものを疑うことなく買って食べています。企業のモラルの低下、いや、そのようなものはもともとないと思います。したがって消費者は目を覚まさないととんでもないことになります[1]。

9．食品添加物は「食品を長もちさせる」、「色形を美しく仕上げる」、「品質を向上させる」、「味を良くする」、「コストを下げる」ものです。これらすべては添加物を使えば簡単なことで、まさに『魔法の粉』[2]です。

10. 食品添加物は農薬と違い、基本的にどんどん減るものではなく、原則的に消えてなくなることはありません。したがって使用された食品添加物の全量が必ず消費者の体内に取り入れられることになります。

11. 現状では消費者自身が注意し、表示をよくみて危険性の高い添加物はできるだけ体に摂取しないようにする以外に方法はありません。そのためには安全な食品への理解を深めることによって危険な食品添加物を知り、見分け、安全な食品を選ぶことが必要です。小さいときに見分け方などだれかに教えてもらったことがありますか。

12. 食品添加物の毒性は煮ても焼いても抜けません。冷やしても同じです。熱に強いことが添加物の条件です。消費者が食べ物を口に入れて噛むときに出る唾液が添加物の毒性を弱くすることが発見されています。まずしっかりと噛むことが重要です[3]。

13. 食品添加物は物質名や用途名など原材料の欄に表示されます。はじめて表示をみる人はどんなことが表示されているのか知っているのでしょうか。表示はなぜこんなに難しいのでしょうか。

14. 食品添加物の表示の特徴を知り、どれが材料で、どれが食品添加物かを区別することが必要です。食品添加物と材料の見分け方のコツをつかむと簡単です。食品添加物が多く使われているものもわかるようになります。

15. 買い物のときにパッケージに書かれている「表示」を見逃さず、しっかり確認することが必要です。この表示は安全な食品を選ぶ際の大きな手がかりなのです。少しでも有害な食品添加物の摂取量を減らすことができます。年月が経つほど体内に蓄積される量に大きな差が出ます。

16. 加工食品には様々な表示がされています。「原材料名」の表示が義務づけられ、原材料名をみることで、その食品の正体を見抜けるようになりました。そのほか、「賞味期限」（この期限までならおいしく食べられますという意味です）、「消費期限」（この期限を過ぎて食べると危険という意味です）、「添加物」については必ずみる必要があります。

Ⅰ）消費者の安全性の意識と買い物行動

　1950 年代前半までは食品添加物はあまり使用されず、毎日の食材は近所の商店で買うのが常であった。このような店はその日につくったものをその日のうちに売り切るため、保存料などの添加物を使う必要はなかった。しかし高度経済成長期に入り、「大量生産・大量消費」の時代になるとともに全国的に商品を流通させるシステムができあがった。長期の保存に耐え、長距離輸送でも食品が傷まず、しかも「安価なものを」となれば、ほとんどの加工食品に食品添加物を使わざるを得なくなった。換言すれば添加物のおかげで今日の豊かな食生活がある。保存料や殺菌剤によって食品は腐らなくなり、何ヵ月間も店頭に並べたり、倉庫に保管できるようになった。

　消費者も見た目がきれいで、おいしくて、便利なものを安く買うことができる。しかも一度買ったらなかなか腐らない。忙しいときは本来なら 2 時間かけてつくる食事を 5 分ですませることができる。しかし食品添加物に関する現状を消費者はまったく知らない。添加物がどの食品にどれくらい使われているか、その実態を消費者は知る方法がない。十分に情報が公開されていないからである。本来なら、「どれも安心ですよ」と提供すべきなのに、消費者側に選別を強制している。

　加工食品は前述のとおり、様々な表示が必要である。たとえば使った原材料も表示されるが、原材料の欄には使用した素材食品と食品添加物が表示され、素材食品と食品添加物とは分けて書くこと、また使用量の多い順に書くように決められている。これで何が使われているか、どれが一番多く使用されているかが一応わかるようになっている。食品添加物表示は十分ではないが、一応の目安にはなる。他のメーカーの食品と比較して、添加物の少ない食品を選ぶべきである。

　現行制度ではそれぞれの食品に、一体どれだけの量の添加物が使われているかわからない。できるだけ添加物の使用量を少なくしようとする良心的に努力している企業があるかどうかも消費者には区別できない。添加物の使用量や詳細な表示制度が望まれる理由である。すべての添加物に品名と用途が

表示され、さらに使用量や濃度表示などの情報が表示されれば添加物の使用
が削減されることも期待できるからである。

II）食品添加物を大量に摂取している現実

　合成化学物質に分類される食品添加物の年生産高は、ここ数年、ほぼ50
万トン（化学的合成品のみ）である。食品添加物は原則的に消えてなくなる
ことはない。スーパーマーケットの棚に置かれているうちに段々と減少して
消えてしまえばたちまち食中毒が心配されるからである。1人当たり年間4
kg摂取しているから、1日当たりでは約11gとなる（50年間では約200kg
になる）。食品添加物はできるだけ摂取しないようにしなければならないと
いわれても、それを実行すれば食べるものがなくなってしまうほど大量・多
種類の添加物が使用されている。外食や加工食品に依存した生活をすればす
るほど食品添加物を大量に摂取することになる。日本の1894種に対して、
アメリカは140種、ドイツは36種、イギリスでは14種しか認可されてい
ない。

　今日、ほとんどの加工食品に必ず入っているものがある。それは調味料
（アミノ酸など）＝「化学調味料」で、旨みを出すために使われており、グル
タミン酸ナトリウムにイノシン酸などを混ぜ合わせたものである。安部司に
よれば、これを使用すればまずいものでも消費者の舌に旨みを感じさせる[4]
ことができるという。日本人の舌は完全に「化学調味料」に侵されている。
「天然だし」も一部が天然というだけであって、半分は「化学調味料」であ
る。

　「おいしい」といって喜ばれるタラコや明太子、かまぼこの味は食品の味
ではなく化学調味料の味である。明太子はタラコを原料としてつくられる。
タラコはかたくて色の良いものが高級品とされるが添加物でどのようにでも
なる。

　消費者が日常食べている菓子や清涼飲料などの加工食品にも保存、つな
ぎ、酸化防止、発色、漂白、カビ防止、乳化、味つけ、においづけなどのた

215

めに何らかの薬品が添加物として使用されていると指摘されている。これら
すべての添加物、つまり化学薬品は人体に有害である。

　表7－1は、独身サラリーマンと家庭の主婦の添加物摂取数[5]を示してい
る。決してN君、F子さんだけが特別に添加物を多く取っているわけで
はなく、日本人の多くが知らず知らずのうちに添加物を日常的に「食べてい
る」ということである。何も考えずに買い、何も考えずに口にすることは非
常に恐ろしいことであると認識しなければならない。

　はじめて表示をみる人はどれが材料で、どれが食品添加物なのか見分けに
くいと思われる。次の食品添加物の表示の特徴を知って、どれが材料で、ど
れが食品添加物か区別することが必要である。

　本来、食品原料と添加物は分けて表示すべきである。しかし添加物をたく
さん使っていることが消費者にわかってしまい、食品が売れなくなる可能性
があり、食品原料と添加物を分けずに表示している。しかし比較的簡単に食
品原料と添加物を見分ける方法がある。原材料表示は、まず食品原料が多い
順に書かれ、それが終われば次に添加物が多い順に書かれている。したがっ
てどこからが添加物かを見極めることがポイントで、最初に書かれた添加物
さえわかれば、あとはすべて添加物となる[6]。

　次のような食品添加物の見分け方もある[7]。

①　使用目的が書かれている－例：酸味料、凝固剤、香料など
②　カタカナで書かれている－例：カラギーナン、リン酸塩など
③　化学記号で書かれている－例：Na、Kなど
④　使用目的（○○）と書かれている－例：保存料（ソルビン酸）、甘味
　　料（甘草）など
⑤　色の文字がついている－例：カラメル色素など
である。

表 7 − 1 :《コンビニ大好き独身サラリーマンＮ君の１日の添加物摂取》

朝食　ハムサンドイッチ　　　　　　　　　　　　　　　　 20 種類以上

> ハムサンドイッチ
> ●原材料　パン、卵、ハム、マヨネーズ、レタス
> ●添加物　乳化剤、イーストフード、酸化防止剤（Ｖ・Ｃ）、調味料（アミノ酸等）、ｐＨ調整剤、グリシン、リン酸塩（Na）、カゼインNa、増粘多糖類、発色剤（亜硝酸 Na）、着色料（カロチノイド、コチニール）、香料

昼食　スーパーのお弁当（豚キムチ弁当）　　　　　　　　 20 種類

　　　インスタントコーヒー（クリームパウダー付）　　　 6 〜 8 種類

> 豚キムチ弁当
> ●原材料　白飯、豚肉、白菜、植物性油脂、唐辛子
> ●添加物　調味料（アミノ酸等）、ｐＨ調整剤、グリシン、増粘多糖類、カロチノイド色素、グリセリン脂肪酸エステル、香料、酸味料、ソルビット、キトサン、酸化防止剤（Ｖ・Ｅ）
>
> クリームパウダー
> ●原材料　植物性油脂
> ●添加物　乳化剤、増粘多糖類、ｐＨ調整剤、カラメル（着色料）、香料

夕食　カップ麺、おにぎり（昆布）10 種類以上

　　　パックサラダ（ツナ・コーン入り）　　　　　　　　 10 種類

> カップめん
> ●原材料　麺、卵、粉末しょう油、チキンエキス
> ●添加物　調味料（アミノ酸等）、リン酸塩、たんぱく加水分解物、増粘多糖類、炭酸カルシウム、乳化剤、紅こうじ色素、酸味料、クチナシ、酸化防止剤（Ｖ・Ｅ）、ビタミン B1、ビタミン B2、かんすい、ｐＨ調整剤
>
> おにぎり（昆布）
> ●原材料　白飯、昆布、しょうゆ、砂糖
> ●添加物　調味料（アミノ酸等）、グリシン、カラメル、増粘多糖類、ソルビット、甘草、ステビア、ポリリジン
>
> パックサラダ（ツナ・コーン入り）
> ●原材料　レタス、ニンジン、たまねぎ、ツナ、コーン
> ●添加物　乳化剤、増粘多糖類、カロチノイド（色素）、ｐＨ調整剤、調味料（アミノ酸等）、酸化防止剤

計 60 種類以上

表7－1：《「普通」の主婦Ｆ子さんの１日の添加物摂取》

朝食　ご飯、味噌汁、漬物（たくあん）、焼き魚、明太子など　30種類以上

味噌汁（だし入り味噌）
●原材料　大豆、小麦、食塩、昆布エキス、かつおエキス
●添加物　調味料（アミノ酸等）、着色料（クチナシ）、アルコール

漬物（たくあん）
●原材料　大根、食塩
●添加物　調味料（アミノ酸等）、エリソルビン酸Na、ポリリン酸Na、サッカリンNa、グアーガム、酸味料、ソルビン酸カリウム、黄色4号、黄色5号

明太子
●原材料　スケソウダラの卵巣、食塩、唐辛子、日本酒、昆布エキス
●添加物　調味料（アミノ酸等）、ソルビット、たんぱく加水分解物、アミノ酸液、ｐＨ調整剤、アスコルビン酸Na、ポリリン酸Na、甘草、ステビア、酵素（リゾチーム）、亜硝酸Na

かまぼこ
●原材料　スケソウダラ、食塩、卵白、でんぷん、みりん、小麦たんぱく、大豆たんぱく
●添加物　調味料（アミノ酸等）、リン酸Na、乳化剤、たんぱく加水分解物、炭酸カルシウム、ソルビン酸カリウム、ｐＨ調整剤、グリシン、赤色3号、コチニール

昼食　太巻き寿司　　　　　　　　　　　　　　　　　30種類以上

太巻き寿司
●原材料　すし飯、卵焼き、油揚げ、そぼろ、えび、たくあん、かんぴょう、きゅうり、まぐろ、かまぼこ、のり、食酢、砂糖
●添加物　調味料（アミノ酸等）、ソルビン酸カリウム、ステビア、甘草、酸味料、香料、乳化剤、ソルビット、グリシン、ｐＨ調整剤、ポリリジン、ペクチン化合物、白子たんぱく、酸化防止剤、消泡剤、凝固剤、ワサビ抽出物、増粘多糖類、赤色3号、赤色106号、コチニール、カラメル、紅こうじ、カロチン、クチナシ色素

夕食　カレーライス、サラダ（ドレッシング付き）　　10種類以上

カレーライス（固形状のカレールー）
●原材料　牛脂、豚脂、小麦粉、でんぷん、食塩、カレー粉、野菜パウダー（オニオン、たまねぎ、にんじん、トマト、じゃがいも）、畜肉エキス、脱脂粉乳
●添加物　調味料（アミノ酸等）、乳化剤、酸味料、酸化防止剤、着色料（カラメル色素、パプリカ色素）、香料

ドレッシング
●原材料　植物性油脂、しょう油、醸造酢、たまねぎ、砂糖
●添加物　調味料（アミノ酸等）、酸味料、乳化剤、増粘多糖類、ステビア、ｐＨ調整剤、香料

計60〜70種類

（安部司『食品の裏側』131〜145ページ）

Ⅲ）消費期限と賞味期限 [8]

　ほとんどすべての加工食品には消費期限または賞味期限のどちらかの期限が表示されているが、消費期限と賞味期限はまったく別のものである（図7－1）。

図7－1：知っておきたい2つの日付表示

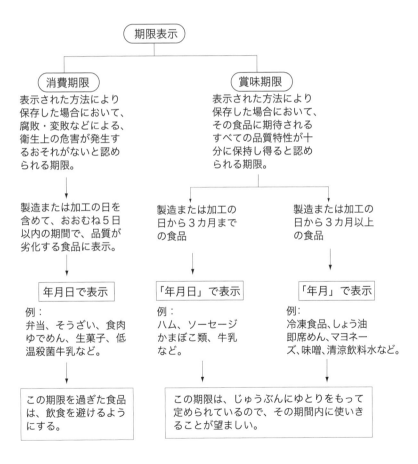

（正木英子『食べちゃダメ？』27ページ、筆者一部修正）

「消費期限」（この期限を過ぎて食べたら危険）の対象商品は、製造日を含めて５日程度で消費する必要のある生麺類、弁当、調理パン、惣菜、生菓子、ギョーザ、食肉、生カキなど腐りやすい食品である。傷みやすいかどうかは製造日を含めて概ね５日以内に食べる必要があるかどうかで分かれる。

　また「賞味期限」は「期限を超えた場合であっても、これらの品質が保持されている」期限なので、期限が切れてもすぐに「食べられなくなる」わけではない。通常、安全係数 0.7 〜 0.8 をかけて十分ゆとりをもった「美味しく食べられる期限」として決められているようである。

　したがって実際には 1.5 〜 2.0 倍の期間、食べることができる。たとえば 10 日間食べられる食品の場合、安全係数 0.7 をかけて７日間までを賞味期限としているので３日間ならオーバーしても問題なしということになる（だからといって、食べてお腹をこわしても責任はもてない）。ただし賞味期限とはあくまでも未開封の場合の期限であり、封を切ってしまえば意味を失う。

　賞味期限では製造した日を含めて６日〜３ヵ月以内に消費すべき食品は、期限を「年月日」で表示すること、３ヵ月を超えるものについては、「年月」で表示して良いことになっている。対象商品は次の３つである。

① 品質が保たれるのが３ヵ月以内の食品で、年月日で表示されるもの……食肉製品、乳製品、果汁飲料水、かまぼこなど。
② 品質が保たれるのが３ヵ月を超える食品で、年月日または年月で表示されるもの…植物油、調理済み冷凍食品、即席中華麺、風味調味料など。
③ 品質が保たれるのが数年以上の食品で、期限表示は不要のもの……砂糖、塩、うま味調味料など。

　食品の日付表示は、従来、「製造（加工）年月日」であった。この「製造年月日」は、消費者の食品選択時の重要な指標として定着していた。また事

故時の原因究明や回収する際の行政措置の手がかりになる点でも優れた表示制度であった。しかし輸入食品が国産品と競争する時代に入り、日本の製造年月日制度は貿易障壁に当たるとクレームがついた。日本の消費者は鮮度にこだわるので輸送や通関に日数を要する外国食品は国産品に比べて不利な競争条件に置かれるというわけである。こうして1994（平成6）年9月より期限表示へ移行し、「いつ製造されたか」表示から「いつまでもつか」表示へと180度転換された[9]。

　注意すべきは表示される期限の長い商品が必ずしも良い商品とは限らないことである。添加物を多く使用したため長くなっているのかもしれないからである。

　安田節子は次のように提案している[10]。

① 政府は少なくとも輸入品とは競合しない牛乳やパンなど日持ちのしない食品には製造年月日表示を復活させるべきではないか。
② 消費者は製造年月日をみれば冷蔵庫でどれだけもつか見当がついたし、五感でまだ食べられるとか、火を通せば食べられるなど自分で判断してきた。期限表示になって、特に生活経験の浅い若い人たちの中には期限が過ぎれば不安を感じ、そのまま廃棄してしまう人たちが増えている。食品の廃棄率は期限表示になってから減ったということを聞かない。

　現在、年間約1980万トン（企業から829万トン、家庭から1119万トン）もの多量の食品廃棄物が問題になっている。期限表示では偽装事件が絶えない。2002（平成14）年、一度貼りつけた賞味期限を張り替えて出荷する事件が発覚したが、貼り替えの禁止は法律で定められていなかった。その後、2003（平成15）年に、貼り替えを禁ずるという通達が出されたが、罰則もなく、偽装事件が次々と起こって事件を根絶できない。

　消費期限や賞味期限などの期限表示はあくまでも業者の自主基準であり、

明確な基準があるわけではない。賞味期限など期限表示の日数の設定は業者の判断に任されてきた。また製造業者は物理的期限の約80％に期限日付を打っているといわれている。さらに小売段階では期限に近くなって商品はまだまだ十分に食べられるのに返品、廃棄されている。

　なお期限表示導入後も、牛乳には製造年月日が併記されていたが、1997（平成9）年にはついに撤廃されてしまった。生鮮品である牛乳の製造年月日は消費者が最も知りたい情報である。

7－2．食品添加物の種類と食品

　食品添加物はどのような目的で、主としてだれのために使用されているのでしょうか。

　どのような種類の添加物があるのでしょうか。

1．食品添加物は使用目的順に、

　① 食品の製造に必要なため

　② 食品の保存性を良くし、食中毒を予防するため

　③ 食品の品質を向上させるため

　④ 食品の風味、外観を良くするため

　⑤ 食品の栄養価を高め、強化するため

　の5つに分類できます。

2．添加物の種類・用途は表7－6、表7－7のとおりです。食品添加物は天然添加物と合成添加物に分類されます。厚生労働省が指定した天然・合成添加物である指定添加物463品目、食経験のある食品などの原料からつくられ、長年使用され、厚生労働大臣が認めた天然添加物である既存添加物365品目、動植物から得られるもので、食品の着香の目的で使用される天然添加物である天然香料約600品目、一般飲食物添加物約

---

100 品目となっています（2019〈平成 25〉年 6 月 1 日現在）[11]。

3. 一括表示やキャリーオーバーなど例外規定があり、かなりの抜け道が
あります（表 7 - 8）。

Ⅳ）食品添加物の使用目的

添加物は大きく分けて 5 つの目的で使用される[12]。

(1)　食品の製造に必要なもの－豆腐の凝固剤、炭酸飲料の炭酸ガス、ラー
メンのかんすい、マーガリンの乳化剤、ビスケットなどの膨張剤（たとえ
ば小麦粉に水を加え練ったものをそのまま焼くとかたいパンしかできない
が、膨張剤を添加してつくると軟らかく膨らみ、優れた食感を与える）。

(2)　食品の保存性を高めるもの－保存料は食品の防腐を目的とした添加物
である。食品を長く貯蔵したり、遠隔地への輸送途中で腐敗、変質しない
ように添加される。今日のように加工食品の全盛時代には使用頻度の高い
添加物である。微生物の発育を阻害するということは、人体にも影響があ
ることを意味する。厳しい使用基準が決められているのはそのためである
（食中毒を心配するのなら、本来は工場や調理場などの厳重な衛生管理で
防ぐべきである。それに早目に食べれば使用する必要はない。安易に使わ
れすぎである。保存料は殺菌剤とは異なり、殺菌効果はほとんどなく、単
に腐敗させる時間を遅らせるだけである。したがって保存料を添加した食
品でも加熱滅菌、冷蔵・冷凍保存などに厳重な管理が必要である。たとえ
ば保存料としてはソルビン酸カリウムやパラオキシ安息香酸などがある。
前者はプロセスチーズ、魚肉ねり製品、しょう油漬、ジャムなどに用いら
れ、後者は pH による影響を受けにくいため、しょう油、果実ソース、清
涼飲料水などに使用されている。ソルビン酸は亜硝酸と反応して変異原性
（細胞の遺伝子や染色体に影響が出る毒性）や発ガン性物質を生成するこ
とが、またパラオキシ安息香酸エステルの一部には発ガン性のあることが
指摘されている（表 7 - 2）。身近な加工食品によく使われており、よく
目につくのはおみやげ用かまぼこ類など魚肉ねり製品でほとんどのものに

入っている。殺菌剤は食品中の腐敗細菌などの微生物を殺すために使用され、食品の長期保存が目的である。毒性の強いものが多い。たとえば次亜塩素酸ナトリウムは野菜、果実など食品の殺菌に使用されている。防カビ剤も保存料と同じようにカビを殺すものではなく、その繁殖を抑えるもので一部の輸入かんきつ類やバナナのカビによる変質を防ぐために使用される。酸化防止剤は食品中の油脂が酸化しないように、また果実加工品や漬物などの変色を防止するために使用される。油脂によくなじみ、優れた酸化防止作用がある BHA（ブチルヒドロキシアニソール）はバターやマーガリン、煮干し、インスタントラーメンなどに幅広く使用されていた。しかし 1982（昭和 57）年、ラットによる発ガン性試験で前胃にガンが発生することが判明し、使用禁止となっていた。1999（平成 11）年になって、一時延期の措置が取り消され使用できるようになった。「一日摂取許容量（ADI）の 0.5mg/kg を超えない限り、BHA は人に毒性はない」、「ラットの前胃にガンができたが、人には前胃がないから発ガンしない」から問題ないという理由で使用しても良いというのである。動物実験する必要があったのか。今日、バターや煮干しに使用されていると考えられる。安全性の再確認が必要である。

表７－２：ソルビン酸とカリウム塩（保存料）が使用できる食品

食衛法施行規則 別表第２の名称		対象食品・使用基準
ソルビン酸	保存料	甘酒、あん類、うに、果実酒、かす漬、こうじ漬、塩漬、しょう油漬、酢漬、みそ漬、キャンデッドチェリー、魚介乾製品、魚肉ねり製品、鯨肉製品、ケチャップ、雑酒、ジャム、食肉製品、シロップ、スープ（ポタージュを除く）、たくあん漬、たれ、チーズ、つくだ煮、つゆ、煮豆、乳酸菌飲料、ニョッキ、はっ酵乳、フラワーペースト類、干しすもも、マーガリン、みそ、菓子の製造に用いる果実ペースト及び果実（ソルビン酸カリウム）に限る。
ソルビン酸カリウム	保存料	

（山口英昌他編『食環境Ｑ＆Ａ』154 ページ）

(3) 食品の品質を向上させるもの－乳化剤、増粘剤、安定剤、ゲル化剤、糊

料、軟化剤などがある。たとえば乳化剤は食品の乳化、分散、起泡などの目的に使用され、アイスクリーム、ゼリー、プリンなどにさわやかな食感を与える。

(4)　食品の風味、外観を向上させるもの－固有の色彩をそのままの状態で加工、保存することは困難なため、加工や保存中に失われた色調を復元したり、紅白まんじゅう、ラーメンの黄色、からし明太子などに魅力のある着色を行ない、食品に彩りを添えるために着色料が用いられる。現在、食品添加物として指定されている着色料は食用赤色2号・3号、黄色4号、青色1号、緑色3号など26品目あり、天然の色素としてカラメル、紅コウジ色素、コチニール色素（突然変異原性があるといわれている。これはサボテンの葉に寄生するエンジ虫のメスを熱湯で殺し、乾燥させて粉末にしたもので透明感のあるきれいなピンク色が特徴である。インカ帝国の時代から衣装の染料として使われていた）などが使用されているが、着色料にはすべて使用基準が定められており、生鮮食品には使用できない（表7－3）。発色剤はそれ自体無色だが、食品の成分と反応してその色を固定したり、発色させたりする物質である。たとえば食肉加工品は褐色に変色しやすく、肉臭が残るため発色剤によって鮮やかな肉の色調にし、風味を醸成する。また水産加工品＝スジコ、タラコ、イクラは発色剤によって褐色になるのを防ぎ、おいしそうな淡い紅色となり、魅力が増す。食品への着色にはその特徴を生かして使用されるため多くの種類の着色料が必要になる。食用赤色3号は染着性に優れているので、かまぼこの着色などに効果があり、清涼飲料水には耐酸性、耐光性、耐熱性の優れている食用赤色2号・40号・106号、食用黄色5号、食用青色1号などが使用されている。合成着色料は石油からつくられ、発ガン性疑惑など問題の指摘されているものが多い。食品表示で添加物の表記の順番が3番目以内の食品は注意を要すると同時に、着色料○色○号は遺伝子損傷、変異原性、染色体異常を起こすといわれており、絶対に避けるべきである。赤色2号は発ガン性があり、アメリカでは使用されていない。赤色4号・104号・105号・

106号は発ガン性の疑いがあり、諸外国では使用されていない。また緑色3号も発ガン性の疑いがあり、アメリカやヨーロッパ諸国では使用されておらず、日本でも消費者の健康を第一に考えるなら、即刻禁止すべき添加物である。ノルウェーでは「食べ物を色素で染める必要はない」という理念が徹底している。日本も見習うべきである。着色料は使用しなくとも保存性、安定性が変わることはない。食品の安全を考えるなら、天然、合成を問わず、着色料が使用されていないものを選択するのが賢明である。嗜好性を高める目的で食品に調味料、酸味料、香料などが添加される。酸味料にはジャム、ジュース、菓子などに清涼感を増すために使用される酢酸、クエン酸、酒石酸など、甘味料には砂糖、ブドウ糖などの糖質のものとサッカリンナトリウム、アスパルテームなどのような合成品とがある。調味料には「うま味調味料」があり、これは「味の素」（商品名）などの昆布の味であるＬ－グルタミン酸１ナトリウムなどアミノ酸系のものとかつおぶしの味のＳ－イノシン酸２ナトリウムなどの核酸系のものとが使用されている。

表７－３：チョコレート色を出すための色素の割合　　単位：％

製品の種類	赤色				黄色		青色	
	2号	3号	40号	104号	4号	5号	1号	2号
A	45				50		5	
B		25				60	15	
C			52		40		8	
D				15		72	13	
E	36				48			16

同じ赤色でも２号は熱に弱く、３号は熱に強い。40号や104号は耐塩性に優れているので用途で使い分けられる。

（前掲 山口『食環境問題Ｑ＆Ａ』111ページ）

⑸　食品の栄養価を高めるもの－より栄養価を高めるために食品にビタミ
ン、アミノ酸、ミネラルなどを添加することがある（本来、特別な場合を
除き、バランスのとれた献立なら不要である）。輸入される組み換え微生
物を使って製造された食品添加物が 10 品目認められているが、表示され
ていない。

　添加物のうち天然添加物は古くから人類が生きる上での知恵として使用
されてきたものもあり、原料をそのまま使ったものもある。しかし多くは
天然原料を加水分解あるいは抽出したもの、酵素を使って合成したり、細
菌や菌類がつくり出す物質も天然添加物として扱われる。したがって天然
添加物といっても化学物質であることに変わりがなく、構造の変化、変質
が考えられ、決して安心して使用できない。「天然添加物は、食経験のあ
る天然物であり、使用実績もあるので健康を損なうおそれはない」という
のが厚生労働省の見解である。しかし安全評価が不十分なまま使用が公認
された。安全審査がないまま認可された天然添加物が大部分であることは
大問題である。
　天然添加物が法的に規制されるようになったのは 1980 年代後半であ
る。天然物であり、食経験や使用の実績があれば安全性の審査を受ける必
要はなかった。使用基準もなく表示の義務さえなかった。しかし、たとえ
ば 1995（平成 7）年に法的に「食品添加物」として認知されたアカネ色
素（セイヨウアカネの根から抽出され、黄色から赤紫色を示す）は発ガン
性が明らかとなった。認定リストに登載されてから、10 余年間、国民は
危険にさらされ続けたことになる [13]。しかも添加物リストに登載後、現在
までわずか 14 品目しか審査が終わっていない。表 7 － 4 は山口英昌など
のいう避けたい天然添加物である。日本でしか使われていない添加物もあ
る。

表 7 − 4：できれば避けたい天然添加物

用途	添加物	問題点
着色料	コチニール クチナシ色素 ラック色素 アカネ色素 カラメル	弱い変異原性 弱い変異原性（アメリカ、EUで不使用） 染色体異常（アメリカ、EUで不使用） 毒性物質混入のおそれ（アメリカ、EUで不使用） けいれん作用（不純物メチルイミダゾール）
甘味料	ステビア カンゾウ抽出物＊ （主成分はグリチルリチン）	EUでは不許可 （発ガン性試験に問題ありとされた） 妊娠抑制作用 けいれん作用、薬理作用
保存料	ポリリジン シャブリシン	食経験がない 食経験がない
増粘 安定剤	分解カラギーナン サイリウムシードガム	発ガン性 アレルギー作用
酸化 防止剤	ノルジヒドログアヤ レチュック酸	ラット腎臓障害、アレルギー作用
製造 溶剤	くん液	発ガン性（ベンズピレン、ジベンゾアントラセンが含まれる）
その他	カフェイン ビタミンA トリプトファン	興奮作用 妊婦の過剰摂取で胎児催奇形性 好酸球増加、筋肉痛、関節炎、筋力低下、呼吸困難（遺伝子組換え技術で合成されたものの不純物が原因）

＊は 1998 年に旧厚生省が安全審査を済ませた。

（前掲 山口『食環境問題Q＆A』154 ページ）

V）栄養表示[14] の問題点

　栄養表示は「減塩」、「低糖」に注意が必要である。「ノンシュガー」、「砂糖無添加」は砂糖を使っていなくても、ブドウ糖や果糖などエネルギーが砂糖と同じくらいの糖アルコールが使われているかもしれない。「ノンシュガー」、「砂糖無添加」は決して「ノン」あるいは「低」エネルギーではないことを知っておく必要がある（5 歳以上の健康な人の糖質の 1 日当たりの上限摂取量の目安は 300g）。

　最初からブドウ糖に分解されたものを一気に飲むことは、人類の歴史の中で経験したことはない。何気なく子供に買い与えているお菓子、ジュース、

アミノ酸飲料、ラムネ、アイスクリーム、キャンディなど、子供が好むお菓子にはほとんど「ブドウ糖果糖液糖」が大量に使われている。味覚が壊れていくこと、糖分を取りすぎることのほかに、体をつくる食べ物が安くて手軽に手に入ると、子供たちが思ってしまうことは危険である。

　「うす塩」、「塩分ひかえめ」と「うす塩味」は表現は似ているが、意味はまったく異なる。「うす塩」、「塩分ひかえめ」（低塩の代償は添加物の大量使用を意味する。「低塩のもの」は、一口食べたときにしょっぱさを感じさせないように塩を控え、「甘味料」を加えている。したがってたくさん食べないと満足できず、「塩分の過剰摂取」という問題が起こりやすい）は栄養表示の対象になるが、「うす塩味」の場合は味覚を表しているだけのため栄養とは関係がなく、栄養表示の対象外となる。これは糖類（糖分）の場合も同じで、「糖類（糖分）ひかえめ」なら栄養表示対象となるが、「甘さひかえめ」は「甘さ」は味覚を表しているだけなので栄養とは関係がなく、栄養表示の対象外となる。

　16 の栄養成分（表 7 - 5）には、「高い」の意味を使える強調表示の基準値と「含む」の意味を使える強調表示の基準値がそれぞれ決められている。①「高い」を意味する言葉、たとえばビタミンＣが「たっぷり」というためには 100g 当たり 30mg 入っている必要がある。また、②たんぱく質が 100g 当たり「6g」以上入っていれば、「含む」の意味をもつ強調表示を使うことができる。③熱量、コレステロール、糖質など 6 つの栄養成分は成分が少ないことを強調できる。熱量が「40kcal」以下の食品なら、「低い」の意味をもつ強調表示を使用できる。具体的には、「低」、「ひかえめ」、「少」、「ライト」、「ダイエット」などである。しかし「ノンアルコールビール（飲料）」の表示は濃度が 1 ％未満のもので まったく含まれていないという意味ではない。

表7－5：栄養成分を多く含むことを強調できる16の栄養成分

食物繊維、たんぱく質、カルシウム、鉄、ビタミンA、ビタミンB₁、ビタミンB₂、ビタミンB₆、ビタミンB₁₂、ナイアシン、パントテン酸、ビオチン、ビタミンC、ビタミンD、ビタミンE、葉酸

(前掲 武末『食品表示の読みかた〈基礎編〉』370ページ)

VI）食品添加物表示の問題点 [15]

　食品添加物は原則として使用した物質名を容器や包装に表示することになっているが、消費者（使用者）にとって、また公衆衛生の立場から必要性に応じた表示方法がとられている。

　「酸化防止剤」（ビタミンC）は、酸化防止剤としてビタミンCを使っていることを示している。このように用途と物質名を両方書くことを用途名併記といい、表7－6のように8種類の添加物について、消費者がどんな添加物なのか自分で判断できるように用途名併記が義務づけられている。用途名併記の添加物は毒性の強いものが多い。

表7－6：用途名併記

種類	目的と効果	食品添加物
甘味料	甘味をつける	サッカリンNa
着色料	着色する	アナトー色素
保存料	保存性を高め、食中毒を予防する	安息香酸Na
増粘剤 安定剤 ゲル化剤 糊料	食品に滑らかな感じや粘り気を与え、分離を防ぎ、安定性を高める	キサンタン CMC カラギナン グァー
酸化防止剤	酸化を防ぎ、保存性を良くする	エリソルビン酸Na
発色剤	黒ずみを防ぎ、色を鮮やかに保つ	亜硝酸Na
漂白剤	漂白し、白く、きれいにする	亜硝酸塩
防カビ剤（防ばい剤）	カビの発生や腐敗を防ぐ	OPP

(日本食品添加物協会HP)

　表示をみればどんな添加物が使われているのか、すべて具体的にわかるよ

うになっている。しかし残念ながら実際にはそうではない。「一括名表示」
という大きな抜け穴があり、大半の添加物（約 900 品目）は物質名が表示
されない。

「同じ使用目的の成分が入っているものは、一括名としてまとめてわかり
やすく表示する」となっている。添加物の物質名を長々と書かずにすみ、数
も少なくみせることのできるこの一括表示は添加物を大量に使っているメー
カーにとっては大変都合の良い法律である（表 7 - 7）。

表 7 - 7：一括表示

	表示される一括名	使われる目的	添加物の例
1	イーストフード	パンに使用し、イースト菌の働きを強める	リン酸三カルシウム 炭酸アンモニウム
2	かんすい	中華めんに食感と風味を出す	炭酸ナトリウム ポリリン酸ナトリウム
3	香料	食品にいろいろな香りをつける	オレンジ香料 バニリン
4	調味料	食品にうまみを与え、味をととのえる	L－グルタミン酸ナトリウム 5'-イノシン酸ナトリウム
5	乳化剤	水と油を均一に混ぜ合わせる	グリセリン脂肪酸エステル 植物レシチン
6	pH 調整剤	食品の pH を調節し、品質をよくする	DL－リンゴ酸 乳酸ナトリウム
7	膨張剤	ケーキなどをふっくらさせ、ソフトにする	炭酸水素ナトリウム 焼ミョウバン
8	酵素	チーズや水あめの製造や品質を高めるのに使う	アミラーゼ ペプシン
9	ガムベース	チューインガムの柔らかさを保つ	エステルガム チクル
10	軟化剤	チューインガムの柔らかさを保つ	グリセリン プロピレングリコール
11	凝固剤	豆乳を固めて豆腐にする	塩化カルシウム、塩化マグネシウム
12	酸味料	食品に酸味を与える	クエン酸、乳酸
13	光沢剤	菓子などのコーティング	シェラック、ミツロウ
14	苦味料	食品に苦味を与える	カフェイン、ホップ

※複数の同じ目的の添加物を組み合わせたものを使用する場合、その目的を一括して表示する。
　全部で 14 種類ある。

（安部司『食品の裏側』117 ページ）

また表示がまったく免除されているものもある（表 7 － 8）。

表 7 － 8：表示がまったく免除されている 3 種類の添加物

表示の免除	免除される理由	食品添加物事例
加工助剤	加工工程で使用されるが、除去されたり、中和されたり、ほとんど残らないもの	活性炭 水素酸ナトリウム
キャリーオーバー	原料中に含まれるが、使用した食品には添加物の効果を発揮しないもの	せんべいに使用されるしょう油に含まれる保存料
栄養強化剤	食品の常在成分であり、諸外国では食品添加物とみなされていない国も多い	ビタミン D_3 L －メチオニン
小包装食品	表示面積が狭く（30㎠）、表示が困難なため	
バラ売り商品	包装されていないので、表示が困難なため	

（日本食品添加物協会 HP）

　加工食品をつくる際に使われる添加物で最終食品に残らないもの、残っても微量で食品の成分には影響しないものは「加工助剤」とみなされ表示しなくとも良い。「最終的に残っていなければいい」ということである。たとえばサラダをつくるときに買ってきて入れるカット野菜やビジネスマン、OLが「健康のため」と買うパックサラダのどちらも長持ちする。これらは「殺菌剤」（次亜塩素酸ナトリウム）で消毒されているからである。しかし「殺菌剤」が使われていても加工工程で使われただけで製品になったときには残っていない。したがって表示は免除ということになる[16]。これも消費者には見えない添加物である。

　キャリーオーバー（原料にもともと含まれた添加物で、そのまま最終食品に移行し残っているもの）の問題もある。たとえば焼き肉のたれをつくる際には原材料にしょう油を使うが、最終的にできあがる「焼き肉のたれ」にはしょう油の添加物の効き目はおよばないので表示しなくても良いことになっている。表示にはただ一言「しょう油」とある[17]だけで、これも消費者が

見抜けない添加物である。

　表示の大きな欠点はバラ売りのものには表示の義務がないことである。た
とえばバラで売られている（スーパーマーケットで独自にパックしたものも
同じ）スライスハムやソーセージ、また簡易包装（ラップで包んでホチキス
で留めたようなもの）したものも、さらにサツマイモ、モヤシなどの野菜を
品質保持のためにリン酸液につけた場合、そして肉に発色剤を吹きつけた場
合なども表示されない。

　栄養強化の目的で使用されるビタミン、アミノ酸、ミネラルなどは体に
とってプラスになり、安全性も高いと考えられ、表示が免除されている（し
かしビタミンCを酸化防止の目的で使用したときはビタミンCと表示する
ことが必要）。

　パッケージが小さい場合（表示面積30cm^{2}以下）も表示は不要である。
すべて記載すればラベルで中身が見えなくなるためだと考えられる。表示さ
れていないからといって添加物が使われていないということではない。

　食品添加物の表示はパック製品を対象とした制度である。パックされてい
ない食品については適用されない。たとえば焼きたてのパンの場合、新鮮で
その日のうちに売り切れる商品なので保存料などの添加物は使われていない
と考えるかもしれない。しかし多くの場合、その店で生地からつくられてい
るわけではなく、工場から運ばれた冷凍生地を焼いている。つまり生地自体
はいつ製造されたものなのか消費者にはわからない。また色や味つけを良く
するための添加物が当然使われていると考えたほうが良い。表示されていな
い店での買い物や飲食は控え目にしておくのが賢明である。このような「表
示免除制度」の存在こそが添加物がはびこる温床になっている（これらはい
ずれも「食品衛生法」によって定められている）。

　2種類以上のグループの調味料が混合された場合には使用量・使用目的か
ら代表となるグループ名に「等」の文字をつけて「調味料（アミノ酸等）」
のように表示する。実際には何種類入っているかわからない。何種類入れて
も良いので、加工する側にとっては非常に便利である。また「グルタミン酸

ナトリウム（化学調味料）」と書けば、消費者に化学調味料入りということ
で嫌がられるため、これを避けるためにも都合が良いのであろう。このよう
に一括名表示や表示免除という例外規定があり、半数以上は物質名が省略さ
れている。

Ⅶ）食品添加物の毒性

　食品添加物の5つの目的のうち、特に（4）項の「食品の風味、外観を向
上させるもの」は問題である。本来、食品に備わっていない色や匂い、味を
つける必要はあるであろうか。本当に優れた食品なら、色や匂い、味を化学
物質でごまかす必要はない。これは大量生産を可能にし、スーパーマーケッ
トなどの棚の上での長期保存に耐えさせるため厚化粧で欠点を覆い隠すため
に必要なのであって、生産者や販売者の利益にはなっても、消費者のために
はならないからである。

　食品添加物は、①色をごまかす（発色剤・着色料・漂白剤など）、②香り
をごまかす（着香料、今では香りも自由自在）、③味をごまかす（調味料・
甘味料・酸味料など、自然のものよりおいしく感じることさえある）、④腐
らない（保存料・殺菌剤・酸化防止剤など、今は冷蔵庫さえいらない食品も
ある）、⑤何でも自由につくることができ、食べ物をおいしくみせる演出家
（増粘剤・安定剤・ゲル化剤・糊料など、とろみをつけたり、くっつけたり）
である[18]。

　最も重大な食品添加物の毒性[19]は、発ガン性、遺伝毒性、アレルギー性
である。発ガン性物質には正常な細胞のDNAを傷つけるもの（イニシエー
ター）と傷つけられたDNAをもつ正常細胞をガン細胞へと変えるもの（プ
ロモーター）として作用するものがあるが、一方だけが身体のなかに入った
としても細胞をガン化することはない。また食品に含まれる添加物や残留農
薬の発ガン性を評価する場合には、食品のなかに含まれている他の物質の影
響も忘れてはならない。

　ガンは遺伝子の異常が原因であるが、先天的な要素よりも、人が外部から

受ける影響、つまり後天的な要素によって発生する可能性、特に化学物質によって発ガンするケースが多いことがわかってきた。ある化学物質が発ガン性を示したからといってすぐにガンの原因になるとはいえない。発ガン性物質の研究の難しさを示している。

「催奇形性」とは妊娠中に胎児に作用して胎児に先天障害（いわゆる奇形）を起こすことである。「遺伝毒性」とは親が摂取したとき、その子孫に異常が現れるような有害性をいい、遺伝情報を伝える染色体が傷つけられることによって起こるといわれている。催奇形性や遺伝毒性はこのような疑いのある化学物質を口にした人ではなく、子供や子孫に被害が現れるという特徴をもっている。「変異原性」とは細胞の遺伝子や染色体に影響が出る毒性であり、発ガン性とも関係している。最近では繁殖に関係する毒性（生殖機能や新生児の発育への影響）や抗原性（アレルギーなど）のような毒性も注目されるようになってきた。

たとえば1本の缶コーヒーでさえ、様々な環境問題がかかわっている[20]。100g中にコーヒーが5g以上（生豆換算）入っていれば、「コーヒー」の表示になり、100g中にコーヒーが2.5g以上5g未満なら「コーヒー飲料」、1〜2.5g未満なら「コーヒー入り清涼飲料」になる。牛乳成分の含量が多くなる「コーヒー飲料」の場合、乳化剤（ホットコーヒーの微生物繁殖予防のため）だけではなく、香料や不安な添加物＝新甘味料「エリスリトール、マルチトール、オリゴ糖」や甘味料「アスパルテーム」や「ステビア」（キク科の植物ステビアから抽出した甘味料で、純度の悪いものは変異原性の不安がある。特に妊婦は注意が必要だといわれている）が使用されていることが多い。健康に砂糖以上の悪影響をおよぼすことがある。

コーヒー牛乳などでは乳飲料と書かれたものとコーヒー飲料と書かれたものがある。牛乳を原料にした食品を加工したり、また主要原料として製造した飲料で、乳固形分が3g以上含まれているものは乳飲料と表示される。

缶コーヒーの場合、100mL当たり最大1gの糖質が含まれている。これを砂糖に換算すれば、1缶当たりスティックシュガーが約7本入っている

ことになる。多くの人がこのような缶コーヒーを飲んでいる。よほどの甘党ということになる。

　飲料には空き容器の処理の問題などがあるが、容器の問題だけではなく中身にも問題がある。たとえば缶コーヒーの場合には、無糖のブラック缶コーヒーが最適である。ブラック缶コーヒー以外は原材料に乳化剤、甘味料、糖アルコール類などを使用しているものが多いからである。

　原材料名は成分が一番多く含まれる順に表示されているので、「砂糖水」ではなく、「コーヒー」を飲みたいのなら、原材料名のトップにコーヒーと書かれてあるものを選ぶことが必要である。コーヒー豆自体の安全性は心配する必要はない（インスタントコーヒーは100％コーヒー豆だけを原料としている）。しかしカフェインは母乳にも溶け出しやすい。

　「コーヒーフレッシュ」はミルクや生クリームからつくられていない。表示をみれば、「コーヒー用クリーム」、「コーヒーフレッシュ」などと表示され、「牛乳（生乳）」とは記載されていない。いつもコーヒーに入れている「ミルク」は水と油と複数の添加物でできた「ミルク風サラダ油」である。高くない喫茶店でなぜ「使い放題」になっているのか、消費者も疑問をもつべきである。

7－3．食品添加物の使用基準

　食品添加物の使用基準・国民の摂取量の基準はどのように決められるのでしょうか。

　その基準は守られているのでしょうか。

　基準を守っていれば、絶対に安全と言い切れるのでしょうか。

1．ADI（1日摂取許容量）とは何でしょうか。食品添加物の安全を確保
　するため、急性毒性試験、連続投与（短期、長期）試験などを行なっ

て、ADI が決められています。この ADI には様々な問題点が指摘され
ています。

2．安全性の試験は 1 種類ごとに行なわれています。ひとつひとつは安全
　といわれていますが、2 種類以上の総合的な試験は行なわれていません。
　皆さんは、毎日、1 種類しか含まれていない食べ物しか食べていません
　か。

3．長期的、相乗的な影響についてはほとんど解明されていません（解明
　されていないものを食べ続けているのです）。ADI は毎日一生涯摂取し
　続けても害が現れないとされる値ですが、逆にいえば ADI を超えると
　何らかの害が現れる可能性が大きいことになります。食事のしかたに
　よってはその可能性があります。

4．国際的に発ガン性物質と認められるためには 2 種類以上の動物で確認
　されることが求められます。発ガン性物質と変異原性との間には深い関
　係がありますが、変異原性試験で陽性となっても、発ガン試験で陰性と
　なれば発ガン性物質として認定されません。「相加毒性や相乗毒性試験
　をきちんと行ない、その安全性を確かめた上で添加物は安全であると断
　定する」[21] ことが必要です。安全でないものを国民は食べ続けていると
　いうことでしょうか。

5．国連の食品規格や食品添加物の使用基準は、日本の基準と比較して必
　ずしも安全ではありません。しかし日本の基準が今後緩くなる危険性が
　あります。

Ⅷ）ADI[22] とは何か

　食品添加物の安全確保のためマウスやラットなどの実験動物、試験のため
に特別に培養された微生物などを使って急性毒性試験、慢性毒性試験など何
段階もの試験を行ない、最大無作用量（安全性試験で得られた最も低い数値
＝無毒性量）を推定し、これに 100 分の 1（実験動物と人との動物種の差
として 10 分の 1、健康な人と高齢者、子供、病人、妊産婦など比較的抵抗

力の弱い人との差を考慮して 10 分の 1）の安全率を乗じて、1 日摂取許容量（ADI）が算定されている。これは食品添加物や農薬など化学物質を一生涯（70 年）にわたって毎日摂取しても健康に悪影響がおよばないと考えられる最大摂取量で、人の体重 1kg 当たりの数値である。

これらが 100 分の 1 であることの科学的根拠は実はない。化学物質を規制するためにやむなく仮想されている数字であり、安全率も ADI も暫定的なものであることを忘れてはならない。食品添加物の毒性の評価はネズミの実験だけにもとづいているのが圧倒的に多く、本当に人に安全かどうかは不明である。

このような安全性試験を行なった結果、何らかの毒性がみつかった化学物質は、その程度に関係なく食品添加物として使用が認められない、というわけではないのである。急性毒性や慢性毒性があるとわかった化学物質でも、低濃度なら、毒性が現れない限り、添加物として使用してもよい「使用量等の最大限度」が定められ、その範囲で使うことが認められる。

このように日本では ADI を下回るように食品添加物ごとに対象食品、最大限度量や使用制限基準が定められている。基準値が定められてはいるが、その基準値以下の濃度なら決して問題がないというわけではない。したがってこの ADI についても様々な問題点が指摘されている。感受性の高い胎児や乳児の健康に特別に配慮したものではなく、当面、ADI の範囲内なら安全とされているだけのことである。しかし食事のしかたによっては ADI を超える可能性がある。

渡辺雄二や西岡[23] は、プロピレングリコール（PG）について、次のように指摘している。

WHO は PG の ADI を 25mg/kg 体重と決めている。1 束 200g の生うどんを 1 束食べたとする。生うどん（200g）に 2 ％（基準値）の PG が含まれているとすれば、その量は 4 g になる。約 70 ％はゆでた湯に逃げるので、約 30 ％（1.2g）が体内に入ると考えられる。体重 50kg の人では、

ADI が 1.25g なので、2 束食べれば、2.4g となり、軽くオーバーしてしま
うし、1 束食べた場合でも、ギョーザを一緒に 30g（PG 0.36g）食べると、
1.2 ＋ 0.36g ＝ 1.56g となり、オーバーしてしまう。もし、体重 30kg の子
どもの場合には、ADI が 0.75g なので、2 倍を超えるなど、食事のしかた
によって ADI を超えてしまう。

　国民は、毎日多くの食品を食べ、ふつう 1 日に 70 〜 80 品目の添加物を
摂取している。添加物が胃や腸の中で混ざり合っている。しかし食品添加物
の安全性試験は、どれも 1 種類ごとに行なわれ、ひとつひとつは一応安全
とされているが、組み合わせによる毒性については何もわかっていない。2
種類、3 種類あるいはさらに多種類を組み合わせた総合的な試験は行なわれ
ていない。「相加毒性」および「相乗毒性」についてはわかっていない。添
加物の数があまりにも多く、その組み合わせが膨大になり、膨大な費用と時
間がかかり、試験が不可能というのがその理由である。
　たとえば、今、A 〜 J という 10 種類の化学物質の影響を調べなければな
らないとする。それぞれの単独の影響を調べるには 10 種類の動物試験を行
なえば良い。しかし 10 種類の化学物質の中から 2 種類を選び出して、A と
B、A と C、A と D……のように、すべての組み合わせで実験を行なうため
には、その組み合わせは $_{10}C_2 ＝ 45$ 種類にもなる。単独の影響と 2 種類の影
響の両方を比較・検討するためには、合計 55 種類の実験をしなければなら
ないことになる（3 種類では……、4 種類では……）。
　しかし不可能であるからといって水俣病や化学物質過敏症などの患者を見
て、「科学的な因果関係が立証されていないので対策はとれない」などと悠
長なことをいうことが倫理的に許されるであろうか。多くの犠牲者が出ては
じめて実験を開始し、因果関係がはっきりするまで何の対策もとらず、犠牲
者を放置することが許されるであろうか。とりあえず食品中に含まれる化学
物質の総量、その数を減らしていく義務が食品会社や行政にはあるのではな
いか。

実際には食品を食べる時には何種類も一度に体内に取り込んでいる。したがって1種類ごとの試験はほとんど意味がなく、安全であるという根拠にならないことは十分に認識しておくべきであろう。結果的に急性毒性は動物実験で、慢性毒性は人体実験（実際に使用した結果で安全かどうかが判明する）という形になっている[24]。

アメリカでは発ガン性のある食品添加物は認めないという考え方に立ってゼロリスクを規定している。アメリカの「連邦食品薬品化粧品法」には、有名な「デラニー条項」があり、「適切な動物実験で発ガン性がみつかった添加物の禁止」が明文化されている[25]。日本の食品衛生法にはそのような条文はない。したがってアメリカのように明確な規定を法律で明記する必要がある。しかし日本では動物実験によって発ガン性が指摘されても OPP（オルトフェニルフェノール）、BHA（ブチルヒドロキシアニソール）、過酸化水素、臭素酸カリウムなどは禁止されていない。

このような安全性試験を行なった結果、何らかの毒性がみつかった化学物質は、その程度に関係なく、食品添加物として使用が認められないはずである。しかし実際にはそうでない添加物が多く使用されている（表7－9）。

表7－9：使用できないはずの食品添加物

用途	食品添加物	問題点
防カビ剤	OPP（オルトフェニルフェノール） OPP－Na（オルトフェニルフェノールナトリウム） ※輸入のレモン、オレンジ、グレープフルーツなどに使用 TBZ（チアベンダゾール）	発ガン性 催奇形性
酸化防止剤	BHA（ブチルヒドロキシアニソール）	発ガン性
漂白剤	過酸化水素	発ガン性

（山本弘人『汚染される身体』PHP新書、2004年、162ページ）
（渡辺雄二『コンビニの買ってはいけない食品　買ってもいい食品』だいわ文庫、2010年、202ページ）

「スイカとテンプラ」は昔の「食べ合わせ」であったが、ハム、ソーセージ、タラコなどの発色剤として使われる亜硝酸ナトリウムはタラ科の魚に多

いジメチルアミンと反応して発ガン性物質ニトロソジメチルアミンを、また
アミノ酸プロリンとも反応して発ガン性物質ニトロソピリジンを生成する。

　レモンや野菜の防カビ剤（オルトフェニルフェノール）は紅茶など（カ
フェイン）と反応して細胞毒性が増す。食品添加物が関係する現代版「食べ
合わせ」[26] である。

　『あとで「発ガン性があるので摂取してはならない」などといわれても、
もうあとの祭り』である。摂取後、10年後に発病するような添加物は、そ
れが使用禁止になっても10年後にガン患者が現れることになる。ごく微量
なので心配はないという主張は成り立たない。摂取総量は決して微量ではな
いはずである。不思議にも消費者自身の判断にゆだねられている。

7－4．特定添加物の危険性

　ハムやソーセージに使われている発色剤は安全でしょうか。
　食品の保存料は安全でしょうか。
　合成着色料は危険であると聞きますが、どうでしょうか。
　安価な食品には添加物が多く使われているようです。

1．食物アレルギーとはどのような症状でしょうか。なぜ起こるのでしょ
　うか。アレルギー原因物質とは何でしょうか。
2．消費者は食品購入に際してなるべく添加物表示の少ないものを選ぶこ
　と、また添加物が少なくても危険な添加物（＝特定添加物：研究者に
　よって特定添加物の指定が異なります。共通する特定添加物を調べてみ
　てはどうでしょう）の表示があれば、買うのをやめるなど、積極的に勇
　気をもって実行することが必要です。
3．利便性・経済性を追求するのではなく、栄養と健康を追求する食生活
　が必要です。食品添加物から完全に逃れることはできませんが、発ガン

性物質はできるだけ食べないほうが賢明です。有害なものはできるだけ
摂取せず、その害を減らすことで身を守ることはできます。より小さな
子供にはより大きな影響がおよぶことを覚えておかなければなりませ
ん。

4．見栄えや安いことを求めるのではなく、価格は高くとも安全性を求め
る姿勢をもつことが必要です。価格にこだわってはいませんか。

5．どの食品添加物が危険で避けるべきか、言い換えると何が安全か、何
をどのように食べることが必要かを大人も知ることが必要ですし、また
生徒・学生に対しては学校でも教えることが必要です。意識の高揚だけ
でなく、行動に結びつく学習方法の開発が急務です。これまでどこかで
学んだことはありますか。

6．服部幸應は「食育」には３つの柱があるといっています。そのひとつ
に食の安全性の教育が含まれています。

7．現在の食生活では、残念ながら添加物をゼロにすることは非常に困難
です。しかし着色料、香料、調味料、甘味料、酸味料、発色剤など不必
要な添加物の入ったものは避けることが必要です。

8．食品添加物と上手につきあう７つのポイントは参考になります[27]。

　①　「裏」の表示をよく見て買う。「台所にないもの＝食品添加物」ので
きるだけ少ない食品を選ぶことが賢い消費者になる第一の条件です。

　②　加工度の低いものを選ぶ。極力、食品添加物が使われていないもの、
少ないものを選ぶことが必要です。

　③　どのような添加物が入っているかをよく見て食べましょう。大手
メーカーを盲信しない。大手メーカーは安全・安心というきめ細か
さが要求される世界には程遠い組織ではないでしょうか。

　④　安いものだけに飛びつかない。特売ものには注意しましょう。安い
ものには理由があります。

　⑤　「素朴な疑問」をもつこと。添加物とつきあう第一歩です。

　⑥　たまには値段が高くても無添加の本物を買って、自分本来の味覚を

取り戻しましょう。

⑦　手間をかけて自分の味をつくりましょう。忙しい合間をぬって「ひと手間」を工夫し、食卓から少しずつ食品添加物をなくしていきたいものです。

Ⅸ）食物アレルギーの原因物質

　食品の安全基準を国際基準に統一しようという「ハーモナイゼーションの原則」が日本に対しても強く求められており、今後、日本での指定添加物数は徐々に増加し、また使用制限も緩和されることが確実であると考えられる。風土条件や文化、食生活の違いを無視して世界共通の ADI を考えるべきかどうか、基準のみを一律に整合化することが妥当かどうかなど、食の安全を重視した立場をもっと鮮明にすべきではないか。

　厚生労働省や食品企業のいうように、「海外で認められているので、健康への影響はない」のであれば、なぜ他の国の添加物すべてを無条件で受け入れないのか。日本が輸出した食品に対して海外で同じ主張が通用するであろうか。

　食物アレルギーとは食べた食物が原因となってアレルギー症状を起こす病気である。人体には免疫反応または抗体反応、好ましくない化学物質や細菌などの異物が侵入してきた時、それに抵抗したり、それを無害化したりする能力が備わっている。この能力のおかげで病気に抵抗できるが、その免疫反応が過剰に起こった状態をアレルギーという。食物アレルギーは小児に多い病気であるが、学童期、成人にも認められる[28]。

　今日、国民病といわれるアレルギー性疾患であるアトピー性皮膚炎やぜんそくなどは、何が原因なのか。1988（昭和 63）年、北海道でそばアレルギーの小学生男子が給食に出たそばを誤って食べてしまい死亡するという事件が起こった。この不幸な事件をきっかけに食物アレルギーへの関心が高まり、多くの学校がアレルギー対応給食を導入するなどの対策を開始したのは当然のことである。しかし問題はそれほど簡単に解決できるようなレベルで

はなくなっている。従来、アレルギーは赤ちゃんや敏感な体質の人にだけ起こるものとされていたが、今日では子供、大人を問わず、多くの人に広がっているからである。

　日本で小児期に最も多い食物アレルギーは卵、次いで牛乳によるものである。大豆・小麦・コメを加えて五大アレルゲンといわれているが、実際には年齢によって異なり、大豆・コメはさほど多くはない。

　卵・牛乳の食物アレルゲンに占める割合は年齢とともにその割合が減少し、他方、エビ・カニ・魚類・果物の食物アレルゲンに占める割合は年齢とともに増加する。これらのことから小児型（卵・牛乳・小麦・大豆など）と成人型（エビ・カニ・魚類・貝類・果物など）とに分類するほうが適当であると考えられる[29]。

　アレルギーの原因となる食品も卵、牛乳、チョコレート、ピーナッツなど日常の食卓にありふれた食品である。このような食品が危険であるとすれば、何を食べれば良いのか。全身で起こるアレルギー反応によるショック症状（ぐったりする、血圧低下、意識障害など）がアナフィラキシーであるが、これは即時型の最重症タイプであり、皮膚症状・消化器症状・呼吸器症状が伴う場合や突然発症する場合がある。アレルギー原因物質のうち最も多いのは卵に次いで牛乳・小麦・魚類・そばなどである。

　「原因食品そのものを避けるだけでなく、加工食品の成分もよく調べ、摂取させないように、また入園時には担当者に子供の病態を伝え、原因食品を避けるようにお願いする」ことが重要であろう。しかも重要なことは周囲の人たちが「この人は、あの食べ物を食べるとショックを起こす」ことを理解していることで、そうすることによってリスクを未然に防ぐことができる。もしショックを起こしてしまった時にも即応できる[30]からである。

　そのため、2001（平成13）年4月の食品衛生法改正で、アレルギーの原因となる食品を含む場合は原材料の表示が義務づけられた。必ず表示されるものが7品目、できれば表示するものが18品目である。

　卵、乳製品、小麦がアレルギー食品の上位3品目である。アレルギー体

質の人はアレルギーを引き起こす食品を少しでも食べると呼吸困難や血圧低
下などで生命を脅かされることがある。そのことを考えると、7 品目だけで
はなく 25 品目すべてに表示を義務づけるべきではないか（図 7 － 2、表 7
－ 10）。

図 7 － 2：おにぎりの表示例

（田島眞他『安全な食品の選び方・食べ方事典』147 ページ）

表 7 － 10：アレルギー物質を含む食品

表示が義務づけられたもの	エビ、カニ、小麦、そば、卵、乳、落花生の計 7 品目（特定原材料）
表示を奨励するもの	アワビ、イカ、イクラ、オレンジ、キウイフルーツ、牛肉、クルミ、サケ、サバ、大豆、鶏肉、バナナ、豚肉、マツタケ、モモ、ヤマイモ、リンゴ、ゼラチンの計 18 品目（特定原材料に準ずるもの）

　1: 上記のように、表示が義務づけられたものと奨励されるものがある。
　2: 対象食品は上記の原材料を含む容器包装に入れられた加工食品・食品添加物である。
（前掲『食品表示ハンドブック　第 4 版』64 ページ）

　表示が義務づけられた 7 品目については容器包装された加工食品に、こ
れらの成分が入っている場合も原材料の項目に原材料名を表記することに
なっている。この時、たとえごく微量しか入っていなくても、「エキス含有」、

「5％未満」などと表記することが必要である。たとえばしょう油せんべいの場合でも、しょう油は大豆からつくられるので、「原料の一部に大豆を含む」と表示される[31]（図7-3）。

図7-3：アレルギー表示
①原材料表示の中にアレルギー関連原材料（特定原材料という）が含まれていれば、改めて記載する必要はありません。
②特定原材料由来のたんぱく質が微量でも含まれている場合は、表示しなければなりませんが、加工食品1kgに対して数mg未満の場合は、表示が免除になります。

> 具体的な表示方法は
> ①複合原材料表示において微量であっても特定原材料を表示する。
> 　例）□□□（○○、△△を含む）
> ②添加物については、添加物表示に併せて、（　）書きで表示する。
> 　例）添加物の物質名（○○由来）
> 　　　添加物の一括名（○○由来）
> ③原材料表示から漏れた特定原材料を最後に（　）書きで全て表示する。
> 　例）（原材料の一部に○○、○○を含む）

（『食品表示ハンドブック　第4版』41ページ）

　子供の「ぜんそく発作やじんましん、鼻づまり、目の充血などのアレルギー症状、花粉症、アトピー」などを誘発する原因は、着色料、着香料などの食品添加物の摂取を含む食生活にあるのではないかなど、食品添加物の影響を、山田博士、渡辺雄二、西岡一、増尾清などが指摘[32]している。

X）食品添加物の子供への影響

　ファストフードやジャンクフードの偏った栄養と「食卓の団らん」が失われたことも、若者の精神を荒廃させる原因のひとつかもしれない。1人だけでご飯を食べて育った子供や外食ばかりの子供は、成長して大人になっても食に関心をもてないのではないか。その子が親になったとき、自分の子供に食との正しいかかわりを教えることができるだろうか。

　食品添加物が直接の原因というより、両親が食に無関心で食品添加物を

たっぷり含む加工食品を気にすることなく子供たちに与えているのではないか。食事に手を抜いているのではないか。食にもっと関心をはらうべきではないか。まず今の大人が食の大切さや食文化を引き継ぐべきではないか。これらは親に対する警告ととらえることもできる。食事を通じて結ばれる親と子の愛情の絆が不足すれば、子供が精神的に不安定に陥ることは容易に想像できる。

　逆に、食事を通じて親と子の愛情の絆をしっかりと築けば、親の手づくりの味こそが子供をほのぼのとした幸福感で包み込むのではないか。子供には自分の食べるものを選ぶ権利はない。親の出したものをそのまま何の疑いもなく口に入れるということを、大人は認識しておかなければならない。大人たちに対する教育も必要であり、子供たちに対しても、何を、どのように、家庭で、学校で教えるべきかなど適切なプログラムが求められている。

　スナック菓子はジャガイモ、トウモロコシ、小麦粉、コメ、サツマイモの主原料をそのまま粉などにして油で処理し味つけしたもので、高カロリーで栄養分がほとんど含まれていないフードの代表である。小麦、トウモロコシはすべて輸入品で、遺伝子組み換えの不安があり、合成着色料が多く使用されている。ポテトチップスには様々な製品が出回っているが、選ぶなら表示基準のないうす塩味よりも添加物の少ない塩味が安全である[33]。しかし食事の代わりにするのは問題である。

　スナック菓子と清涼飲料水の組み合わせは最も問題で、現代型栄養失調を生み出しているだけでなく、この2つは危険レベルが異なっている。スナック菓子は軽いので、食事の後でも1袋くらいすぐに食べることができる。清涼飲料水も簡単に1ℓでも飲むことができる。この両者を与えれば、自分の子供を簡単に油漬け、砂糖漬け（「ブドウ糖果糖液糖」── 砂糖の代用品で、現在、流通しているものには砂糖を20〜25％ブレンドしたものが多く出回っている）にしてしまう[34]ことができる。

　ご飯にとって代わった主要な主食は食パンである。日本で売られている食パンには大量の砂糖が含まれており、問題が大きい。おいしさ、発酵の促

進、「しっとり感」をもたせるため大量に砂糖が加えられている。砂糖を入れなければ、パンはボロボロに崩れる。日本の食パンは買ってから2日経っても、3日経ってもしっとりしている。砂糖が大量に含まれているからである。このことに多くの人が気づいていないだけである。子供にとって何よりも危険で恐ろしいことは、それが習慣になってしまうことである。そうなればだれもとめられない。

　服部幸應（服部栄養専門学校長）は、近年、食育の定義を3つあげている。ひとつは、どんなものを食べると安全か危険かを知り、それを選ぶ能力をつけること（選食力を養う）である。次は、家庭でのしつけである。核家族化が進んで、箸をもてない子供が増えているなど、食の伝統が失われてきているが、それを取り戻すこと（食習慣を身につける）である。最後は、食料問題、農業問題、エネルギー問題、人口問題、これらをとりまく環境問題などについて自覚し、食品添加物の問題も食育として考える必要があることである（食料・環境に対する考察）。

　日本人の食に対する意識の低下を憂慮するとともに、「朝食を抜き、スナック菓子を食べ、清涼飲料水を飲むような食生活が、どんなに身体に悪いかを、子どもたちに教えてあげる必要がある」こと、そして「こうした状況がいかに深刻な問題かということを、食品メーカーと消費者である私たちがともに考え、改善していく」必要がある[35]ことを強く訴えている。

　文部科学省が推進する「早寝早起き朝ごはん」プロジェクトは、現在、就寝時間が遅くなり（睡眠不足となり）、朝食をとらないなど乱れている食生活、特に子供たちの基本的生活習慣を整えることによって、学習意欲、体力、気力の向上・充実をはかることをねらいとしている。特に朝食は子供たちの学力、体力、気力を身につけるための重要なカギとなる。

　これらの背景には、大人の帰宅が遅く、夜更かしする生活リズムに子供を引きずり込んでいることがあるように思われる。そうであるとすれば大人たちの自覚・責任は非常に重大である（表7−11）。

表7－11：加工食品のウソ・ごまかしを見抜く「安部式」添加物分類表

● よくある「毒性のランク」で分けたものではなく、賢く加工食品を選ぶための分類表。この表が頭にあれば、「これが入っているから安いんだ」「これは避けたほうがいい」など食品を見極める手助けになるはず。興味のある方はコピーして、財布などに忍ばせておくと、買い物の際にいつでもチェックできて便利。
● なお、同じ添加物が2つのグループ（たとえば第2グループと第4グループ）に重複していることがありますが、これは両グループの特徴を持っているということ。
● 1500種類もの添加物を厳密に分類することはできないため、代表的なもののみ。また、分類もあくまで目安。

	第1グループ	第2グループ	第3グループ	第4グループ
特徴	食品加工において不可欠な添加物	メーカーにとっては比較的簡単にはずしやすい添加物	加工上、簡単にははずせないが、メーカーの努力次第では、はずせる添加物	毒性が高く、使用基準も厳しく定められている添加物
コメント	歴史的にも長く使われており、安心感がある	入れなくても問題ないが、食品の色・味・量をごまかすために使われることが多い。加工食品のウソ・ごまかしを見抜くうえで、最も注意しなければならないグループ	ただ、はずすためには消費者も「色が少々悪くなる」「値段が高くなる」といったデメリットを理解する必要がある	天然には存在しないものばかりで、安全性を疑問視する声もあり、極力避けたい
添加物の例	重曹 （ふくらし粉） ベーキングパウダー （膨張剤） にがり （塩化マグネシウム） 水酸化カルシウム （こんにゃくを固める） 寒天 （ようかんをつくる） ゼラチン （ゼリーをつくる）	化学調味料 アミノ酸等、 グルタミン酸ナトリウム （グルタミン酸ソーダ） 5-リボヌクレオチドナトリウムグリシン アラニン　など 天然系調味料 たんぱく加水分解物 ○○エキス類　など 香料 酸味料 クエン酸、乳酸 ビタミンC （V.C、アスコルビン酸とも表記） コハク酸　など 増粘多糖類 キサンタンガム、 グアーガム、CMCなど 着色料（天然系・合成系とも） 赤102、黄4、クチナシ色素 カロチノイド、コチニール カラメル色素、紅こうじ色素 など 甘味料（天然系・合成系とも） ソルビトール（ソルビット） ブドウ糖果糖液糖、甘草 ステビア（ステビオサイド） サッカリンナトリウム アセスルファムK アスパルテーム　など	pH調整剤 酢酸ナトリウム クエン酸ナトリウム リンゴ酸ナトリウム GDL　など 品質改良剤 プロピレングリコール リン酸塩 （ポリリン酸ナトリウム、 メタリン酸ナトリウム、 ピロリン酸ナトリウム） ミョウバン　など 色調保持剤 ニコチン酸アミド アスコルビン酸ナトリウム ミョウバン　など 天然系保存料 ポリリジン 白子たんぱく ペクチン化合物　など 麺の品質改良 かんすい 炭酸カルシウム プロピレングリコール など	合成着色料 赤102、赤3、黄4、黄5 青1、青2　など 発色剤 亜硝酸ナトリウム　など 合成甘味料 サッカリンナトリウム アスパルテーム アセスルファムK　など 酸化防止剤 BHT、BHA　など 合成保存料 ソルビン酸 ソルビン酸カリウム 安息香酸ブチル　など 防カビ剤 OPP、TBZ　など

（安部司『食品の裏側』）

— 註 —

1　前掲 増尾『食べてはいけない！　危険な食品添加物』151 ページ。

2　前掲 安部『食品の裏側』32 ページ。

3　前掲 佐伯『環境クイズ』85 ページ。

4　前掲 安部『食品の裏側』156 〜 157 ページ。

5　同上、130 〜 143 ページ。

6　渡辺雄二『コンビニの買ってはいけない食品　買ってもいい食品』だいわ文庫、
　2010 年、214 ページ。

7　前掲 増尾『食品表示の見方・生かし方』28 ページ。

8　農林水産省 HP、正木英子『食べちゃダメ？』小学館、2003 年、26、30 〜 31 ページ。

9　前掲 安田『食品表示の読み方』28 ページ。

10　同上、30 ページ。

11　日本食品添加物協会 HP。

12　谷村顕雄『食品添加物の実際知識』東洋経済新聞社、1992 年、56 〜 64 ページ、
　藤井清次ほか『食品添加物ハンドブック』光生館、1997 年、184 〜 187 ページ、左
　巻健男ほか編著『気になる成分・表示 100 の知識』東京書籍、2000 年、36 〜 37 ペー
　ジ、石堂徹生『「食べてはいけない」加工食品の常識』主婦の友社、2003 年、39 ペー
　ジ、渡辺雄二『食品添加物事典』KK ベストセラーズ、2006 年、58 〜 70 ページ。

13　前掲 吉田『食べても平気？』120 〜 121 ページ。

14　前掲 武末『食品表示の読みかた』367 〜 373 ページ。

15　同上、123 〜 126、185 〜 186 ページ、前掲『食品表示ハンドブック』83 ページ。

16　前掲 安部『食品の裏側』119 ページ。

17　同上。

18　WEB 健康倶楽部 HP。

19　山本弘人『汚染される身体』PHP 新書、2004 年、127 〜 128 ページ、前掲 左巻
　　『気になる成分・表示 100 の知識』36 〜 37 ページ。

20　前掲 左巻『気になる成分・表示 100 の知識』58 〜 59 ページ、山本弘人『食べる
　　な。危ない添加物』リヨン社、2003 年、106 〜 107 ページ、前掲 安部『食品の裏側』
　　106 〜 108 ページ。

21　前掲 渡辺『食品汚染』99 ページ。

22　藤原邦達監修『コーデックス食品規格一問一答』合同出版、1995 年、100 〜 101
　　ページ、前掲 山本『汚染される身体』137 〜 139 ページ、前掲『食品表示ハンドブッ
　　ク』76、78 ページ。

23　西岡一『食害』合同出版、1992 年、100 〜 101 ページ、前掲 藤原『コーデック
　　ス食品規格一問一答』212 〜 213 ページ。

24　前掲 馬場『地球は逆襲する』111 ページ。

25　農林水産省 HP。

26　西岡一『添加物の Q & A』ミネルヴァ書房、1997 年、21 ページ。

27　同上、7 ページ。

28　日本アレルギー協会 HP。

29　同上。

30　前掲 山本『汚染される身体』26 ページ。

31　農林水産省 HP、前掲 武末『食品表示の読みかた』281 〜 282 ページ。

32　山田博士『あぶないコンビニ食』三一書房、1996 年、108 ページ、前掲 西岡『添
　　加物の Q & A』128 ページ。

33　前掲 小若『新・食べるな、危険！』218 〜 219 ページ。

34　田島真ほか『安全な食品の選び方・食べ方事典』成美堂出版、2004 年、220 ページ。

35　服部幸應『大人の食育』NHK 出版、2004 年、165、193 ページ。

第 8 章　水の浪費大国日本

8 - 1. 水不足と家庭排水

　本当に水は豊富なのでしょうか。夏になれば水不足が叫ばれています。なぜでしょうか。どうすればよいのでしょうか。

1．水の惑星『地球』、地球上の総水量（約 14 億 km^3）のうち、川や湖沼、地下水などの「私たちの利用できる」淡水は、総水量の 0.8% しかありません。海の水は全体の 97.5% を占め、飲むことはできません。しかも人が飲料などに使いやすい水は、総水量の 0.01% しかありません[1]。生きていくために使える水は、ほんの少ししかないということです（図 8 - 1）。

2．調理、洗濯、風呂、掃除、水洗トイレ等の家庭で使用される水を「家庭用水」、オフィス、飲食店、ホテル等で使用される水を「都市活動用水」と呼び、併せて「生活用水」と呼んでいます[2]。

3．ボイラー用水、原料用水、製品処理用水、洗浄用水、冷却用水、温調用水に使用されている水を「工業用水」、水稲等の生育などに必要な水を「水田かんがい用水」、野菜や果樹等の生育などに必要な水を「畑地かんがい用水」、牛、豚、鶏等の家畜飼育などに必要な水を「畜産用水」と呼び、併せて「農業用水」と呼んでいます[3]。

4．2015（平成 27）年には、生活用水として約 148 億 m^3、工業用水として約 111 億 m^3 が、農業用水として約 540 億 m^3 が使用されており、合計量は約 799 億 m^3 になります。これは琵琶湖 3 杯分の水量[4]に相当

します。

5．日本の平均的な家庭では洗濯、台所、水洗トイレ、風呂、シャンプー、歯みがき、洗車などに使う家庭用水として、1人1日当たり平均220ℓ（2ℓのペットボトルで110本＝4人家族で約900ℓ・2014年度）の水を使っています。1973（昭和48）年には192ℓであったので、40年間で微増したことになります。大部分は台所の洗い物、トイレ、風呂、洗濯などで無意識のうちに「湯水のように」使用しています[5]（表8－1）。

6．水道水は家庭用水、養鶏やハウス栽培などの施設農業、工業用水などに使われています。工業用水は、現在では工場内で水を浄化してリサイクルする工夫も進み、水道水の使用量は近年、減少してきました。また農業用水の使用量も増えていません。家庭用水は1998（平成10）年をピークに緩やかな減少傾向がみられます。

7．家庭用水の大部分は水道による給水であり、これらの水源はほとんどが河川水です。

8．イギリスでは年平均降水量1064mm、アメリカ合衆国では760mm程度ですが、日本は1718mmの多雨国で、世界的にみて最も水に恵まれ、大量の水を消費している国です。しかし人口密度が高いため人口1人当たりの降水総量は約5100m³で、アメリカ（2.5万m³）の5分の1、ロシア（5.4万m³）の10分の1にすぎません[6]。日本が水に恵まれた豊かな国であったのは、水需要の少ない高度経済成長期以前の話です。

9．日本の地形は急で、河川は短く急流、ダムの貯水効率は悪いことから、使用できずに一気に流れ去ってしまう水は資源といえません。日本の1人当たり水資源量は3377m³で、世界平均7044m³の半分以下です[7]。

10．日本の年間降水総量（ある流域から河川に流れてくる水量）は約6400億m³、年間使用量は800億トンです。河川水と地下水が上水道

用水、農業用水、工業用水など様々な用水源として利用されます。水は
生物が生き延びるためには不可欠の大切な資源です。同時に、洪水や土
砂災害など、深刻な自然災害をもたらす厳しい一面をもっていることも
忘れることはできません[8]。

『春の小川はさらさらいくよ』
『兎追いし彼の山、小鮒釣りし彼の川』
『ほ、ほ、蛍来い。そっちの水は苦いぞ。こっちの水は甘いぞ。ほ、ほ、
蛍来い』

　これらの唱歌はいずれも水の情景を表している。しかし戦前の小川や放水
路は高度経済成長の余波で埋め立てられるか、暗渠となってしまっている。

図 8 − 1.　生活排水

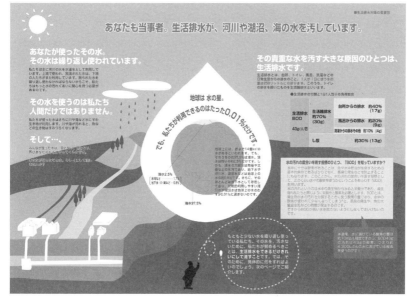

(環境省 HP)

表 8 − 1 ：世帯人員別の 1 ヵ月の平均使用水量

世帯人員	使用水量（m³）	世帯人員	使用水量（m³）
1 人	8.0	4 人	25.1
2 人	16.2	5 人	29.6
3 人	20.8	6 人以上	35.4

（東京都水道局 HP）

　風呂の水で最初浴槽に水を張ると約 200 ℓ、標準型完全自動洗濯機の 1 回の水使用量は 100 ℓ、自動車の洗車には 200 ℓ の水が必要である。私たちの家庭では入浴のために 20％、洗濯 10％、トイレ 30％、台所 40％、洗顔その他に 10％の水を使用している。家庭の中で多く水を使うのは、風呂とトイレで 50％ を占めている。全国の水使用量は年間 148 億 m³ の生活用水のほかに 111 億 m³ 工業用水や 540 億 m³ 農業用水も必要[9]である。

　私たちが使用できる水は森林が山に貯蔵する水、雪解け水が川となって流れる水、湖や池のように低地に溜まった水、地下水、ダムに人工的にせき止められた水のいずれかである。地下水は「水は天からもらい水」[10]の言葉どおり、地表に降り注いだ降水が地下に浸み込んだものである。

　年間降水総量は流域面積×（年間降水量−平均蒸発量）で表され、季節、地形、地質などの条件を無視して概算すれば約 6500 億 m³ となる。そのうち約 2300 億 m³ は蒸発散していると考えられている。日本の年間の水使用量は約 800 億 m³ と推計され、大部分を河川水に依存している[11]。

---

11. 日本列島の 67％は山地で、山の裾は農山村と都市の水源になっている雑木林の里山があります。里山とは林や田、溜池などが組み合わさった環境です。人間界と自然界の緩衝地帯でもあります。1970 年代以降、燃料や肥料が石油製品にかわっていくにつれて、雑木林は使われなくなり、里山が荒廃しています（表 8 − 2）。

12. 大都市の水源となる河川の水量と水質の安定には上流域全体の山林の保全が欠かせません。しかし実際には山は荒れています。間伐されてい

ない山林は根の広がりが乏しく、20〜30mm程度の雨でも表土が流出します。その結果、河川は濁り、その濁りはそのまま生活用水の質に影響します。山林、河川、都市生活は結びついています。山林の保全は都市生活者が安全な飲み水を確保するための必要条件です。

13. この恵まれた環境にゴルフ場が進出し、芝を保持するために病害虫を防除する農薬が散布されています。農薬は地下に浸透して地下水、降雨に伴って表流水を汚染しています。農薬が入り込むと、河川の浄化力が激減します[12]。

14. 雨が大量に降るからといって貯蔵するところがなければ水を利用することができません。しかも都市化はこれらすべてを消滅させてしまっています。路地裏はもちろん、道という道はすべて舗装され、自然の恵みである雨水は利用されることなく、ほとんど放棄されることになりました。

15. 雨が貯水所に補給される以上に水を使用すれば不足するのは当然です。水は無駄に捨てられ、不適切に管理され、過剰に使用されてきました。そのツケを払わされようとしています。

16. 問題のひとつは下水道です。台所から風呂、トイレの排水まであらゆる家庭排水をひとつの下水に流し込んだために処理が不可能となり、再利用できなくなって本来使える水も使えなくしてしまいました。

17. 毎日のように大量に水を消費する都市は雨に頼ることはできません。都市には貯水所がないためです。水、食料は他からもらう、あるいは買うという発想から成り立っているのが都市です。ダムのような特定の水源に頼るような水の一極集中はいざという時全滅する危険性があります。

　日本列島の67％は山地で、山の裾に雑木林の里山があり、この里山が農山村と都市の水源になっている。1970年代以降、雑木林は使われなくなり、うっそうとした常緑広葉樹の森に変化し始め、構造改善事業などで水路がコ

ンクリート張りにされたり、乾田化されて用水路は使われなくなり、チョ
ウ、メダカ、ドジョウ、トンボ、ホタル、カエル、フナが姿を消した[13]。

表8－2：里山が荒廃しているかどうか Check Point

雑木林
① カタクリやフクジュソウなどの春植物
② 明るい落葉広葉樹林や草地に生える植物をエサにするチョウ
田、水路、ため池
③ ホトケドジョウ、トゲウオ類（寒冷地）
④ メダカ、ドジョウ、タニシ、ヘイケボタル
⑤ 水路にカワトンボ、ハグロトンボ、ゲンジボタル、ツチガエル、マブナ
⑥ 早春に卵を産む両生類（アカガエル類、サンショウウオ類）
⑦ ため池を含め、タガメ、ゲンゴロウ、ガムシ、タイコウチ、ミズカマキリなどの水棲昆虫

（アースディ 2000 日本編「地球環境よくなった？」81 ページ）

　しかもこの恵まれた環境にゴルフ場が進出している。都市近郊の里山であ
る丘陵地の樹木を伐採して芝生にし、造成時に重機ローラーで緊圧し、踏み
固められた人工草地の保水力は自然樹木の4分の1～5分の1に激減する。
したがってこの地域の地下水は減少し、やがては河川の流量低下につなが
る[14]。

　本来、ゴルフは雑草の生えにくいスコットランドで完成されたものであ
り、欧米のゴルフ場ではごく一部の名門コースを除けば、雑草の手入れには
それほど神経質ではないが、日本のような温暖、多雨の地域でゴルフ場を造
成するには芝の病害虫と雑草防除対策が不可欠となる。雑草を防除するた
めに様々な除草剤が散布され、長野県内のゴルフ場1ヵ所当たりの年平均
使用量は、殺菌剤が37種類で955kg、殺虫剤が25種類で758kg、除草剤
が32種類で230kgの合計1943kgとなっており、全体では94種類以上で
2トンにのぼる[15]と報告されている。このようにゴルフ場は農薬漬けになっ
ており、年平均農薬使用量は一般の農地で使用される量の数倍にのぼる。河

川の汚濁、水質汚染の原因となる。ゴルフ場 18 ホールの面積は約 100ha
である。広大な林野を切り開いて造成される。2018（平成 30）年には、日
本は兵庫県を筆頭に 2238 コース、アメリカ、カナダに次ぐ世界第 3 位のゴ
ルフ場保有国である[16]。大規模な自然破壊であり、洪水の原因となっている
ことも忘れてはならない。

　かつて、「井戸が涸れたとき初めて、人は水の値打ちに気づく」[17] と述べた
フランクリンのこの教訓をいやというほど思い知らされる危機に直面しよ
うとしている。水不足になれば飲み水以外の水はほとんど使用できなくな
る。特に都市の周辺には井戸もなく、あっても汚染されており、飲料用とし
て利用することはほとんど不可能である。川はあっても、ほとんど三面コン
クリート張りにされ、雨水を迅速に下流に流すことだけを目的に設計されて
いる。雨水も流すことができ、岸辺を緑化して散策路も整え、多少の魚や生
物もすめるような護岸や底面になっていない[18]。コンクリートと地面はアス
ファルトで覆いつくされ、屋根に降った雨は雨樋を通して下水に流れ込んで
地下に浸透しない。雨水を邪魔もの扱いにし、雨水を利用することも地下に
返すこともしていない[19]。アスファルトをやめ、透水舗装やジャリを敷くな
ど雨水を地下に浸透させることが必要である。

　雨が大量に降るからといって、貯蔵するところがなければ水を利用するこ
とはできない。都市に住み続ける限り、水道という歴史的な都市施設からし
か水の供給をうける方法がない。大都市は限りなく、「水」を収奪しながら、
都市機能を保持してきた。大地からくみ上げはするが、大地に戻していな
い。むしろ大都市は大地への補給路を断ってしまっている[20]。水の不足は都
市そのものの機能を停止させる。

　毎日のように大量に水を消費する都市は雨に頼ることはできない。都市に
は貯水所がない。異常気象はいつ、どこを襲うか予測できない。炭酸ガスの
濃度が現在の約 2 倍になれば、地球の温度は 2 〜 3℃上昇し、地球の生態
系や気候は激変する[21]。わずかな大気の変化によっても大きく変動する。水
の一極集中はいざという時全滅する危険性をはらんでいる。

18. BOD の単位は mg／ℓ です。この mg は酸素の重さです（5日間で減少した酸素の重さ）。汚れがひどいほど微生物は、それを食べるときに多くの酸素を必要とします。5日間に減った酸素の量が多いほど水のなかにある有機物の汚れがひどいということです。この酸素のことを BOD（生物化学的酸素要求量）といいます。あまりに汚れがひどいと水にとけている酸素がなくなり、魚などは呼吸ができなくなって死んでしまいます[22]。

19. 本来、工場排水は自己処理して直接河川に放流し、家庭排水のみ下水道で受け入れ処理するのが良いとされています。しかし下水道で工場排水と家庭排水を混合処理する政策がとられ、河川は工場排水と家庭排水とによって汚染されています。

20. 1965（昭和40）年から日本に登場した流域下水道は多くの市町村を幹線管渠で結ぶ計画です。しかし100年後にしか完成しないような巨大な計画にしたため、足元の下水道はいつまでも完成せず、不経済で水質汚濁の元凶となっています（浄化槽の設置等を含む）。汚水処理人口普及率は2017年度末に90.3％（下水道普及率79.3％）となっています。まだ約1200万人が下水道のない地域で生活しています[23]。

21. 頼みの綱は浄化槽です。下水道のない地域でトイレを水洗化する際、水洗トイレの排水だけを処理する単独浄化槽の設置が義務づけられていますが、合併浄化槽（＝家庭排水用の処理施設）＝個人下水道をつけることは最近まで認められませんでした。したがって単独浄化槽が十分に機能しても家庭排水を処理したことにはなりませんでした。

　日本では下水道で工場排水と家庭排水を混合処理するという政策がとられた。そこで一律排水基準 BOD（生物化学的酸素要求量＝河川の汚染の程度を示す代表的な指標で、BOD の値が大きいときはそれだけ水が有機化合物によって汚染されていることになる。清流の水質は 1mg／ℓ、水道水として

使用できるのは 3mg／ℓ 以下）160mg／ℓ と未処理の家庭下水の濃度と同じ緩やかな基準が採用されたため、河川は工場排水と家庭排水とによって汚染されてしまった[24]。

　欧米の下水道は、当初は管を敷き、遠くへもっていって捨てるだけで雨水用と汚水用（生活排水・工場排水）の合流式だった。画期的な処理方法が見出された段階では、すでに管渠に生活排水、工場排水と雨水も入って、これらが区別できなくなっていたため、いずれも混合処理を採用した。下水管を 2 本敷設する必要がなく、コストが安くすんだからである[25]ともいわれている。日本が下水道を計画する時には処理技術がすでに完成していたにもかかわらず、欧米のものをそのまままねて下水道をつくった[26]ところに問題がある。欧米諸国は下水道の先進国だが、パリ、ロンドンの下水道は今から100 年以上前の古い理念と技術にもとづいて建設されているからである。

　1965（昭和 40）年から日本に登場した流域下水道は多くの市町村を幹線管渠で結び、上流の処理場で処理された下水が下流の水道水源に入らないように海ぎわに巨大な処理場をつくる[27]というものである。これは都市単位ではなく、河川単位に下水道システムをつくり、流域で下水を一括処理する。流域下水道構想では、1 人当たり、後述する合併浄化槽の 6 倍もの費用がかかるだけでなく、浄水場は最も下流に建設されるため処理水も川の下流に放流され、上流は水のない川になってしまう[28]。

　下水道普及率（全人口のうちどれくらいの人が下水道を使用できるかを示す割合で、％で表す。＝下水道利用人口÷総人口× 100）は、1970（昭和 45）年の人口の 16％であったものが、43 年後の 2017（平成 29）年には、合併浄化槽を含め）90.9％となった。東京など大都市では 90％を上回る（東京 23 区では 99.9％）が、人口の少ない市町村では低く、最も低いのは徳島県の 60.9％である[29]。約 1200 万人が下水道のない地域で生活している。下水道を利用できる人の割合はアメリカでは 4 人中 3 人、イギリスでは 97％で、ほとんどの人が使用している[30]（下水道はあっても、下水道に排水が入らないバルコニー、ガレージ、玄関などに洗濯機が置かれていな

であろうか）。

　頼みの綱は浄化槽である。一般に下水道の恩恵を受けるには、大都市に住まなければならないが、今後さらに中・小都市、村落へと普及させるには、人口1％当たり最低1兆円と1年の期間が必要であるといわれている。したがって国民皆下水道を達成するには10年はかかる[31]ことになる。

　トイレの排水は浄化槽で処理されるか、下水道局の屎尿処理場で処理されている。トイレ以外の台所や洗濯、風呂からの排水は処理されることなく排水口を通って川に放流される。家庭での汚水の割合はトイレが30％、その他が70％で、これが河川や海を汚染する大きな原因[32]となっている。

　たとえば水洗トイレから1人1日当たりBOD 13g、トイレを除く家庭排水1人1日当たりBOD 27gを排水する場合、単独浄化槽でトイレの排水のみを処理し、放流すれば公共用水域へは1人1日当たりBOD 32gの放流となるが、1人1日当たりBOD 40gを合併浄化槽で処理すれば1人1日当たりBOD 4gが放流されるにすぎない[33]。浄化槽が最初から単独ではなく、合併浄化槽で下水道と併用していれば、現在のような水質汚濁の問題は起きていないといわれるのはこのためである。浄化槽法（1983年）の改正で、単独浄化槽の新設は実質的に禁止されているため、現在では浄化槽といえば合併浄化槽のことである[34]。下水道が普及しなければ、水質汚染は決して解消しないということである。

22. 何をつくるにも水が必要です。私たちが毎日の生活で使っている無数の製品は生産するのに大量の水を必要とします。都市のビル、デパートでの水の使用量は1日数百トンから数千トンにおよんでいます。主として空調、トイレ、飲料、調理用です。

23. 水が不足すると都市機能すべてが停止します。水洗トイレは1回5〜6ℓの水を使用します。1日に4人家族がトイレで使用する水の量は200ℓ、バケツ20杯分になります。

24. かつて"安全と水がタダの国"といわれた日本ですが、安全はもちろ

んのこと、水も“タダ”で使い捨てというわけにはいかなくなってきました。水も節約し、さらには汚さないようにすることが、私たちの地球を守る生活術であるということになります。

25. 日本のダムの数は施工中のものを含めて、3091 あります。本当に建設する必要があるのか見直さなければなりません。これ以上ダムをつくれば、自然がますます破壊され、またダムをつくるための膨大な経費が水道料金となって跳ね返ってくるからです。

26. 雨水の利用を増やし、節水を徹底することによってダムに頼らない都市にしていかなければなりません。節水は単に干ばつ時の緊急対策ではなく、環境的に最も健全で洗練された包括的な対策です[35]。水を大切に使うことは、あらゆる意味で地球に優しく、私たちの安全を守ることになります。

　何をつくるにも水が必要である。私たちの毎日の生活で使っている無数の製品は、生産するのに大量の水を必要とする。鋼鉄 1 トンに対して 100 トン、アルミでは 190 トン、紙では 300 トン、米では 3600 トンが必要である[36]。

　都市での活動の源は大量のエネルギーであるが、これを支えているのが水である。水が不足すれば都市機能すべてが停止する。水洗トイレは 1 回 5 〜 6 ℓ の水を使用する[37]。都市のトイレでの女性による音消し流しを入れると、さらに数杯分の水が無駄になる。都市はあたかも中心であり、都市だけで機能しているようにみえるが、実際には周囲からの支持あるいは協力をひとつでも失うと都市機能は完全にストップしてしまう[38]ということである。

　かつて“安全と水がタダの国”といわれた日本であるが、最近はそうではなくなってきた。安全はむろんのこと、「とくに水は深刻である。夏になると、毎年のように各地で水不足が伝えられたり、飲料水をスーパーで買う人も年々増えている」[39]。したがって水も“タダ”で使い捨てという考えは通用しない。節水が必要である。節水は自然を破壊することなく、水道料金を

安くするもうひとつのダム建設である。

　1日平均水量は減少し、バブル経済の崩壊とともに現在は都市用水の需要は横ばいに近い。人口の頭打ち、下水道と浄化槽の普及に伴い、ダム建設の必要性は低下してきている。しかし国や県はダムの建設計画を推進し、日本には現在3000ものダムがあり、すでに多くの自然を破壊してしまっている。ダムは水没地に住む人々の生活を破壊し、川の自然環境を破壊し、災害の危険性を誘発し、水質を悪化するなど様々な災いをもたらしている[40]。これ以上ダムをつくれば、ますます自然は破壊される。

　雨水の地下への浸透を全面的に推進して、都市の自己水源である地下水への依存度を極力高め、徹底した節水を展開することが必要である。水需要を満たすために供給量を増やし続けるのではなく、節水によって高価なダムや貯水池、処理施設の建設を延期または中止して環境を保全することが必要である。上水の供給や下水の処理には膨大な電力が消費されるので、節水には温暖化を防止するという効果もある。

　これまで水はほとんどの場合使い捨てだった。使用後の汚れた水をそのまま川や海に流したり、処理場である程度浄化して、やはり海に流してきた。しかし私たちが利用できる水量は限られている。そこで一度使った水を通常より手間をかけて浄化処理して家やビルに戻し、トイレなどに使うように工夫されるようになってきた。スポーツ競技場や役所、学校など全国約3000の施設で導入され、たとえば東京ドームでは雨水を利用するシステムを設け、屋根に降る約31720m^3 もの雨を地下タンクに集め、トイレ用水や冷房に利用している。ドーム内で使用される水の2分の1をまかなっている。（このように処理した下水や雨水をトイレ用水などに利用する水道を「中水道」とよんでいる。[41]）

　公衆の教育を通して料金負担を軽くするために消費者ができる工夫について説明することは有効である。アメリカのように水洗トイレ設備は1回のフラッシュで6ℓまでしか水を使ってはならないと定めるのも、より確実に節水効果をあげることのできる方法[42]であろう。

27. ふつう、水道の給水量は1秒間で約200cc、1分間で約12ℓです。10秒間、水を出しっぱなしにしておくだけで2ℓもの水が無駄に流れてしまいます。私たちは知らず知らずのうちにこのような水の無駄遣いをしがちです。歯を磨くとき、食器を洗うとき、洗車するときなど、この水の無駄遣いを簡単に防ぐことができます。

28. ライフスタイルが一層欧米化する中で、なかなか変わらない日本人の生活習慣のひとつが入浴です。日本人は風呂に大量の水を使っているのも確かです。日本の一般家庭で使用されている風呂には約200ℓの水が入ります。1年間で1升びんにして約4万本の量に相当します。

29. 毎日、入浴している家庭では1年間で約7万3000ℓの残り湯を洗濯や洗車に、そして冷たくなった残り湯は植木などの散水に再利用することができます[43]。

30. 私たちが流す排水には合成洗剤、農耕地で使用される大量の化学肥料、農薬など様々なものが溶け込んでいます。公共用水域、地下水を汚染し、流出して河川や湖沼を富栄養化させ、生態系に大きな影響をおよぼしています。

　歯を磨くときに、歯ブラシをぬらしたり、すすいだりするときにだけ水を出すようにすれば1ℓ弱の水ですみ、歯を磨くたびに最大30ℓ節水できる[44]。食器を洗うときに、流しに水をためて使えば20ℓ足らずの水ですむ。これで洗い上げのたびに90ℓも節水できる[45]。洗車のときに、セルフサービスの洗車場であれば20〜40ℓの水しか使用しない。バケツとスポンジを使って洗えば30ℓ前後の水で洗うことができ、210ℓ以上も節水できる[46]。

　ライフスタイルが一層欧米化するなかで、まったく変わらない日本人の生活習慣のひとつが入浴である。欧米風にシャワーを浴びて終わるのではなく、たっぷりと入った湯のなかに体を沈めている。特にストレス社会とい

われる現代では風呂のもつリラックス効果が大いに注目されている。しかしこの"至福のとき"を得るために日本人は風呂に大量の水を使用している[47]のも確かである（表8－3）。日本の一般家庭で使用される風呂には約200ℓの水が入る。風呂の残り湯を再利用すれば洗濯機1回分の水を節水できる。ホースで水をかけながら洗車すると、「多い人なら500ℓもの水を使ってしまう」[48]という。1台の車を洗うのに必要な水の量はバケツ2杯分、約30ℓである。風呂の残り湯をバケツにくんで洗車に利用すれば6台の車を洗うことができ、冷たくなった残り湯は植木などの散水に使うことができる[49]。

現在、私たちが使う水の量は、前述のとおり、1人1日当たり平均約200～250ℓである。もし各家庭が1日1ℓを節水すれば、「それだけで全国で年間1680m³もの節約になる」。

表8－3：シャワーが得か？　風呂が得か？

	シャワー	風呂
2人	120ℓ	230ℓ
3人	180ℓ	260ℓ
4人	240ℓ	290ℓ
5人	300ℓ	320ℓ
6人	360ℓ	350ℓ

シャワーの場合、1回の使用時間を5分とすると、お湯を60ℓ使う。お風呂の場合、200ℓの風呂の水と足し水を1人30ℓとすると、人数による差は表のとおり。この消費量から、5人以下の場合はシャワーの方が得。3人の場合はシャワーと風呂ではガス代で27円、炭酸ガスの排出量で144gの差になる。
（前掲 PHP 研究所編『地球にやさしくなれる本 ――
　　　家電リサイクル法からダイオキシンまで、身近な環境問題を考える』76ページ）

私たちが流す排水には様々なものが溶け込んでいる。2017（平成29）年、環境省[50]は河川2564地点で水質調査を実施し、その結果、94.6％に当たる地点で環境基準を満たした。また湖沼（188地点）では54.3％、海域（590地点）では79.2％の達成率となっている。

8－2．水の安全神話の崩壊

水が汚染されるとどのような影響がおよぶのでしょうか。
私たちはどうすればよいのでしょうか。

1．私たちは生命を維持するために1日に約2.5ℓの水を飲料水や食べ物から補給しなくてはなりません[51]。しかしその大切な水が次第に汚れています。

2．水道水は確かに原水からいって自然の水です。ただその原水は特に大きな人口を抱えた大都市の場合、汚濁水とよんでも過言ではないような汚い河川や貯水池のものを使わなければなりません。このように汚水に等しい原水をともかく最先端の科学技術で浄水し、各家庭に送り届けているのが現状です[52]。

3．私たちが無意識に飲んでいる水道水にも発ガン性物質＝トリハロメタンが含まれています。

4．「人工水」ではないにしても、どうしても自然の水とは隔たりを認めざるをえません。河川などの地上水から多くの原水を求めているために原水に対して強力な塩素消毒が求められます。「安全」は不可欠ですが、水道水の「おいしさ」を妨げている最大の原因はこの塩素なのです。

5．河川水を飲料水にするために浄水場で加えられる消毒用の塩素と汚染された原水中の有機物とが反応してクロロホルム（$CHCl_3$）など計4種類のトリハロメタンができます。トリハロメタンの濃度は水道水が水道管の中を通っている間に、塩素と有機化合物が反応して家庭に近づくほど高くなります。

6．水道水の水源は75％が汚染された河川ですが、その河川には農業排水、ゴルフ場排水、家庭排水、工業排水などが流入しています。現在、

> 汚染の主因は、私たちが流している台所、風呂場、洗面所からの家庭排
> 水です。

　成人は1日約2.5ℓの水分を摂取する。私たちが健康に生活するためには
空気、食料だけではなく、飲み水の安全性が確保されなければならない。し
かし、私たちが無意識に飲んでいる水道水にも発ガン性物質が含まれてい
る。水源から浄水場に入る水には500種類以上の有機化学物質が溶け込み、
そのうちろ過できるのはわずかに300種類で、残りはそのまま蛇口を通し
て口に入っている。河川水を飲料水にするために浄水場で消毒用塩素が加
えられる結果、メタン（CH_4）の3つの水素がハロゲン元素の塩素や臭素で
置換された物質である計4種類のトリハロメタンが生成されることになる。
クロロホルム（$CHCl_3$）、ブロモジクロロメタン（$CHBrCl_2$）、ジブロモクロ
ロメタン（$CHBr_2Cl$）、ブロモホルム（$CHBr_3$）である。トリハロメタン以
外に何ができるのか、未だに全部はわかっていない[53]。

　4種類の総トリハロメタンの量が1ℓ中0.1mg以下という暫定制御目標値
が設定されている。トリハロメタンの生成は原水の汚濁と塩素注入量の増加
にその原因がある。トリハロメタンは水温が上がる夏期には塩素を大量に投
入しなければならないため濃度も上昇し、家庭の水道の蛇口に近づくほど高
くなる[54]という特徴をもっている。発ガン性が認められているのは、現在、
クロロホルムだけである。

　2012（平成24）年の環境省の調査で、日本の海域の20.2％、河川の
6.9％、湖に至っては44.7％が環境基準を満たしていない[55]ことが判明し
た。一時期、河川の汚れといえば、工業排水によるものであったが、規制が
厳しくなった今日では河川を汚す最大の元凶は、実は家庭排水である。たと
えば首都圏を流れる綾瀬川は、「国が管理している河川で最も汚れた川」と
いわれている。この川の水は田からの水や生活排水から成っている。冬には
農業用に引かれている水が少なくなるため生活排水だけが流れる汚れた川に
なってしまう[56]。家庭排水には法的な規制はない。私たちの日常生活の「心

がけに期待する他はない」[57] のが現状である。

　河川や海の汚染の 70％が生活排水によるといわれています。あなたの家庭の台所からは残飯のカスや煮汁や天ぷら油を洗い水といっしょに流していませんか。その結果、どのような問題が起こっているか考えてみましょう。

7．下水は屎尿処理場で処理されますが（それでも河川を汚します）、その他の家庭排水は下水処理が行なわれない限り、側溝や排水路からそのまま河川に流れ込みます。

8．家庭排水の中でどのような時に使う水が河川などを汚染しているのでしょうか。200ℓ の家庭排水の BOD 総排出負荷量は 43g です。台所排水 17g と台所からが最大です。

9．台所の排水口に食品を流し込んだ場合、魚が棲めるとされている BOD 5㎎／ℓ の水質に戻すのに必要な水の量は、たとえばラーメンの汁 200ml を捨てた場合、浴槽 3.3 杯の水が必要です。川を汚したくなければラーメンの汁を一滴も残さず胃袋におさめることが必要です[58]。

10．台所からの排水をきれいにすることが家庭排水をきれいにするために最も重要です。

11．台所から出る排水をきれいにするため、特に注意したいのは生ゴミの扱いです。そのためには食事を残さない、手つかずのまま捨てない、ということです。良い水を飲むためには家庭排水にも配慮した生活を心がける責任が私たちにはあるということです。塩素だけではトリハロメタンは発生しません。水道水のなかには原水に含まれていてろ過できなかった家庭排水や工業排水の一部の有機物などが化合してトリハロメタンが発生します。原水の汚染を解決することが水道水のトリハロメタンをなくす大前提です[59]。

家庭排水は下水道に流され、下水処理場である程度浄化し、BODを20mg／ℓ以下にして川や海に放流される。下水処理場で飲料に適する程度にまで浄化することも可能であるが、そこまで人為的に処理するには膨大なコストがかかる[60]。

　全国の下水道普及率はまだ90.9％（合併浄化槽を含む）である。家庭排水による汚染の大半は下水道が普及していない地域のもので、浄化処理されず、そのまま川などに流されており、川や海の水質を悪化させる大きな原因になっている。なかでも最も汚れのもとになっているといわれているのは食べ物のカスや飲み物の残り、合成洗剤などを含む排水である[61]。100kgの洗濯物から4kgもの汚れが排水といっしょに流されることをどの程度の人が知っている[62]であろうか。家庭排水の中で河川などを汚染しているのは台所排水BOD総排出負荷量17gと台所からが最大で、風呂、洗濯や朝シャンの排水、その他9gとなっている[63]。

　台所の排水口に食品を流した場合、魚が棲めるとされるBOD 5mg／ℓの水質に戻すのに必要な水の量は、もし味噌汁180㎖を流すと、浴槽4.7杯の水で薄める必要がある（表8－4）。味噌汁は残さずに飲む人も、米のとぎ汁は流しているのではないか。家庭排水をきれいにするために最も重要なことは台所からの排水をきれいにすることである。すなわち水を汚さないためには、まずは台所からということである。食用油を流しに捨てない、洗剤を大量に使わない、米のとぎ汁などは植木にかける、などこうしたひとりひとりの細かな気配り[64]が非常に大きな意味をもっている。

　台所から出る排水をきれいにするため、特に注意したいのは生ゴミの扱いである。農林水産省の2016（平成28）年の調査によると、家庭の食品ゴミは291万トン（全食品ゴミ643万トンの45.2％）である。料理した食品の食べ残し、手つかずのまま捨てられる食品、賞味期限前に捨てられたもの、である[65]。生ゴミは、本来ならゴミにならずにすんだ食品である。

　「食べ放題」は「食べ残し放題」ではない。日本で1年間に捨てられる食品廃棄物は約1971万トンとみられている。三食のうち一食分を食べずに捨

表8－4：生活排水汚染

食品	流す量	BOD (g)	お風呂の水（杯）
しょうゆ	大さじ1杯（15㎖）	2.1	1.4
味噌汁	おわん1杯（200㎖）	6.4	4.3
砂糖	大さじ1杯（10g）	6.9	4.6
ケチャップ	大さじ1杯（15㎖）	3.3	2.2
ドレッシング	大さじ1杯（15㎖）	10	6.8
マヨネーズ	大さじ1杯（15㎖）	21	14.0
食用油	大さじ1杯（15㎖）	25	16.6
缶コーヒー	コップ1杯（180㎖）	13	8.6
緑茶	コップ1杯（180㎖）	0.59	0.4
清涼飲料水	コップ1杯（180㎖）	12	7.9
スポーツドリンク	コップ1杯（180㎖）	11	7.4
牛乳	コップ1杯（180㎖）	25	16.8
ビール	コップ1杯（180㎖）	17	11.5
米のとぎ汁（1回目）	1000㎖	4.3	2.8
台所用セッケン	1回使用量（1.5〜5㎖）	0.93〜2.1	0.6〜1.4
台所用合成洗剤	1回使用量（1.1〜2.5㎖）	0.17〜0.55	0.1〜0.4

台所から食べ物の残りを流していないであろうか。これらは水の汚れとなってしまう。上の表は
食べ物を水に流した場合、コイが棲めるように薄めるためにお風呂（300ℓ）のきれいな水が何
杯必要かを示したものである。

（東京都の報告書〈1997〉にもとづいて作成）

ている。飽食の時代といわれる現代では残った料理を捨てるということに
罪悪感をもつ人が少なくなっていることが問題である。お金に余裕のある家
庭では食べ物を残しても金銭的には微々たる無駄ですむのかもしれない。し
かし世界には飢えている多くの子供たちがいることを忘れてはならない。食
べ物を残さないためには、料理をつくりすぎない、残り物の再調理の仕方
を考えるなどが必要であり、また食品を手つかずのまま捨てないためには、
計画的な買い物をすること、常に冷蔵庫の中身をチェックしておく[66]こと、
などが必要である。さらに生ゴミを下水に捨てないことも水質汚染を防ぐ一
番の近道である。生ゴミは台所の流しに捨てるのではなく、ふつうのゴミ扱

いにして捨てるのが排水を最も汚さない方法である。現在、地球上の川や海は5万種類もの化学物質で汚染されている[67]。

8－3．合成界面活性剤の不安

界面活性剤とは何でしょうか。どのような作用があるのでしょうか。
私たちはどうすればよいのでしょう。
ミネラルウォーターがよく売れています。なぜでしょうか。

1．洗剤の中で合成界面活性剤を含むものを合成洗剤とよんでいますが、2016（平成28）年には110万トンが消費されています（洗濯用73.5万トン、台所用23.5万トン、住宅・家具用12.3万トンなど）。1人当たり年間8.3kgを消費し、捨てています（石けんは3万トン）。日本では下水道はまだ総人口の90.9%しか整備されていません。約10%がそのまま捨てられ、大部分は下水処理場で処理されますが、十分に分解されないまま河川に捨てられています[68]。
2．水と油は互いにはじき合って混ざり合いません。界面活性剤とは「水と油を混ぜ合わせる能力のある物質」のことです。古くはぬか袋も、まいうまでもなくセッケン類も界面活性作用をもつ洗浄剤として広く利用されてきました。
3．現在、私たちが入手できる界面活性剤は、主として2種類です。ひとつは天然の原材料を用いて、高温・高圧下で加工することなく自然界にも存在する化学反応によってつくり出される「セッケン類」、もうひとつは主として石油系の原材料を用いて高温・高圧下で加工して自然界には存在しない化学反応を経て人工的につくり出された石けん以外の洗剤＝「合成界面活性剤」[69]です。
4．家庭にある様々な洗浄剤の製品名、または成分表示に注目することが

必要です。石けんと合成洗剤との区別はパッケージの「成分」の欄に表示されているので注意したいものです。

5．「石鹸」、「せっけん」、「セッケン」のいずれかの文字、あるいは「脂肪酸ナトリウム（純石けん分）」、「脂肪酸ナトリウム（液体や固形、粉）」と書かれていれば、界面活性剤として天然の原材料を用いてつくられた「セッケン類」です。石けんの界面活性剤はこのふたつしかありません。それ以外のものはすべて合成界面活性剤（合成洗剤）です。石けん類には合成界面活性剤につきまとう毒性や環境汚染の心配はありません（図8－2）。

6．合成洗剤では、「成分」欄に「界面活性剤」の文字がみられ、様々な化学物質名が書かれています。長いカタカナの名前は合成洗剤です。洗浄力、安定性、乳化性などの点で界面活性剤としての性質がセッケンに比べて優れています。たとえば安定性が合成洗剤を海や川のなかで分解しにくくしています。またその成分には微生物を殺す作用があります[70]（合成洗剤にも固形や粉、液体のものがあり、形だけでは区別できません）。

7．「天然もの」にも合成界面活性剤が入っています。つまり天然油脂から合成界面活性剤を簡単につくり出せるということです。今後は合成界面活性剤という物質とは一体どんな物質で、どんな働きをするのか、最低限度の知識を身につけておくことが必要であると思われます。

8．「スプーン1杯で驚きの白さに」、「植物洗浄成分100％」、「家族をばい菌から守る」、「一滴で油汚れを分解する」などと次々にコマーシャルが繰り出されています。洗剤の売上げと宣伝費は比例している[71]ことです。

　ほとんどの汚れは水に溶けにくい油との複合汚染であり、水だけではこれらを落とすことができない。そこで洗浄効果を高めるため、水となじみやすくするための物質＝界面活性剤が使用されている。

日本で初めて合成洗剤が登場したのは 1950（昭和 25）年のことである。これは、それ以前にアメリカから大量に入っていた合成界面活性剤、ハード型アルキルベンゼンスルホン酸ナトリウム（ABS）を主材としたいわゆる ABS 系の洗剤（生分解が困難という意味で「ハード型」とよばれた）であった。昭和 30 年代は 3C ブームで電気洗濯機が一般家庭に普及し、合成洗剤が一世風靡した時代であり、強力な毒性をもつ洗剤の歴史がはじまった。日本で合成洗剤の使用量が石けんを上回ったのは 1963（昭和 38）年のことである。

　近代に入り、主として石油産業から排出される石油分解ガスを利用した合成界面活性剤が洗浄力の高さを武器として驚くほど幅広く利用されるようになった。現在、私たちが入手できる界面活性剤は、主として 2 種類である。ひとつは「セッケン類」、もうひとつは「合成界面活性剤」である。今日、合成界面活性剤を含む製品として下記のものがある。生分解が困難ではないという意味の「ソフト化」が進められ、1971（昭和 46）年にソフト化が 97％に達した。今日、日本では ABS は使用されていない。

　洗濯用合成洗剤は、現在、箱が小さくなっているにもかかわらず、逆に合成界面活性剤が大幅に増量され、洗浄力は強力になる一方で、毒性も大幅に上がっている。洗濯用洗剤として使われているのは LAS（直鎖型アルキルベンゼンスルホン酸ナトリウム）、次いで AE（ポリオキシエチレンアルキルエーテル）で、石けんも使われている[72]。

　食器の洗浄で微量残留する台所用合成洗剤のうち、野菜や果物、食器洗いなど、現在、台所用洗剤として最も多く使われているのは AES と DA（脂肪酸アルカノールアミド）であり、ほかに AS（アルキル硫酸エステルナトリウム）、AE、APE（ポリオキシエチレンアルキルフェノールエーテル）[73]などである。石けんタイプのものと合成洗剤タイプのものがあり、合成洗剤が主流でほとんどが液体タイプである[74]。野菜・果物は合成洗剤で洗うと、洗浄中に野菜・果物に浸透し、野菜・果物を食べれば食べるほど残留合成洗剤を摂取することになる。したがって水洗いが最適[75]であると思われる。

図 8 − 2：石けんの表示例

〈台所用石けんの表示例〉

家庭用品品質表示に基づく表示

品　　名	台所用石けん
用　　途	食器　調理用具用
液　　性	弱アルカリ性
成　　分	純石けん分（28%） 脂肪酸ナトリウム
正　味　量	400mℓ
標準使用量	水 1 ℓ に対して1.5mℓ 料理用小さじ 1 杯は約 5 mℓ

ここでせっけんかどうか確認を

〈台所用合成洗剤の表示例〉

家庭用品品質表示に基づく表示

品　　名	台所用合成洗剤
用　　途	野菜・果物・食器・調理用具用
液　　性	中性
成　　分	界面活性剤(23%)　アルキルエーテル硫酸エステルナトリウム　脂肪酸アルカノールアミド
正　味　量	600mℓ
標準使用量	水 1 ℓ に対して1.5mℓ 料理用小さじ 1 杯は約 5 mℓ

食器に残留するくらいなのに，野菜を洗うなんて….

LAS の強い毒性が問題になって，新しく登場したのがこれらの合成界面活性剤．でも毒性にはあまり差はないよう….肌にも悪い．

（環境市民「グリーンコンシューマーガイド京都 1999」）

石けんは食器洗浄には適さない。

　また LAS は皮膚障害を起こすため、歯磨きやシャンプーなど、直接皮膚に接触する洗剤として使用されるのが AS である。私たちが食後用いる練歯磨きのなかにも合成界面活性剤が含まれている。毒性の強い化学物質を含みながら何の表示もされていない製品の典型である[76]。

　シャンプー（子供用、ボディー用を含む）には合成洗剤ラウリル硫酸トリエタールアミンと脂肪酸ジエタノールアミンが使用されている。水洗後も残留し、1 分間すすいだ後の髪と頭皮への残留量は 20％以上にもなる。回数

をなるべく減らすことが必要で、すべて環境汚染物質となり、最も危険な日常品[77]といわれている。最近、洗顔料やボディーシャンプーに「弱酸性石けん使用」という表示があるのをみかけるが、これも合成界面活性剤であり、石けんではない[78]。

　合成リンス剤、洗顔フォームを始め、化粧水、クリーム、ファンデーション、口紅などあらゆる化粧品のほか、シェービングクリームにも合成界面活性剤が含まれており、強い毒性があり、アレルギーや皮膚障害を起こす恐れがある。「カサツキ症候群」といわれる症状が出る[79]場合がある。その他、浴用、トイレ用洗浄剤はもちろん、ガラス用、ガスレンジ用、台所ファン用クリーナー、また毛染め用の染毛剤、医薬品や食品にも合成界面活性剤が配合されており、特にトイレ用洗浄剤は化学反応によって塩素ガスが発生する恐れがある[80]。

　LASやASなどの界面活性剤は「浸透力」が強く、洗剤成分が水中でイオン化（電気的にプラスになったり、マイナスになったりすることで、マイナスになるものを陰イオンという）し、油や蛋白、ドロなどの汚れの中に浸透して、それらを付着物から引き離し、さらにそれらを取り込み、水溶液中に流し出すという作用によって汚れを落としている。当然、私たちの皮膚にも作用する。皮膚の表面に浸透して細胞を傷つけている。肌荒れ、ひび割れ、抜け毛などの原因になっている。水のすすぎが不十分であるとか口のすすぎが悪い場合、あるいは食器に残っている場合などには体内に入り、口腔内、食道、胃、腸などの臓器の粘膜を傷つける[81]ことは明白である。特に成長期のまだ臓器が不完全な子供におよぼす影響はより大きいと考えられる。界面活性剤は分解されにくく体内に残留すること、煮ても焼いても分解せずに体内へ入っていくなど非常に危険である。

　家庭にある様々な洗浄剤の製品名、または成分表示に注目することが必要である。石けんと合成洗剤はパッケージの「家庭用品品質表示法に基づく表示」の欄の「成分」の欄の表示によって区別できる。石けんの場合、「脂肪酸ナトリウム（純石けん分）」などと書かれており、これは牛脂や米ぬか

など、動植物の油脂が原料となっていることを意味する。「石鹸」、「せっけん」、「セッケン」のいずれかの表示があれば、それは界面活性剤として天然の原材料を用いて作られた「セッケン類」である。石けんは紀元前から使われてきたという長い歴史をもち、自然の油脂を使っており、合成界面活性剤のもつ毒性や環境汚染の心配はない。石けんを下水や川に流してもそれほどの汚れにはならず、1日で水と炭酸ガスに分解され、微生物をはじめ川の生物たちの餌になる[82]。日本の海や川では石けんの残存量は検出されていない[83]（図8－3）。

図8－3：界面活性剤の分解速度

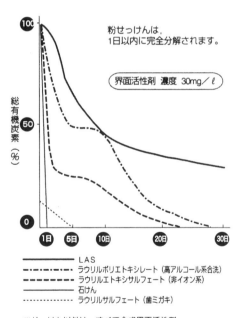

粉せっけんは、
1日以内に完全分解されます。

界面活性剤 濃度 30mg／ℓ

総有機炭素（％）

100

50

0

1日　5日　10日　20日　30日

―――――　LAS
―・―・―　ラウリルポリエトキシレート（高アルコール系合洗）
―――――　ラウリルエトキシサルフェート（非イオン系）
―――――　石けん
・・・・・・・・　ラウリルサルフェート（歯ミガキ）

※せっけん以外は、すべて合成界面活性剤
（山崎雅保『「ハミガキ」は合成洗剤です』100 ページ）

　一方、合成界面活性剤は戦後、人間によって製造時に高温・高圧（500℃、50 気圧）で化学的に合成されつくられた人工物質である。1ヵ月経過しても3分の1以上は分解されず、しかもその成分には微生物を殺す作用があ

る[84]。家庭から排出される界面活性剤は完全に分解されないうちにまた次の洗剤が環境に排出される[85]。

　合成洗剤では、「成分」の欄に「界面活性剤」の文字がみられ、様々な化学物質名が記載されている。大半は石油や石炭からつくられる。難しい名前には疑ってかかる必要がある。この合成界面活性剤こそが海や川の中で分解しにくく分解が遅い分だけ魚介類に蓄積され、また海底に堆積する原因[86]になっている。衣類についた汗や油汚れ、食器についた油などを水の中に混ぜ合わせてしまい、衣類や食器をきれいに洗浄するのが界面活性剤の最大の役目である。

　合成界面活性剤の働きが何よりも怖いのは、水で薄めても界面活性作用を発揮し続けるため、人間の身体に一旦侵入するといつまでも分解せず、細胞に対しても同じ働きをすることである。

　「天然もの」にも合成界面活性剤が入っている。本来、合成界面活性剤は石油からつくられるが、同じ働きをする物質をメーカーは天然油脂からつくり出したのである。合成界面活性剤と同じような分子構造をもち、その毒性はあまり変わらない。たとえば天然油脂アルコールの代わりに石油分解ガスアルコールを使用しても AS を製造できる[87]。また天然油脂アルコールに石油合成ガスを反応させて AES という陰イオン系合成界面活性剤をつくり出している[88]。「天然もの」であるからといって安心はできない。これは「天然に存在する物質」ではなく、「天然に存在する物質を原料として化学合成されたもの」である。「天然素材 100％」ではなく、「天然系素材 100％」である。「植物生まれの」台所用洗剤も合成洗剤である。

　今後、合成界面活性剤の性質、作用、影響などについて最低限度の知識を身につけておくことが必要であろう。これらの界面活性剤は洗浄作用、安全性、環境影響がそれぞれ違っている。毒性は LAS や AE が強く、石けんや SE（ショ糖脂肪酸エステル）は弱い。環境への影響は LAS が最悪で、石けんと SE が最も弱い。しかし洗浄力では LAS、AOS（アルファオレフィンスルホン酸ナトリウム）などが優れ、石けんは中くらい[89]となる。LAS は家

庭から出る有害物質のワースト1にあげられており、「使うのをやめるべき合成洗剤」[90]である。しかし洗剤メーカーはLASをつくり続けている。

9．合成界面活性剤は、次のような恐ろしい3つの性質[91]をもっています。

① 浸透作用……脂肪分を溶かして皮膚細胞内に次々と侵入していく力をもつこと。

② 界面活性作用（乳化作用）……皮膚細胞をはじめ、血管や神経繊維、内臓細胞であろうと次々に細胞膜を溶かし、細胞内の蛋白質を変性させてしまう力をもつこと。

③ 残留性・非分解性……一番問題なのは合成界面活性剤が長期間分解されない化学物質であること。いつまでも体内で分解されずに、その働きは維持されたまま残ること。

　合成洗剤のパッケージには、「長時間使用する場合は、炊事用手袋をお使い下さい」という注意書きがある。これは合成界面活性剤の水溶液が生体の組織に対して有害なことをメーカー自身が公に認めていることを意味する[92]。毒性から身を守るためには、①ゴム手袋をするなど液剤に直接触れない、②使用量を減らす工夫をする、③便利さ、危険をとるかどうかは、最終的には使う人の判断にゆだねられることになるが、できるだけ毒性が小さい石けんを使う、④表示をよくみて使用上の注意などを守る、ことが必要である。

　皮下に侵入した合成界面活性剤は一体どこへいくのだろうか。この恐ろしい化学物質は強力な界面活性作用を保ち続けたまま決して途中で分解されずに内臓に入ってしまう。図8－3からわかるように、石けんが約1日で100％分解されるのに対して、合成界面活性剤であるLASは30日近くたっても約30％は分解されずに残る。これが合成界面活性剤と石けんの大きな違いである。

　合成洗剤は石油の副産物で、日本の工業用、家庭用洗剤の生産高は、

1960（昭和 35）年に 40 万トンであったが、1974（昭和 49）年以降は
100 万トンを超えるまでになった。1 人当たりの合成洗剤の使用量は年間
19.8kg、4 人家族の場合には 1 日 219g になる。きれい、清潔を求めすぎた
ために、かえって使用量が増加し、「楽」をするために「環境にやさしくな
い」ことを行なっている。合成洗剤を使い続けることによって食べ物から体
内に濃縮されるだけでなく、河川にタレ流して河川や海を汚染している。や
がては酸欠死に追いやられた魚と同じ運命をたどらないという保証はない。
手遅れにならないうちに、この問題について私たちは真剣に考えるべきであ
る。

　注意書きにしたがい、正確な分量の洗剤を使用している人が何人いるであ
ろうか。あるいはそのような注意事項が書かれていることすら気づかない人
もいるのではないか。もし有害成分の表示が真っ先に目にとびこんでくるよ
うな製品ならば、たいていの人が使用上の注意を遵守し、人体への影響を真
剣に考えるようになるはずである。今後ともどんなに危ない製品であって
も、メーカーからは何も知らされることはない[93]と考えられる。

　これほど合成界面活性剤が広く普及したのは、その手軽さと便利さを求め
た私たちの責任でもある。実際問題として合成洗剤をすべて排除することは
不可能に近い。したがって危険性の低いものを自分自身の判断で選択し、私
たち自身で命を守るしかない（表 8 － 5）。

　人類誕生以来、塩素が入った水で生活したことはなく、塩素を含まない水
で生活するのが本来の姿である。しかし都市に住み続ける限り、水道からし
か水の供給をうけることができなくなっており、年々、水道原水の質は悪化
している。それ以上に社会問題となっているのは水道水が危険になっている
ことである。汚染された水を水道水として利用しているため、浄水場で滅菌
のために投入される塩素がほかの物質と化合してトリハロメタンという発ガ
ン性のある物質をつくり出し、私たちが毎日それを飲んでいるのである。厚
生労働省によれば、1981（昭和 56）年 3 月の規制値（水道水中の総トリハ
ロメタン濃度を 0.1mg／ℓ 以下に規制する）設定以後、この値を超える水道

表 8 − 5：石けんと合成洗剤の長所・短所

項目	石けん	合成洗剤
溶けやすさ	×特に冷水に溶けにくい	○
洗浄力 （ジュース、ケチャップなど）	○	○水でも落ちる
（皮脂汚れ）	◎日常の汚れには強い	○石けんには劣る
（蛋白質汚れ）	○	○（酵素入りで浸け置きすれば）
（石油系の汚れ）	△	○ AE は石油系汚れに強い
石けんカスのできやすさ	×石けんカスは最大の欠点	○硬度の高い水でも使いやすい
標準使用量	× 40g（水 30ℓ に）硬度の高い地域ではさらに使用量が増える	○ 15〜20g（水 30ℓ に）
値段	× 600〜800 円	○ 200〜500 円
皮膚への刺激	○添加物が少ないのも有利	× LAS △ AS、AE
分解性	◎	○ AS △ AE × LAS
魚毒性	◎環境中では石けんカスになり、毒性は低い	△ LAS や AE は比較的毒性が強い
有機物負荷	×使い過ぎは環境負荷を与える	○有機物負荷は石けんの 5 分の 1

長所・短所をきちんと知って上手に使いこなす必要がある。
（せっけんライフ HP「石けんと合成洗剤」4 ページ）

水はないとのことであるが、浄水場のシステムが従前通りである以上、現在でも私たちはトリハロメタンを毎日摂取し続けていることは確実である。身体のために良い、おいしい水を飲むためには、自分たちが炊事、洗濯、入浴などによって汚している家庭排水にも配慮する必要があることはいうまでもない。

　水道水に含まれるトリハロメタンの濃度は、WHO（世界保健機関）では1ℓ 当たり 0.03mg で 10 万人に 1 人の発ガン率を基準としており、厳しい値

である[94]。日本の水道水もドイツ 0.025mg／ℓ や WHO 0.03mg／ℓ の基準を
とるなら飲料不適の水となる。

　生水を飲むのは危険である。現在のところ前述の暫定基準値に達したもの
はないが、生命にかかわる環境汚染として真剣にとりくまなければならない
問題である。しかし私たちは現在の社会状況のもとでは水道水を飲まざるを
えず、したがって安全な形の飲むことのできる方法を自分で工夫するしかな
い。

　トリハロメタンは低沸点の有機ハロゲン化合物であり、沸騰後に蒸発しは
じめ、10〜20分後にかなり濃度が減少するという特性から、お茶やコー
ヒーのように熱湯を使用する場合は沸騰後も 10〜20分とろ火で煮沸し続
けると良い。トリハロメタンは沸騰状態で最も発生しやすくなり、2〜3倍
の量となる。したがって沸騰してすぐに火をとめるのは「危険」である[95]。

　冷水を飲用する場合には、煮沸水の湯冷ましか活性炭などの家庭用浄水器
でろ過した水を飲用する[96]ことが望ましい。しかし浄水器はあくまで危険
性のある水道水を加工して「安全に近づける」器械であって、水道水を天然
水にかえる「魔法の壺」ではないことを理解しておくことが必要である。そ
れぞれの家庭の水道水の汚れの度合いや、その原因に合わせて浄水器を選ん
で購入する[97]ことが必要である。

　しかし費用、スペースのことを考えれば、トリハロメタン対策は消費者で
はなく行政側が行なうべきである。河川水をきれいにすることなく、しかも
浄水場の塩素処理をやめない以上、トリハロメタンなどの有機塩素化合物を
減らすことはできない。水を汚すことは恐ろしいということを十分に認識し
なければならない。

　水道水は 75％が汚染された河川水であるが、残り 25％の水源である地下
水の汚染も進んでおり、発ガン性の疑いのある物質である有機塩素系溶剤、
すなわちトリクロロエチレンやテトラクロロエチレン、クロロホルムなどに
よって汚染されている。しかし地下水は基準値を超えたからといって水道水
のような対応では、それを下げることは難しく、汚染源を断つ以外に汚染を

防ぐ方法はない[98]。十分に処理せずに工場の敷地内に捨てられた排水が地下に浸透し、そのために汚染されたものが多い。

　私たちは地下水がどれほど汚染されやすいものかも知らずに、これまでほとんど注意を払ってこなかった。ガソリンなどの有害な液体が地下の貯蔵タンクから漏れて地下水源に流れ込んでも何の手も打たなかった。いい加減な埋め立て工事がなされた箇所や不十分な下水処理施設からも汚染物質が染み出し、化学肥料を施した田畑や工業地帯からあふれた水も地下水を汚染する。家庭でも様々な化学製品を排水管に流したり、地面に捨てたりするたびに地下水が汚染されているのである。

　世界が今日経験している環境赤字に加え、環境浄化のための巨額の請求書が山積している。たとえば日本では豊島事件の事態は最悪で、有害物を含む様々な産業廃棄物約50万トンが不法投棄され、この間、香川県はきちんとした対応をとらず、むしろ業者をかばい黙認してきた。大量生産、大量消費、大量廃棄という効率を追求した社会の中で、この事件は生まれるべくして生まれた。都会の人たちは自分の前からゴミが消えればゴミはなくなったと思う。しかしそのゴミは一番弱いところへ持ち込まれた。そのひとつが豊島であった。

　日本の2016年度の産業廃棄物量[99]は、3億8703万トンで、再生利用量約2億405万トン（全体の52.7%）、減量化量約1億7309万トン（44.7%）、最終処分量989万トン（2.6%）となっている。再生品は廃棄物に含まれている廃油・廃燃料から石炭の代替燃料に、汚泥や燃えがらからセメント原料に、汚泥や使用済み触媒から銅原料を回収、また特殊鋼原料としてのニッケルやクロムを回収、利用している。

　世界全体で毎日100万トン以上の有害廃棄物が生み出され、しかもその大部分は無責任な方法で処分されているため、浄化コストは膨大な額になる。処分場を浄化しないとすれば有害廃棄物が地下帯水層ににじみだすのを放置することになる。浄化費用を払うか、膨れ上がる医療コストを払うか、いずれにしても社会はそのツケを払わなければならない[100]。これらの物質

は分解しにくいため、何年間も地下水のなかに存在し続ける。そして地下水がすべて入れ替わるには1万年以上かかるのである[101]。

　日本人は豊かな水、清らかな流れを生活の中に取り入れ培ってきた。水にかかわる国の「奈良の水取り、若水などの伝統行事」、「昔の子供たちの遊び」、「春の小川、めだかの学校、ふるさとなどの童謡」、「童話」、「水もち、かき氷などの日本の食文化」、「ことわざ」、「ざぶざぶ、しとしとなどの言葉」は、日本人と水のつながりの深さを物語っている。日本のお茶、料理、酒も水質に直接関係がある。たとえば日本料理は清冽な軟水をふんだんに使い、素材の持ち味を生かすことで独特のものが発達してきた。日本料理の基本は、「なまもの」なので軟水が最適で、「とうふ」などは水の中で養生されたもの[102]である。

　一般に、硬度が100mg未満は軟水、100〜300は中軟水、300〜1000以下は硬水、1001mg以上は超硬水と区分される。『硬度＝(Ca量 mg／ℓ×2.5)＋(Mg量 mg／ℓ×4.1)』の式を用いて計算する。

　一般に軟水は日本料理全般に適している。硬水で炊飯すればご飯がパサパサになるが、軟水の方がおいしく炊き上がるし、日本茶や紅茶、コーヒー、ウィスキーなどの香りを引き出す効果があるといわれている。これに対して硬水は肉の臭みを抑えたり、アク汁を取りやすくするので洋風だしをとったり、肉を使った煮物や鍋物に適し、エスプレッソの場合はかえって苦味や渋味が抑えられてまろやかになるし、スポーツ後のミネラル補給や妊産婦のカルシウム補給、また便秘解消やダイエットにも役立つ[103]といわれている。

　日本人の心には川の情緒を大切にし、せわしい気持ちを水に流し、新しい元気を出して励んでいく風習があった。城を築けば必ず濠を作り、近隣の河川水を新たに掘削した用水路を引き込むのが城郭建設の常套であった。盛岡市と松江市、金沢市の古い城下町のたたずまいがその例である。地域の生活と心情は河川と深く結びついていた[104]。

　かつては「水を浴び、風呂に入り、家内に生け花をいけ、水屋をしつらえ、庭に池を作り、水流の音を聞く」など、生活の端々にまで日本人は水を

尊んできた。そこには水の哲学[105]があった。万葉集にもうたわれた富士の
嶺をうつす田子の浦も汚染で苦しんでいる。この汚染をみて歌を詠む気持ち
になるだろうか。

　残るのはミネラルウォーターしかない。本来、これは水質の悪いヨーロッ
パで生まれたが、10年ほど前から日本でもブームとなった。おいしいとい
われる水の成分は過マンガン酸カリウム消費量 $3mg/\ell$ 以下、臭気度 3 以下、
残留塩素 $0.4mg/\ell$、水温 20℃以下などである[106]。日本の浅層地下水の水
温は年間ほぼ一定で、本州では 12 〜 14℃、九州・四国では 15 〜 18℃と
なっている。

　2018（平成 30）年における日本のミネラルウォーターの生産高は 400
万 $k\ell$（輸入は約 35 万 $k\ell$）であった。2011（平成 23）年には 258 万 2000
$k\ell$（輸入は約 58 万 9000$k\ell$）であったので、7 年間に約 1.5 倍伸びている
ことになる。これに伴い、1 人当たり消費量も 1998（平成 10）年には年間
6.9 ℓ であったが、2018 年には約 33.3 ℓ に達している[107]。ミネラルウォー
ターの約 80％が家庭向けである。

　ミネラルウォーターのこのような消費量の急増は、主として日本の水道水
がまずくなってきたことを意味している。浄水場に流れ込む原水の汚染がひ
どいため塩素とカビで臭く、トリハロメタンなどの発ガン性物質まで含まれ
ているといわれる水道水に代えて、「高いけど仕方がないから買っている」
ということであろう。水道料金以外に金を出したことのない日本人がペット
ボトル 1 本 200 円もするミネラルウォーターに金を払っている。有限の資
源であるガソリンよりもミネラルウォーターの方が高価なことに、私たちは
何も感じないのであろうか。

　天然自然の水がペットボトルにつめられているミネラルウォーターの方が
ずっと安全であるかのように思われる。日本では天然自然の水でなくとも、
その成分にミネラルをほとんど含まない水でも、水源が地下水であればミネ
ラルウォーターとして販売することが認められている。日本ではミネラル
ウォーター＝天然水ではない。ミネラルウォーター類のなかで唯一天然水に

近いと思われるのが「ナチュラルミネラルウォーター」に分類される水である。1983（昭和58）年、ハウス食品による日本初の家庭用ミネラルウォーター「六甲のおいしい水」やサントリーの「南アルプスの天然水」など[108]がこれに属する。

　欧米のミネラルウォーター（ヨーロッパのミネラルウォーターは基準が極端に厳しく、「無殺菌だから危険」なのではなく、「無殺菌で売れるほど安全」で、いわば「生鮮品」である[109]）とは異なり、日本のものは沈殿または加熱による殺菌が義務づけられており、「自然水」ではない。無殺菌で販売できる水は非常に少ない。加熱殺菌は天然水中に含まれている人体に有益な生菌を殺してしまうだけでなく、水のおいしさの要素である酸素や炭酸ガスも減らしてしまう[110]。日本ではミネラルウォーターは地下の加工品であるとしか理解されていなかった。添加することも加熱処理することも、それまでの常識からすれば当たり前のことであった。

　輸入品のみに例外的に無殺菌の水を認め、国産に殺菌（除菌）処理を施した水しか認めないという矛盾が起こっている。ミネラルウォーターが歓迎されるのは、日本の水はミネラルが少ない軟水系が多いため、水にコクのある味はやはりミネラルを適量含んだ水が良いという嗜好性からもきている[111]と考えられる。

　ミネラルウォーターの輸入量も年々増加しているが、ミネラルウォーターがうまれるには土壌と地質が関係している。その点、ヨーロッパは日本と地質が異なるし、また日本の降雨は山地から海に短時間のうちに流出する。日本で最長の河川は信濃川の367kmに対して、ドナウ川は2860km、ボルガ川は信濃川の10倍に当たる3690kmもあり、降雨や河川水の浸透はゆっくりなため、日本とは違いミネラルをたっぷり含んだ硬水がつくり出される[112]。

　輸入ミネラルウォーターとして日本で人気の高いブランド「ボルヴィック」では源泉の周囲5km以内を保護区として地上に建造物を建てることはもちろん、すべての地下活動も禁止して地下水を守っている。これに対して

日本の採水場の場合は源泉周辺の環境にはまったく規制がなく、水源の山の上にゴルフ場が建設されても産業廃棄物の処理場ができてもなす術がない[113] のが実情である。

　今や、水は「与えられる時代」から「選択する時代」になりつつあるが、汚染の実態とその本質を理解しない限り、塩素を含んだ水を飲んでいるのとほとんど大差がない。自然の水が商品として販売されるようになった現状は不自然なのは明らかである。日常生活や業務で無意識に水を大量に消費していること、汚していることに気づき、水をできるだけ汚さず、大切に使うようにライフスタイルや産業構造をかえていくことが私たちには求められている。

　最も貧しい人々には水しか飲むものがなく、その水もたいていは人間や動物の排泄物、産業廃棄物で汚染されている。これに対して水道が最も清潔で簡単に手に入るところほど、飲み水として利用される水道水の量は減り続け、清涼飲料水やびん詰めの水のような加工された商業飲料が飲まれており、その量も増え続けている[114]。異常としかいいようがない。

　日本の飽食と栄養過多は、私たちの健康を害し、豊かさと浪費は毎日袋一杯のゴミを捨てることをふつうのこととさせ、浪費され、使い捨てにされた資源と産業廃棄物など、また自動車に支配されることによって空気・土・水が汚染され、生活環境が破壊されている。その結果、私たちは健康を損ね、発達が阻害されている。

　このような過剰な消費こそが今日の環境問題の元凶である。貧困は人間に対しても環境に対しても絶大な悪影響を与えており、貧困が環境や人間の問題を解決するわけではない。「人間が豊かでも貧しくとも環境破壊が起こるのであれば、どの程度の消費であれば、地球は許容することができるのであろうか、どれだけあれば、人間の欲望はみたされるかを、自問することが大切である。多くもつことが必ずしも良いとは限らないことを、私たちが理解しなければ、環境破壊を食い止めるためのさまざまな努力は、水泡に帰してしまう」[115] からである。「節約こそ美徳」、今こそ生活の見直しが必要である。

もっているものは少なくても、様々な方法で私たちはもっと幸せになることができる。人間の生活にとってカネとモノは、本来、生活に必要なだけあれば良い。家族との健康で楽しい生活、趣味、生きがいのある仕事、人生の充実感、友情、自然とともにある安らぎ、コミュニティーとの結びつき、それらが満たされればカネとモノに目を血走らせる必要はない[116]のではないであろうか。

　　　　　　　　　　　　　― 註 ―

1　　KKJ（環境共生住宅推進協議会）HP「水と共に暮らす」。

2　　国土交通省 HP「水資源の利用状況」1 ～ 5 ページ。

3　　同上。

4　　同上。

5　　同上。

6　　「水の循環と水資源」HP、3 ～ 4 ページ。

7　　「私たちの水資源」HP、3 ページ。

8　　前掲 国交省 HP「水資源の利用状況」。

9　　同上。

10　　畠中武文『河川と人間』古今書院、1996 年、102 ページ。

11　　「私たちの水資源」HP、2 ページ。

12　　前掲 畠中『河川と人間』65 ページ。

13　　アースディ 2000 日本編『地球環境よくなった？』コモンズ、1999 年、80 ～ 81 ページ。

14　　本間慎編『データガイド地球環境』青木書店、2000 年、64 ページ。

15　　佐伯平二『環境クイズ』合同出版、2000 年、250 ページ。

16　　同上。

17　藤山静雄『ゴルフ場の害虫と農薬』HP。

18　末石富太郎『都市にいつまで住めるか』読売新聞社、1994 年、46 ページ。

19　前掲 PHP 研究所編『地球にやさしくなれる本―家電リサイクル法からダイオキシンまで、身近な環境問題を考える』84 ページ。

20　馬場正彦『地球は逆襲する』廣済堂出版、1992 年、84 ページ。

21　前掲 田中『温暖化する地球』114 ページ。

22　ハッピー・ウォーター HP。

23　前掲 佐伯『環境クイズ』45 ページ、遠山益『人間環境学』裳華房、2001 年、64 ページ。

24　中西準子『いのちの水』読売新聞社、1994 年、49 〜 50 ページ。

25　前掲 末石『都市にいつまで住めるか』90 ページ。

26　同上、47 ページ。

27　前掲 中西『いのちの水』51 〜 52 ページ。

28　前掲 PHP 研究所編『地球にやさしくなれる本―家電リサイクル法からダイオキシンまで、身近な環境問題を考える』132 ページ。

29　日本下水道協会 HP。

30　同上、「世界の下水道普及率」。

31　前掲 末石『都市にいつまで住めるか』44 ページ。

32　前掲 PHP 研究所編『地球にやさしくなれる本―家電リサイクル法からダイオキシンまで、身近な環境問題を考える』132 ページ。

33　『今水が危ない』学研、1995 年、90 ページ。

34　エコライフガイド HP（2005.8.4）。

35　前掲 レスター・ブラウン邦訳『地球白書 1993 − 94』58 ページ。

36　前掲 馬場『地球は逆襲する』50 〜 51 ページ、前掲 山本『地球を守る 3R 大作戦』27 〜 28 ページ。

37　前掲馬場『地球は逆襲する』52 ページ。

38　同上、176 ページ。

39　前掲 PHP 研究所編『地球にやさしくなれる本―家電リサイクル法からダイオキシ

ンまで、身近な環境問題を考える』121 ページ。

40　同上。

41　国土交通省 HP「中水道」。

42　前掲 末石『都市にいつまで住めるか』62 ページ。

43　前掲 平成暮らしの研究会編『地球にやさしい暮らし方』182 ページ、前掲 邦訳土屋『地球を救うかんたんな 50 の方法』59 ページ。

44　前掲 平成暮らしの研究会編『地球にやさしい暮らし方』60 ページ。

45　同上。

46　前掲 邦訳土屋『地球を救うかんたんな 50 の方法』172 ページ。

47　同上。

48　同上。

49　同上。

50　環境省 HP。

51　前掲 佐伯『環境クイズ』42 ページ。

52　生活アートクラブ HP。

53　渡辺雄二『食品汚染』技術と人間、1990 年、201 ページ。

54　同上、116 〜 117 ページ。

55　環境省 HP。

56　江戸川河川事務所 HP。

57　21 世紀プロジェクト ― エコ研究会『「環境にやさしい商品」買っていいもの悪いもの』青春出版社、2001 年、155 ページ。

58　前掲 末石『都市にいつまで住めるか』87 ページ。

59　前掲 生活アートクラブ HP。

60　前掲 中村『リサイクルのしくみ』134 〜 135 ページ。

61　同上、134 ページ。

62　邦訳今泉みね子『地球環境を壊さない生活法 50』主婦の友社、1994 年、79 ページ。

63　国土交通省 HP。

64　前掲『今水が危ない』174 〜 175 ページ。

65　消費者庁 HP。

66　前掲 PHP 研究所編「地球にやさしくなれる本」54 ページ。

67　同上。

68　経済産業省 HP「生産動態統計」23 ページ。

69　坂下栄『合成洗剤』メタモル出版、1998 年、80 ページ。

70　前掲 21 世紀プロジェクト ─ エコ研究会『「環境にやさしい商品」買っていいもの悪いもの』190 ページ、前掲 坂下『合成洗剤』80 ページ。

71　長谷川治『石けんと合成洗剤』合同出版、2000 年、58 〜 59 ページ。

72　前掲『グリーンコンシューマーガイド京都・1999』59 ページ。

73　前掲 本谷他編『新版環境教育学事典』487 ページ。

74　体験を伝える会添加物 110 番編『家庭用品危険度チェックブック』情報センター出版局、1997 年、33 ページ。

75　前掲 長谷川『石けんと合成洗剤』103 ページ。

76　前掲 坂下『合成洗剤』30 ページ。

77　前掲 長谷川『石けんと合成洗剤』52 〜 53 ページ。

78　同上、66 ページ。

79　同上、68 〜 69 ページ。

80　前掲 体験を伝える会添加物 110 番編『家庭用品危険度チェックブック』34 ページ。

81　前掲 渡辺『食品汚染』214 ページ。

82　前掲 坂下『合成洗剤』18 ページ、前掲 長谷川『石けんと合成洗剤』44 〜 45 ページ。

83　前掲 長谷川『石けんと合成洗剤』31 ページ。

84　前掲 21 世紀プロジェクト ─ エコ研究会『「環境にやさしい商品」買っていいもの悪いもの』55、99 ページ。

85　前掲 生活アートクラブ HP。

86　前掲 長谷川『石けんと合成洗剤』30 ページ。

87　前掲 坂下『合成洗剤』40 〜 41 ページ。

88　同上、42 ページ。

89　渡辺雄二『食卓の化学毒物事典』三一書房、1997 年、137 ページ。

90　前掲 坂下『合成洗剤』158 〜 159 ページ。

91　同上。

92　前掲 21 世紀プロジェクト — エコ研究会『「環境にやさしい商品」買っていいもの 悪いもの』92 ページ。

93　前掲 坂下『合成洗剤』58 〜 59 ページ。

94　前掲 佐伯『環境クイズ』47 ページ。

95　コンサルティング・ペンシル HP。

96　前掲 渡辺『食品汚染』208 ページ。

97　早川光『ミネラルウォーター・ガイドブック』新潮社、2005 年、144 ページ。

98　前掲 渡辺『食品汚染』208 ページ。

99　豊島産廃事件 HP。

100　レスター・ブラウン邦訳『地球白書 1993 − 94』13 ページ。

101　前掲 馬場『地球は逆襲する』90 ページ。

102　『アルファ大百科事典』(15 巻) 5571 〜 5572 ページ。

103　消費者庁 HP「硬水と軟水」。

104　前掲 畠中『河川と人間』48 ページ。

105　前掲『アルファ大百科事典』(15 巻) 5571 〜 5572 ページ。

106　前掲『今水が危ない』116 ページ。

107　ミネラルウォーター協会 HP。

108　前掲 早川『ミネラルウォーター・ガイドブック』84、88、90、93 ページ。

109　同上、13 ページ。

110　同上、12 ページ。

111　前掲 畠中『河川と人間』132 ページ。

112　同上、133 ページ。

113　前掲 早川『ミネラルウォーター・ガイドブック』88 ページ。

114　前掲 レスター・ブラウン邦訳『地球白書 1991 − 1992』265 ページ。

115　同上、255 ページ。

116　暉峻淑子『豊かさとは何か』岩波書店、1995 年、8 ページ。

おわりに

　大量生産＝大量消費という構図そのものが環境破壊の元凶である。メーカーは先端技術で環境保全を行なうのではなく、大量生産から少量生産へと改めなければ環境破壊を止めることができないということを認識し、実行しなければならない。

　メーカーが廃棄物を削減したいと考えるなら、現在あふれている使い捨て商品ではなく、耐久性があり、修理可能な製品の開発に力を注ぐべきであり、製品使用時のエネルギー消費の高効率化をはかり、無害化を進めるべきである。もともとメーカーには長寿命の製品をつくるという発想はない。もし製品の寿命を20数年にして、国民が20年以上使うと売上高は4分の1に減少することを考えれば、その理由は明白である。しかしメーカーが耐久性のある製品を生産しても、消費者がそれを選ばず、修理して使うよりも使い捨てにする方を選択し続けるなら、それは全く無意味になってしまう。

　今日の環境破壊は決して生産者だけの責任ではない。生産者を批判するだけでは環境問題は解決しない。私たち消費者は被害者であると同時に加害者でもある。汚染の原因は消費者にもある。消費者が被害者とならないためには、少量消費をうけ入れることが必要である。

　快適な生活が環境破壊の原因である以上、環境保全のためには快適さを犠牲にしなければならないが、私たちには現在の快適な生活の一部を犠牲にしてでも（現在の生活の豊かさや便利さを失ってでも）、環境を保護する覚悟があるであろうか。少量消費になれば（大量生産をやめれば）、高価格になるが、それをうけ入れることができるであろうか。環境に良い商品を、値段が少々高くとも買うであろうか。自動販売機が町から姿を消すかもしれない。24時間営業のコンビニがなくなるかもしれない。いつでもどこでも手に入らなくなるという不便に耐えることができるであろうか。日々の生活の便利、快適、豊かさの「裏側」で、人間として、日本人として失ってはいけ

ない大切な何かを確実に失いつつあるように思うのは、筆者たちだけであろうか。

　何十億もの人類の生存を地球が支えていくためには、まず、私たちが消費＝幸福とするライフスタイルを変革しなければならない。私たち自身が参加できる最も単純で、地味で、最大の効果をあげることができる環境保全とは、生活の中であまり多くの種類のものを使わないことであり、大量に使わないことである。

　私たちの幸福は、使い、捨てる財の量によってではなくて、クリーンで健康的なコミュニティーによって決まるという社会へと変革させることによって得るべきではないか。様々な問題を解決するためには、私たちひとりひとりが環境に配慮したライフスタイルに変革するように努力することが大切である。

　そのために、環境問題について学習し、理解し、考え、自ら責任ある行動をとることができるように環境教育が重要となっている。環境教育では感性、知識・技術、行動の三段階が必要であるといわれている。しかし行動から入っても良い、知識から入っても良い、体験（感性）から入っても良い、その順序は問わない。どのようなことでも良い、「環境にやさしい」行動をとることである。

　本書の目的は、現在、入手し得る情報を可能な限り駆使し、できるだけ多くの人に真実を伝え、実行に移すことの重要性を示唆することである。しかし現状を解決するための特効薬であるとは思っていないし、特効薬など存在しない。

　９年前に、不幸にも東日本大震災が起こり、原発事故がいつ収束するかわからない。どこが安全で、どこが安全ではないのか、何が安全で、何が安全ではないのか、今なおだれも断定できない状況にある。

　『環境教育論』では、これに応え、「放射線と環境破壊」（本版では「放射能の安全学」と改題）の章を設け、不十分ながらその問題点を考え、原子力発電所に対する「安全神話」は完全に崩れ去ったことを示唆した。

　今なお多くの国・地域が、農林水産物に対して輸入規制を行なっている。頻発している災害に鑑み、第2章を「災害の安全学」と改題した。

　安全性についても、害についても、国民はほとんど何も聞かされない。「禍を押しつけられるのは、結局私たちみんななのだ。正確な判断を下すには、事実を十分に知らなければならない。」（レイチェル・カーソン）

　過去に、工場排水に含まれた有機水銀による水俣病、カドミウム汚染によるイタイイタイ病、ヒ素が粉ミルクに混入した森永ヒ素ミルク事件、ＰＣＢにより食用油が汚染されたカネミ油症事件、病原性大腸菌Ｏ１５７、肉骨粉による狂牛病などで悲劇が起こった。これらによる多くの被害者の苦しみや悲しみを忘れることなく、今後に生かし続けなければならない。

　流行中の新型コロナウィルスの感染が食環境とつながりがなければ幸いである。

　原発事故後、９年を経ようとしているが、復旧にはほど遠い状態である。余震も続き、将来とも多くの面で影響がおよぶ可能性があることを記憶に留め、「フクシマ」を忘れることのないように祈念したい。また近年、多くの災害が相次いでいる。災害のない国になるように願うばかりである。

著　　者

《索引》

《著者紹介》

今井　良一（いまい　りょういち）

　1972 年　神戸市に生まれる。
　1992 年　京都大学農学部農林経済学科入学。
　2004 年　同大学院農学研究科生物資源経済学専攻博士後期課程満期退学。
　2007 年　博士（農学。京都大学）
　現在（2010 年〜）神戸親和女子大学発達教育学部・通信教育部非常勤講師（地理学）。
　　　（2014 年 9 月〜）関西学院大学教職教育研究センター非常勤講師（環境教育論）。関西
　　　　国際大学基盤教育機構非常勤講師（環境とエネルギー／環境と生活）。
　　　（2017 年 4 月〜）姫路獨協大学医療保健学部非常勤講師（こどもと環境）。

〈専門分野〉日本経済史、歴史学（日本史・東洋史）、環境教育学、地理学（農業地理学）

〈博士学位論文〉
　「満州」農業移民の経営と生活に関する実証的研究──共同経営の解体と地主化の論理──

〈主要著書・訳書〉
　2006 年　「実学としての科学技術」『岩波講座「帝国」日本の学知』第 7 巻（共著）岩波書店
　2007 年　『満洲泰阜分村──七〇年の歴史と記憶』（共著）不二出版
　2008 年　『日本帝国をめぐる人口移動の国際社会学』（共著）不二出版
　2011 年　『食用作物をめぐる生産・流通と争い』双樹書房
　2012 年　『地理学の基礎』（共著）双樹書房
　2013 年　『低線量放射線の脅威』（共訳）鳥影社
　　　　　　「日本帝国圏の農林資源開発──「資源化」と総力戦体制の東アジア──」『農林資源
　　　　　　開発史論Ⅱ』（共著）京都大学学術出版会
　2014 年　『環境教育論──現代社会と生活環境──』（共著）鳥影社
　2015 年　『環境教育学と地理学の接点』ブイツーソリューション
　2016 年　『要説　日本近現代史』（共著）あさひ高速印刷出版部
　2018 年　『満洲農業開拓民──「東亜農業のショウウィンドウ」建設の結末──』三人社

〈主要論文〉
　2012 年　「「満州」開拓青年義勇隊郷土中隊における農業訓練──第 5 次義勇隊原中隊を事例
　　　　　　に──」『神戸親和女子大学児童教育学研究』31 号
　2013 年　「女子大生に対する「食育」の必要性に関する考察」『神戸親和女子大学児童教育学
　　　　　　研究』32 号
　2014 年　「「満州」農業開拓民と北海道農法──「東亜農業のショウウィンドウ」建設の結末──」
　　　　　　『農業史研究』48 号
　2015 年　「大学生の環境意識に関する調査研究──環境教育と食育に関する一考察──」『関西
　　　　　　学院大学教職教育研究』20 号
　など。

今井　清一（いまい　せいいち）

1938 年　神戸市に生まれる。
神戸大学文学部（歴史学専攻）を経て、1969 年　大阪市立大学大学院文学研究科博士課程単位取得満期退学。
現在　武庫川女子大学名誉教授、元神戸親和女子大学発達教育学部教授、博士（臨床教育学）。

〈主要著書・訳書〉
1971 年　『生産と貿易の地理学』（訳）法律文化社
1974 年　『医学地理学の諸問題』（訳）法律文化社
1977 年　『人口増加の動向と課題』晃洋書房
1979 年　『中国農村の市場・社会構造』（共訳）法律文化社
1990 年　『中国王朝末期の都市』（訳）晃洋書房
1992 年　『人口増加と生活環境』世界思想社
1993 年　『人口増加と都市環境』晃洋書房
1996 年　『日本の環境問題と環境教育』晃洋書房
2002 年　『環境教育論（上巻）』晃洋書房
2004 年　『安全な「食環境」の追求』創栄出版
2006 年　『レイチェル・カーソン』（訳）鳥影社
2006 年　『新版　環境教育論』鳥影社
2012 年　『地理学の基礎』（共著）双樹書房
2013 年　『低線量放射線の脅威』（共訳）鳥影社
2014 年　『環境教育論─現代社会と生活環境─』（共著）鳥影社
2016 年　『要説　日本近現代史』（共著）あさひ高速印刷出版部

増補改訂版
環境教育論
　　─現代社会と生活環境─

定価（本体2200円＋税）

2020年 4月 1日初版第1刷印刷
2020年 4月 7日初版第1刷発行
著　者　今井清一／今井良一
発行者　百瀬精一
発行所　鳥影社（www.choeisha.com）
〒160-0023　東京都新宿区西新宿3-5-12トーカン新宿7F
電話　03（5948）6470, FAX 03（5948）6471
〒392-0012　長野県諏訪市四賀 229-1　（本社・編集室）
電話　050（3532）0474, FAX 0266（58）6771
印刷・製本　モリモト印刷
© Seiichi Imai / Ryoichi Imai 2020 printed in Japan
ISBN978-4-86265-810-4 C3037

乱丁・落丁はお取り替えします。